Cristina Muderlak

EVA TALKS – ADAM WALKS

Wie unsere Unterschiedlichkeit das Miteinander stärkt

Bildrechte Autorenfoto: Christian Kolb, Murnau. www.bilderschau.com
Bildrechte Umschlag: andy_di – fotolia.com, paffy – fotolia.com

Der Goldegg Verlag achtet bei seinen Büchern und Magazinen auf nachhaltiges Produzieren. Goldegg Bücher sind umweltfreundlich produziert und orientieren sich in Materialien, Herstellungsorten, Arbeitsbedingungen und Produktionsformen an den Bedürfnissen von Gesellschaft und Umwelt.

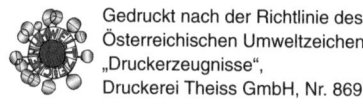 Gedruckt nach der Richtlinie des Österreichischen Umweltzeichens „Druckerzeugnisse", Druckerei Theiss GmbH, Nr. 869

 MIX Papier aus verantwortungsvollen Quellen FSC® C012536

ISBN Print: 978-3-902991-42-3
ISBN E-Book: 978-3-902991-43-0

© 2015 Goldegg Verlag GmbH
Friedrichstraße 191 • D-10117 Berlin
Telefon: +49 800 505 43 76-0

Goldegg Verlag GmbH, Österreich
Mommsengasse 4/2 • A-1040 Wien
Telefon: +43 1 505 43 76-0

E-Mail: office@goldegg-verlag.com
www.goldegg-verlag.com

Layout, Satz und Herstellung: Goldegg Verlag GmbH, Wien
Druck und Bindung: Theiss GmbH

Vorwort

Wie stehst du zur „Frauenquote"? Diese Frage wird mir als berufstätige Mutter von vier mittlerweile erwachsenen Töchtern oft gestellt. Auch in meiner Arbeit, in der ich viele Frauen und Männer sehe, die mittel- oder unmittelbar davon betroffen sind, kommt sie oft zur Sprache.

Mittlerweile bin ich mir sicher: Es gibt mindestens so viele Argumente für wie gegen die Quote. Viel entscheidender ist aus meiner Sicht aber die Tatsache, dass die „reine Verordnung" einer Quote dieselbe schlichtweg in Gefahr bringt. „Frauen – das subventionierte Geschlecht?" titelte DIE ZEIT im Oktober 2014. Solche Schlagzeilen bestätigen meine Befürchtungen, dass dieses ungesteuerte Hineinschieben von Frauen in gehobene Positionen zum Bumerang werden kann. Frauen werden zwar mittlerweile durch vielseitige und sehr wertvolle Frauenförderprogramme hervorragend unterstützt. Gleichzeitig birgt die einseitige Unterstützung von Frauen die Gefahr, dass die Kluft zwischen Frauen und Männern größer wird.

Rein rechnerisch sehen die Männer, dass „es für sie in den Betrieben enger wird". Mit der wachsenden Sorge, dass ihr „Revier bedroht wird", werden sie aber allein gelassen und müssen zusehen, dass „die Frauen aufrüsten". „Die können sich doch selbst gut verteidigen, das haben sie doch immer getan!", empören sich einige Frauen. Ja, schon, das tun sie aber auch: Sie erhöhen ihre Aggressivität gegen Frauen, woraufhin viele Frauen sich bevorzugt wieder zurückziehen, „das Spiel wollen sie gar nicht spielen". Aus den Männerriegen tönt es dann: „Seht ihr: Die wollen gar nicht!" Und manch „alte Frauenrechtlerin" stöhnt voller Unverständnis über die zaghaften jungen Frauen der Generation Y, die kampflos aufgeben, wofür sie sich jahrelang eingesetzt haben!

Ich habe selbst mehrfach erlebt, dass junge Studentinnen und Berufseinsteigerinnen vertrauensvoll abgewunken haben, wenn ihnen Genderprogramme vorgeschlagen wurden. In dem guten Glauben, dass „das Feld längst bestellt sei", waren sie der Überzeugung, dass das „Frauen-Männer-Thema" für sie kein Problem mehr darstellt und begannen ihr Berufsleben. Nach wenigen Monaten fielen nicht wenige von ihnen aus allen Wolken, wie sehr sie sich getäuscht hatten. Die Geschwindigkeit, mit der sich viele von ihnen dem Geschehen fügen und zufriedengeben, erschreckt mich, da ich mich auch zu den „Vorreiterinnen" zähle, deren „Töchter es mal leichter haben sollten". Noch stehen viele von uns ratlos vor dieser drohenden Gegenentwicklung und fragen sich, wie das passieren konnte.

Beginnen wir, die Veränderung in der Gesellschaft und vor allem in den Betrieben ernsthaft als das zu betrachten, was es ist: ein Change-Prozess. Der Grund dafür liegt auf der Hand: Es ist beschlossene Sache, dass sich etwas ändern soll und es betrifft alle Beteiligten, ob sie es wollen oder nicht. Vieles spricht für diese Veränderung: Zahlreiche Studien belegen, dass die Mischung von Teams (Diversity) die Effektivität verbessert. Die Skeptiker unter den Betroffenen kommen nicht umhin zuzugeben, dass sich die Teamarbeit durch die Zunahme des Frauenanteils in den Firmen zumindest verändert. Also ist dieser Wandel ein Change-Projekt, der wie jede große Firmenveränderung massiven Widerständen und Gefahren ausgesetzt ist, die das Ganze misslingen lassen können.

Wer je verstanden hat, wie ein Change-Prozess abläuft und was er braucht, um erfolgreich zu laufen, weiß: Eine wesentliche Facette für das Gelingen eines Change-Prozesses ist eine offene und bewusste Auseinandersetzung mit den Auswirkungen der Veränderungen sowohl auf die Strukturen als auch auf die Individuen. Das ist alles andere als trivial und braucht in mehreren Stufen mehrere Schleifen der

Wiederholung und Konkretisierung, damit das Unvertraute vertraut werden kann. Dafür brauchen alle Beteiligten entsprechende Begleitung – in Form von Teamentwicklungen, Beratungen, Coachings etc. – je nach Bedarf. Achtsamkeit und Umsicht sind gefragt. Eine asymmetrische, einseitige Unterstützung einer Minderheit ist eine Möglichkeit, diesen Prozess sicher zum Scheitern zu bringen. Wesentlicher Faktor nicht nur eines erfolgreichen Change Managements, sondern überhaupt einer gelingenden Zusammenarbeit ist die Kommunikation. Es muss viel Sorgfalt darauf verwendet werden, dass die Mitarbeiter nicht nur hören und gehört werden, dass sie wissen, was abläuft und wo sie stehen, sondern dass sie auch verstehen und verstanden werden.

Spätestens hier kommt die Gender Communication ins Spiel. Denn eines der Haupthindernisse zwischen Männern und Frauen liegt darin, dass uns nicht bewusst ist, wie unterschiedlich wir kommunizieren. Wo wir glauben, die gleiche Sprache zu sprechen, missverstehen wir uns oft, ohne es zu merken. Wir verwenden zwar dieselbe Muttersprache, aber die Art und Weise, wie wir diese nutzen, wie wir deren Worte, Stimme und auch die dazugehörige Körpersprache einsetzen, weicht oft erheblich voneinander ab. Das führt zu bedeutungsverändernden Unterschieden, die uns unbewusst aneinander vorbeireden lassen. Wir reden gegeneinander an, anstatt miteinander ins Gespräch zu kommen. Wir werten „das Andere" ab, weil wir es nicht genau kennen.

Frauen empören sich über Männer, die auch dann große Töne spucken, wenn nichts dahinter ist. Männer nehmen Frauen nicht ernst, die ständig alles bereden müssen und wenn es drauf ankommt klein beigeben. *Eva talks, Adam walks?* Die Liste der Vorurteile und gegenseitigen Vorwürfe ist lang und strotzt bei genauem Hinsehen nur vor gegenseitigem Unverständnis. Aus der Unkenntnis über die Gründe für diese Unterschiedlichkeit wird ein Gegeneinander statt ein Miteinander.

Diese jeweils „so andere Art" (zu reden) und v.a. ihre
Unwissenheit darüber hat in diesem „Gegeneinander" mehr
zur Verstärkung der sogenannten „gläsernen Decke" beigetragen, als uns bewusst ist. Diese „gläserne Decke", durch
die hindurch es für Frauen fast unmöglich war, weitere
Karriereschritte zu machen, besteht noch heute zu einem
Gutteil aus geschlechtsspezifischen Missverständnissen.
Denn statt hinzuschauen und verstehen zu wollen, was hinter diesen festgefahrenen „Klischees" steckt, um daraus
die notwendigen Schlüsse zu ziehen, haben Gesellschaft
und Politik und leider selbst die Frauenbewegung – wenn
auch unzweifelhaft in bester Absicht – dafür gesorgt, dass
das Benennen jeglicher Unterschiede, so sie nicht biologisch
unstrittig sind, als in höchstem Maße „political incorrect"
gilt. Doch Frauen und Männer sind in vielen Punkten nicht
gleich und viele wollen es auch nicht sein. Noch nie wurden
Konflikte dadurch dauerhaft gelöst, indem unterschiedliche
Positionen als „political incorrect", als unerwünscht oder
nicht existent bezeichnet wurden!

Unter all diesen Voraussetzungen ist es nun an der Zeit, den
nächsten Schritt zu tun und mit dem „anderen Geschlecht"
in Dialog zu kommen. Denn nur gemeinsam können wir
diese Veränderung gewinnbringend gestalten. Nur wenn
wir uns die Unterschiede in der Kommunikation genau an-
schauen und ihre Hintergründe verstehen und lernen, wie
wir damit umgehen können, kann unser Miteinander gelingen – ob Quote oder nicht.

Wenn Sie nun neugierig geworden sind, die sprachlichen
Unterschiede kennenzulernen, zu verstehen und dadurch das
Miteinander im Team zu verbessern, ist dieses Buch für Sie
genau richtig. Ich wünsche Ihnen viel Freude beim Lesen!

Im ersten Teil dieses Buches werden Sie strukturiert und
anhand von vielen Beispielen aus der Praxis das Phänomen

der geschlechtsspezifischen Kommunikation detailliert kennenlernen.

Der zweite Teil berichtet über spannende Hintergründe zum Thema aus dem Blickwinkel von verschiedenen Wissenschaften.

Der dritte Teil schließlich ist der möglichen Veränderung gewidmet. Er soll Ihnen als Inspiration für Ihre tägliche Kommunikation mit dem jeweils anderen Geschlecht dienen. Zwei Fallbeispiele aus meiner Coachingarbeit lassen Sie erleben, wie individuelle Entwicklungsprozesse unter dem Blickwinkel der Gender Communication verlaufen können.

Last but not least eine wichtige Anmerkung: Mir ist bewusst, dass nie 100 Prozent der Männer „genauso" und 100 Prozent der Frauen „genau anders" sind. Wenn ich also von „den Frauen" bzw. „den Männern" spreche, wird es so es sein, dass Sie sich bei dem einen oder anderen Punkt nicht wiederfinden und sich selbst ganz anders oder gar wie „das andere Geschlecht" erleben. Doch wäre es sehr zäh, würde ich auf diese Möglichkeiten jedes Mal erneut hinweisen. Ich habe mich beim Schreiben der „Prototypensemantik" bedient. Das heißt, wo es in einer Gruppe eine genügend große Menge an gleichen Typologien gibt, sieht man die Menschen mit dieser Eigenschaft als Prototyp an. Zur Vereinfachung der Sprache in diesem Buch spreche ich also immer dann von „die Frau" bzw. „der Mann", wenn das jeweilige Merkmal für eine statistisch relevante Mehrzahl von Frauen bzw. Männern zutrifft. Keiner bzw. keine muss sich also übergangen fühlen, wenn für ihn bzw. sie etwas nicht passt. Natürlich ist er oder sie gleichwohl „ganz Mann" oder „ganz Frau"! Jede Leserin und jeder Leser ist nicht nur gebeten, sondern ausdrücklich verantwortlich dafür, dass er für sich selbst beurteilt, inwieweit dieses Argument, diese Theorie für ihn zutrifft oder nicht, ohne dass er sich in seinem Mann-/Frau-Sein diskriminiert fühlt. Und: Noch einmal: Ich spreche nur über das, was „nicht gleich ist" – in der innersten und tiefsten Überzeugung, dass Frauen und Männer wie überhaupt alle Menschen unbedingt gleichwertig sind.

Ich freue mich auch über Zuschriften, Gegenargumente, Widersprüche oder Nachfragen in diesem so spannenden Feld!

Cristina Muderlak

Inhaltsverzeichnis

Teil I

Eva spricht – Adam handelt

Provokation, Vorurteil
oder alte Wahrheit?

„Ein Mann – ein Wort, eine Frau – ein Wörterbuch" – Wer kennt nicht diese abgegriffene Formel, die von mindestens genauso vielen Menschen heftig abgelehnt wie bestätigt wird? Was ist denn nun an diesem Vorurteil dran? Und gibt es einen Grund dafür? Die Antwort ist vielschichtig.

Ja, es gibt Unterschiede in der Sprache von Frauen und Männern.

Ja, der weibliche aktive und passive Wortschatz ist in der Regel um vieles größer als der männliche.

Ja, für Frauen ist die verbale Kommunikation einer der wesentlichen Bausteine von Beziehungsgestaltung, während Männer sich in Beziehungen gern über nonverbale Kommunikation orientieren.

Aber: Genauso gibt es zahlreiche Situationen, in denen Männer sich wortreich hervortun und die neben ihnen stehenden Frauen kaum zu Wort kommen lassen ... Und in der Regel geht es auch bei reinen Männerdiskussionsrunden in Firma, Politik und Sport bzw. Freizeit alles andere als schweigsam zu.

Es lohnt sich genauer hinzuschauen, was hinter diesen scheinbaren Widersprüchen steckt. Denn diese und viele weitere Unterschiedlichkeiten in der Art und Weise zu sprechen sind nicht nur beobachtbar, sondern machen im gemeinsamen Wirken von Frauen und Männern denkbar viel Sinn.

1. Kooperation statt Konkurrenz

Gleichwertig, aber nicht gleich

Bevor ich nun tiefer in die Thematik einsteige, liegt mir eine ganz klare Differenzierung sehr am Herzen: Frauen und Männer sind gleichwertig. Aber sie sind nicht gleich.

Allein die Erwähnung, dass es Unterschiede zwischen Männern und Frauen gibt, löst bei vielen sehr gemischte bis widersprüchliche Gefühle aus. Die Diskussion entzündet sich dabei über ein meiner Meinung nach fatales Missverständnis: Wenn ich davon spreche, dass Männer und Frauen nicht gleich sind, so ist davon völlig unberührt, dass sie unbedingt gleichwertig sind!

Der oft absurde Versuch (ohne diese klare Unterscheidung) so zu tun, als ob beide Geschlechter „gleich" seien, ist die Ursache für viele weitere Missverständnisse bis hin zum Scheitern von Beziehungen zwischen Männern und Frauen – auch und gerade im Geschäftsumfeld. Denn Unterschiede zu negieren, verursacht viele verdeckte Missverständnisse, die dann steuerbar sind. Allein ebendiese Unterschiede zu verstehen, erleichtert das gemeinsame Wirken von Frauen und Männern ungemein und lässt es langfristig erfolgreich werden. Unsere Unterschiedlichkeit ist faszinierend und kann viel Spaß machen!

Akzeptanz statt Abwertung

Wer den Sinn dieser Unterschiedlichkeit versteht, regt sich weniger darüber auf, wie der andere spricht. Allein dadurch wird das Zusammenleben angenehmer, weil wir uns im wahrsten Sinne des Wortes besser verstehen. Es geht also zunächst darum, dass wir uns im Anders-Sein gegenseitig akzeptieren. Neugierig zu werden, was genau „das Andere" ausmacht. Zu lernen, dass das, was dahintersteht, uns mehr bereichert als beschränkt.

Sobald wir diese unterschiedlichen Kommunikationskompetenzen bewusst nutzen, erleben wir, dass diese wie hilfreiche Werkzeuge gut ineinandergreifen. Teams, in denen Frauen und Männer miteinander respektvoll kommunizieren, werden effektiver als Teams, die nur eine Art und Weise von Kommunikation zulassen.

Walk the talk – Authentizität statt Anpassung

Walk the talk! – Im Englischen bedeutet dieser Ausspruch so viel wie „Du sollst nicht Wasser predigen, wenn du Wein säufst." Sinnbildlich steht diese Metapher damit für Authentizität – eine relevante Eigenschaft, wenn es darum geht, Teams durch die größere Durchmischung zu bereichern. Nur da, wo wir authentisch auftreten, nur da, wo wir als Frau bzw. Mann authentisch agieren, kann unsere Unterschiedlichkeit das Miteinander stärken.

Wo Frauen sich an männliche Kommunikationsformen anpassen, schwächen sie ihre eigenen Kompetenzen. Männer, die nur noch „weiblich" kommunizieren, berauben sich ihrer Kraft. Denn das Original ist immer besser als die Kopie. Teams, die alle Unterschiede nivellieren, laufen Gefahr, sich in eine Richtung zu verrennen.

Die Erhaltung der Authentizität in der Kommunikation muss oberstes Ziel des gleichberechtigten Miteinanders sein, denn gerade die Vielfalt macht Teams und Beziehungen dauerhaft leistungsfähig!

Schnell oder gründlich?

Folgendes sich in vielen Variationen wiederholendes Szenario soll Sie auf das Thema des „kleinen sprachlichen Unterschieds" einstimmen.

Herr Simmich, Abteilungsleiter in einem Technologiekonzern, plant in der Abteilung ein Smart-access-System einzuführen, auf das einige seiner Mitarbeiter schon neugierig sind, während andere dem eher skeptisch gegenüberstehen. Für die Implementierung sucht er dafür jemanden, der Lust auf diese Aufgabe hat und ihm engagiert und sowohl fachlich als auch organisatorisch kompetent genug erscheint, um diese Aufgabe bestmöglich und zügig zu erledigen. Er nimmt zwei seiner Mitarbeiter in die engere Wahl, Johannes und Sonja, stellt diesen das Projekt vor und fragt, was sie davon halten bzw. wer von ihnen sich die Durchführung zutraue.

Johannes sieht sich die Aufgabe flüchtig an, merkt, dass diese nicht nur reizvoll ist, sondern ihm auch ein gutes Renommee verschaffen würde. „Preis – Leistung", also Aufwand – Nutzen passen für ihn und er sagt ohne langes Zögern: „Geht klar, ich mach das."

Sonja schaut sich die Sache gründlich an. Sie wägt ab, ob sie alles kann, hat und weiß, um diese Aufgabe gut und bestmöglich zu erfüllen. Dort, wo sie sich nicht sicher ist, holt sie sich weitere Informationen zum System, hört sich um, wie es um die Akzeptanz bestellt ist, und eignet sich all das aus ihrer Sicht nötige Wissen an. Zusätzlich fragt sie noch zwei Kolleginnen um Rat, ob sie ihr die dafür erforderlichen Führungsqualitäten zutrauen und bereitet sich so weit vor, dass sie Herrn Simmich guten Gewissens sagen kann, dass sie die Aufgabe zu bewältigen vermag und sie diese gerne für ihn erledigen würde.

Leider ist der Job aber längst weg, denn: Abteilungsleiter Simmich freut sich vor allem über das Engagement von Johannes und wundert sich, dass seine kompetente Mitarbeiterin Sonja nicht ebenfalls gleich zugeschlagen hat. Für ihn ist nicht erkennbar, ob sie die Aufgabe wirklich will, – wenn sie so lange zögert! Ihm gefällt die zupackende Aussage von Johannes, „ich mach das", die nichts offen lässt und ihn davon überzeugt hat, dass dieser die Einführung gut meistern wird. Die höfliche Formulierung von Sonja, die „das gerne für ihn machen würde", hinterlässt bei ihm hingegen einen wenig entschiedenen Eindruck. Er zweifelt nicht nur, ob sie an die Aufgabe engagiert genug heran gehen würde, sondern sogar, ob sie mit diesem Zögern die Aufgabe überhaupt so gut voranbringt, wie er es braucht.

Johannes macht sich indes frohgemut an die Aufgabe. Dabei entdeckt er, dass er einigem erst mal nicht gewachsen ist, manches nicht kennt und weiß. Er holt sich die entsprechenden Informationen dazu am liebsten bei Sonja, die sich ja bereits intensiv damit beschäftigt und sich mit ihm schon darüber ausgetauscht hat. Ihr Wissen ist für ihn von Vorteil und mit etwas Charme wird sie ihm bestimmt gerne behilflich sein!

Wie oft sind Frauen schon frustriert aus solchen „Rennen" hervorgegangen? Haben sich geärgert, dass bei den interessanten Themen die männlichen Kollegen bevorzugt wurden, obwohl sie inhaltlich das Beste gegeben haben, was sie nur konnten – was manchmal mehr ist als das, was der Kollege „draufhat". Zählt Leistung nichts? Ist „klappern" wichtiger als „Handwerk"? Sind es immer die „PowerPoint-Männer", die die „Excel-Frauen" um Längen schlagen, wie der Unternehmer und Berater Roman Maria Koidl in seinem Buch „Blender. Warum immer die Falschen Karriere machen" schreibt?

Im Folgenden befassen wir uns näher mit obigem Beispiel, um mehr über die Hintergründe aus Sicht der alltäglich stattfindenden Kommunikation zu verstehen.

2. Gleiches Ziel – unterschiedliche Sprache?

PowerPoint-Männer gegen Excel-Frauen?

Wie lautet die Antwort auf die im vorigen Kapitel gestellte Frage: Schlagen nicht doch die „PowerPoint-Männer" immer wieder die „Excel-Frauen"? Gina Lollobrigida meinte einmal, dass Frauen Fehler leichter zugeben als Männer, weswegen es so aussieht, als „machten sie mehr". Das beschreibt es schon ziemlich gut.

Aus meiner Sicht ist es nicht so, dass Leistung von Frauen nicht anerkannt wird. Doch es hängt viel davon ab, wie „frau" sie vermittelt. Das leider sehr übliche Beispiel von Johannes und Sonja zeigt deutlich, wie Frauen und Männer auf ihre jeweils ganz geschlechtsspezifische Art und Weise denken und damit auch kommunizieren. Und darum, wie sie sich gegenseitig oft gründlich missverstehen!

Die „K"-Frage als Filter

Missverständnisse entstehen vor allem da, wo wir etwas durch den Filter unserer eigenen Wahrnehmung einordnen. Solch einseitiges „Schubladendenken" tritt bei Themen auf, über die man nicht redet. Dabei bleibt jeder mit den offenen Fragen und Gedanken dazu in seiner Welt und sortiert das, was der andere sagt, ohne weiteres Hinterfragen in die entsprechenden Schubladen ein. Der aus meiner Sicht absurde Umgang mit der „K-Frage" (Kind oder Karriere?) ist z.B. eines dieser Maulkorb-Themen, das häufig zu einem unerkannten Missverstehen führt.

Thomas Albin, Geschäftsführer einer wachsenden internationalen Private Equity Bank mit einem jungen, erfolgversprechenden Team, berichtete mir sehr verwun-

dert von folgender Entwicklung in seiner Firma: Bei vier von zwölf seiner Leistungsträger (sieben Frauen und fünf Männer), denen er eine Führungsposition zutraue, könne er klar erkennen, dass sie Karriere anstreben. Darunter sei erstaunlicherweise keine Frau, obwohl, so betonte er, fünf der Frauen den Männern fachlich deutlich überlegen seien! Er konnte sich das nicht erklären, hatte sich aber damit abgefunden, dass diese Frauen vermutlich gar kein Interesse an einer Karriere hätten. Naheliegende Gründe dafür waren für ihn unter anderem, dass sie sich vermutlich mit dem Kinderwunsch noch nicht entschieden oder eben einfach keine Lust auf Führung hätten.

Als ich mit den betreffenden Frauen selbst ins Gespräch kam, war weder von einer mangelnden Lust auf Führung noch von einer Zurückhaltung durch eine ungeklärte „K-Frage" die Rede. Im Gegenteil! Die Bankerinnen waren ehrgeizig, bereit und schier erstaunt, als sie die Einschätzung ihres Chefs hörten, der so gut wie entschieden hatte, sie bei der nächsten Beförderung nicht zu bedenken. Im Falle einer Nicht-Beförderung hätten sie ihrerseits die Gründe dafür völlig anders eingeschätzt. Es überraschte mich nicht, dass sie die Ursache viel eher in ihrer mangelnden Kompetenz gesehen hätten. Die beabsichtigte Bevorzugung der männlichen Kollegen bei der Beförderung stieß bei ihnen jedoch auf Unverständnis und löste Verärgerung aus. Prompt argumentierten die Damen mit resignierten bis abwertenden Bemerkungen zu den Männermachenschaften, die immer nur Ihresgleichen suchen und nachfolgen lassen würden.

Wäre das Ergebnis nicht so typisch, hätte ich amüsant finden können, wie sehr Chef und Mitarbeiterinnen aneinander vorbei gedacht haben. Doch verging mir das Schmunzeln schnell, da ich zu häufig männliche wie weibliche Klagen höre, bei denen derlei Missverständnisse einem harmonischen Zusammenwachsen von Männern und Frauen im Team im Wege stehen.

Karrierebremse Missverstehen?

Die sprichwörtlich „gläserne Decke", die die Frauen auf dem Karriereweg scheitern lässt, hat vermutlich mehrere „Baumeister". Aus unerkannten geschlechtsspezifischen Unterschieden entstehendes Missverstehen liefert dazu einen nicht unwesentlichen Betrag.

Es gilt also genauer hinzuschauen: Wie kann es dazu kommen? Wo entstehen die Missverständnisse? Wie können wir dieses Missverständnis-Muster unterbrechen, das eine große Mitverantwortung daran trägt, dass die Integration von geschlechtlichen Minderheiten behindert wird?

Was können Frauen tun, um in männerdominierten Teams zurechtzukommen? Und wie können Männer in Berufen beziehungsweise Teams mit einem hohen Frauenanteil heimisch werden? Was braucht es, damit eine jeweilige „Minderheit" ins Team mit hineinwachsen kann?

Karrierefalle Kommunikation

Wie entsteht und wirkt die „gläserne Decke" der Kommunikation und was braucht es zur Veränderung?

Es gibt viele Ansätze zur Beantwortung dieser Fragen. Politik und Gesellschaft versuchen sich zunehmend darin, Antworten zu finden und Lösungsansätze dafür zu entwickeln. Doch die kommunikativen Unterschiede werden von den meisten Menschen, Männern wie Frauen, entweder völlig ausgeblendet, schlimmstenfalls empört zurückgewiesen oder allenfalls belächelt. Jegliche Wirkung, die diese Unterschiede auf das berufliche Miteinander haben, wird negiert. So geschieht es, dass wir uns gegenseitig häufiger missverstehen als uns bewusst ist.

Sprachlos trotz Sprachkompetenz
Wir sprechen zwar die gleiche Sprache, aber nutzen diese unterschiedlich. Frauen und Männer haben oft das gleiche Ziel, eine ähnliche Absicht, aber gehen so unterschiedlich damit um, dass der eine meinen kann, der andere hätte ein völlig anderes Anliegen. Wir werden sozusagen sprechend „sprachlos" voreinander. Vergleichbar ist das mit einer Reise in ein Land, dessen Sprache wir nicht sprechen. Trotz hoher Sprachkompetenz werden wir weder verstanden noch verstehen wir die Menschen um uns herum. Um dauerhaft durchzukommen, geht es nicht anders, als die Sprache der anderen zu lernen. Wenn wir diese dann einigermaßen sprechen, werden wir noch lange nicht zu Griechen, Franzosen, Engländer, Spanier ... In Paarbeziehungen, in denen ein gleichberechtigtes Miteinander angestrebt wird, ist es sehr hilfreich, dass *beide* die Sprache des anderen verstehen lernen, um sich wirklich nahezukommen.

Ziel ist nicht die vollständige Anpassung, sondern die Erweiterung der eigenen Sprachkompetenz, ohne das „Eigene" aufzugeben oder gar zu lassen. Effektiv wird, wer die eigenen Stärken nutzt und sich dem anderen öffnet. Zum Verlierer wird, wer die eigenen Stärken außen vorlässt und versucht im „Spiel der anderen" genauso gut zu werden wie diese.

Während einer Zugfahrt wurde ich Ohrenzeugin eines Gesprächs zweier Arbeitskollegen eines technischen Betriebs,

Kathrin und Jens. Die beiden waren sich einig darin, dass Kathrin sich zwar ungemein engagieren würde, aber bei Weitem nicht die Anerkennung bekäme wie Jens. Kathrin klagte: „Obwohl ich mich nicht scheue, ‚die Kohlen aus dem Feuer zu holen‘, wenn ‚Not am Mann‘ ist, und keine Angst habe, ‚mich für jeden Dreck schmutzig zu machen‘, bin ich wieder einmal bei der Stellenbesetzung für eine führende Position übersehen worden.“ Sie war sauer und frustriert, überlegte sich sogar zu kündigen und irgendwo andershin zu gehen, sie sei ja schließlich frei. Was ich aber auch hörte, war, dass es beinahe unangenehm war, ihr zuzuhören: Sie sprach nicht nur mit nach unten gedrückter Stimme, sondern verwendete einen Tonfall, der sich vielleicht lässig anhören sollte, letztlich aber eher abschätzig klang. Dazu die Wortwahl, die einem pubertierenden Knaben, der sich vor seinen Jungs „cool“ zeigen will, angemessen war, nicht aber jemandem, der es in seiner Abteilung zu etwas bringen will. Insgeheim wunderte ich mich nicht so sehr über die ausbleibende Beförderung. Zufällig stiegen die beiden am selben Bahnhof aus und gingen vor mir zur Treppe. Ihr Gang entsprach ganz ihrer Sprechweise und erinnerte mich an die Cowboyfilme aus meiner Jugend. Wenig später kam Kathrin ohne ihren Kollegen in das Café, in dem ich saß, und ging auf einmal beschwingt und federnd an die Theke. Als sie ihre Bestellung aufgab, traute ich meinen Ohren nicht: Sie sprach mit einer sehr weiblichen, melodiösen, ja fast säuselnden Stimme, lachte und wirkte wie ein junges Mädchen! Hätte ich es nicht mit eigenen Augen gesehen, hätte ich niemandem die Story vom Cowboy-Image geglaubt!

Frauen wie Kathrin, die versuchen, das „Männliche“ so sehr zu kopieren, haben es meist schwerer, weil sie nicht authentisch wirken. Und selbst wenn man das Unauthentische nicht sofort bemerkt, es wirkt schnell „unangenehm“. Das kann jedenfalls nicht der Königsweg sein!

Zwischen Skylla und Charybdis?

In einem Seminar für weibliche Führungskräfte, die es bereits recht weit „nach oben" geschafft hatten, war der einhellige Tenor eher abgeklärt: „Um hierhin zu kommen, hatten wir nur die Wahl zwischen zwei Übeln. Die eine Möglichkeit war, ‚männlich' zu sprechen. Dafür wurden wir zwar von den Männern einigermaßen respektiert, mussten uns dafür aber viele abschätzige Bemerkungen anhören wie ‚Mannsweiber', ‚eisern wie Maggie Thatcher', ‚Haare auf den Zähnen' und vieles mehr. Die Variationen waren beachtlich. Die andere Möglichkeit war, wir sprachen und verhielten uns ‚weiblich', gewannen eher mit Charme als mit Respekt und hörten hinter vorgehaltenen Händen dann Kommentare wie ‚hochgeschlafen', ‚ihr erlegen' etc." Auch hier entstand eine beträchtliche Sammlung deftiger Kommentare, die sich diese Frauen hatten anhören müssen – nicht nur von Männern, wohlgemerkt. Ich habe bisher noch nicht von vielen männlichen Führungskräften gehört, die in Bezug auf ihre Männlichkeit so in der Zwickmühle waren.

So wie ich die Frauen erlebte, war ich überzeugt, dass sie bei allem „Biss", den sie an den Tag gelegt hatten, dennoch vergleichsweise fraulich aufgetreten waren. Ihr gepflegter Umgang miteinander sprach Bände. Hilfreich auf ihrem Weg war für sie auch der Kontakt zu anderen Frauen gewesen – über Mentoring-Programme oder einfach Frauen-Netzwerktreffen. Die Damen bestätigten darüber hinaus das Ergebnis von Untersuchungen zum Einfluss von Sozialverhalten von Minderheiten auf Gruppen. In den Studien war man zu dem Schluss gekommen, dass erst ab einem Anteil von 30 Prozent einer Minderheit das Arbeitsklima von dieser mitgeprägt wird. Die Frauen hatten dieselbe Erfahrung gemacht: Wo z.B. in Gremien von zehn Teilnehmern mindestens drei Frauen anwesend waren, war der Arbeitsstil und auch der Umgang miteinander deutlich anders.

Die Erfahrung der Frauen zeigte, dass sie, solange sie in einer Minderheit von weniger als einem Drittel waren, eine größere Anpassungsleistung erbringen mussten als in durchmischteren Gruppen. Sie brauchten deutlich länger als ihre männlichen Kollegen, um die gleiche Anerkennung und den gleichen Einfluss zu haben. So gesehen macht „die Quote" durchaus Sinn. Doch die Verordnung allein, ohne Anleitung zum Dialog, genügt nicht.

Ohne Worte? Es ist und bleibt Kommunikation

Schwester Sabine, sonst recht munter und sprudelnd, nahm diesmal eher einsilbig an der Stationssitzung teil. Bei der Abstimmung zum neu gestalteten Wochenplan nickte sie nur und machte sich wortlos an die Arbeit. Margit, die leitende Stationsschwester zögerte, bevor sie zur Pflegedienstleitung ging, um den Plan abzugeben. Doch da sie Sabine nicht gleich fand, entschloss sie sich hochzugehen und legte Sandra, der Chefin, den Plan vor. Nicht ohne zu erwähnen, dass sie glaube, Sabine sei wohl nicht sehr überzeugt von den Umstellungen. Als Sandra Sabine auf ihren Zweifel hin ansprach, war diese sehr erstaunt, wie diese darauf käme – sie habe doch gar nichts gesagt?

Jeder, der Ähnliches erlebt hat, wird vermutlich gleich an die Bemerkung des Kommunikationswissenschaftlers Watzlawick denken, der meinte, es ginge „nicht, nicht zu kommunizieren". Nichts zu sagen, kann bisweilen eine sehr intensive Form der Kommunikation sein. „Vielsagende

Blicke" sagen manchmal mehr als tausend Worte. Und alles, was wir gewollt oder ungewollt schweigend oder sprechend mitteilen, ist Kommunikation. Dabei ist Kommunikation nicht gleichzusetzen mit Verstehen. Was der eine meint, ist noch lange nicht das, was der andere versteht.

Sabine war in der Tat von den Änderungen nicht begeistert, wollte ihrer Kollegin und Freundin Margit, die sich viel Mühe für die Neugestaltung gegeben hatte, jedoch nicht in den Rücken fallen und schwieg lieber. Ihr Gesichtsausdruck sprach jedoch Bände, und Margit, die Sabines sonst so unbefangene Art kannte, las in Sabines frostigem Verhalten die Ablehnung, bezog diese aber nicht auf die Plangestaltung, von der sie überzeugt war, sondern auf die damit verbundenen Änderungen im Stationsablauf.

Selbst das berühmt-berüchtigte „schwarz auf weiß" ist noch lange kein Garant für eine eindeutige Übermittlung von Botschaften.

Tobias, Unternehmer, der selbst durch Coaching ein drohendes Burnout bei sich abgewendet hatte, hatte einem seiner Freunde in ähnlicher Lage ebenfalls ein Coaching ans Herz gelegt. Als ich davon erfuhr, mailte ich ihm spontan: „Okay – Du bist deinen Freunden offensichtlich immer noch ein guter Freund. So etwas wie dich braucht die Welt!"

Seine Antwort daraufhin: „Liest sich so, als würdest du mir diese Freundschaften gar nicht zutrauen ..." Ich staunte nicht schlecht! Hatte ich ihm doch – gefühlt unmissverständlich – meine offene und ehrliche Anerkennung zur Pflege seiner Männerfreundschaften gezollt, die ich alles andere als selbstverständlich empfand! Auf meine dementsprechende Nachfrage schrieb er: „Vielleicht liegt meine Einschätzung an deiner Antwort, die ohne Anrede begann und mit einem „okay" ... da kann man schon was rein interpretieren ... Aber man muss auch nicht ..."

Unbewusst legen wir dem Inhalt beim Lesen eine Art innerer Stimmmelodie zugrunde, sodass Betonungen und ähnlich verständnisrelevante nonverbale Merkmale hinzukommen. Dabei kann sich die Bedeutung des Inhalts wesentlich verändern. Interessant ist, dass dies sowohl Schreiber als auch Leser mit einer derartigen Selbstverständlichkeit machen, dass sie dabei nicht eine Sekunde auf die Idee kommen, dass der andere die inneren Betonungen irgendwie anders setzen bzw. gesetzt haben könnte als man selbst! Mein „okay" war ein innerlich ausgerufenes, anerkennendes. Gehört hatte Tobias ein zögerliches, ironisches. Meine Interpretation, dass er sich eher seiner selbst nicht ganz sicher sei, hatte er übrigens rundweg und glaubhaft abgelehnt. Er war sich lediglich meiner Anerkennung nicht so sicher gewesen. Ob mir das zu denken geben sollte?

Senden ...

Hinter jedem gesprochenen oder geschriebenen Wort steht ein Mensch mit seinem Bedürfnis sich mitzuteilen. Wir nutzen die Sprache letztlich, um mit dem, was uns bewegt, in Beziehung zu treten. Ein Mensch ohne Kommunikation verarmt seelisch und ist nur unter bestimmten Bedingungen überhaupt lebensfähig. Das, was wir sagen, ist immer auch Ausdruck dessen, wer wir sind und was wir wollen.

Kommunikation findet nicht nur zwischen mindestens zwei Menschen statt, sondern läuft zwischen diesen beiden immer auch hin und her. Der Zuhörer kommuniziert mit, er „empfängt" die Signale, die er dann in seine Verständnis- und Bedürfniswelt übersetzt. Stimmt die Verständniswelt mit der des Senders nicht überein, entstehen Missverständnisse. Am einfachsten lässt sich dies nachvollziehen, wenn zwei Menschen unterschiedlicher Herkunft miteinander sprechen. Versuchen Sie mal, im Ausland in einer Ihnen unbekannten Sprache Essen zu bestellen. Die Wahrscheinlichkeit, dass Sie nicht bekommen, was Sie zu essen bestellten, ist ziemlich hoch.

Als ich beabsichtigte, unseren Balkon blau streichen zu lassen, teilte ich dies der Malerfirma mit: „So ein Mittelblau" hätte ich gern, also nicht hell-, aber auch nicht dunkelblau. Der Maler nickte verständnisvoll, „Ja, ich weiß genau, was Sie meinen", und rückte am nächsten Tag mit der Farbe an. Als ich am Abend von der Arbeit heimkam, erschrak ich sehr: Der Balkon leuchtete mir strahlendblau entgegen – es sah furchtbar aus! Der Maler hatte eine Lasur genommen, die weit entfernt von dem Blau war, an das ich gedacht hatte. Erst mithilfe einer Farbtabelle einigten wir uns dann auf den zweiten Anstrich mit taubenblauem Lack.

Noch schwieriger wird es da, wo wir beschreibende Adjektive wie „viel", „schwer" etc. verwenden. So wird klar, warum sich Männer und Frauen oft unbemerkt missverstehen: Denn wenn „sie" sagt, *„Kannst du bitte das schwere Teil aus dem Keller holen"*, wundert „er" sich vielleicht, wo das stehen soll und kommt unverrichteter Dinge zurück: *„Da war kein schweres Teil."* – *„Doch, hinten links in der Ecke!"* – *„Ach, das kleine Teil meinst du?"* Für ihn war nichts Schweres sichtbar gewesen. Ansichtssache?! Und je mehr wir in der Kommunikation in Gefühlswelten eintauchen, desto verwirrender wird das „Spiel".

… und empfangen?
Während der Zuhörer empfängt, „sendet" er gleichzeitig.

In einem lebhaften Meeting einer Abteilung eines Verlagshauses wird die Möglichkeit einer Modernisierung des Firmenlogos besprochen. Alle Beteiligten sprechen munter und inspiriert miteinander, ein Schlagabtausch löst den anderen ab. Bernd jedoch, der einzige Mann in der Runde,

*schweigt durchgehend. Eine ganze Weile wird das nicht be-
merkt, doch zunehmend schauen die anderen irritiert ob
des eisigen Schweigens ihres Kollegen. Zunächst nehmen sie
es hin, doch je länger die Situation dauert, desto ungemütlicher wird es in der Runde. Die gute Stimmung ebbt ab und
es wird still und stiller.*

Gesprächspartner empfangen durch Schweigen genauso
wie beim Sprechen Signale, die sie auf ihre Art und Weise
interpretieren. Da Schweigen noch weniger eindeutig ist als
Reden, fühlt sich der Empfänger durch das Schweigen verunsichert. Der stets nach Sicherheit strebende Mensch wird
versuchen, dieses Schweigen einzuordnen und entsprechend
zu werten. In den seltensten Fällen sind diese Wertungen
wohlwollend.

*Als sich endlich jemand traute, Bernd darauf anzuspre-
chen, was denn los sei, brummelte er vor sich hin und rückte erst nach einer Weile damit heraus, dass er das bespro-
chene Thema schon längst auf der Tagesordnung gehabt
hatte, damit aber seinerzeit nicht angekommen war. Und
nun täten alle so, als ob sie „das Rad selbst erfunden hätten". Ihn ärgere das einfach. Aber er wollte nicht chauvi-
nistisch-besserwisserisch auftreten und seinen Kolleginnen
auch nicht die Begeisterung am Thema nehmen. Gelungen
war ihm jedenfalls Letzteres nicht!*

Bei weniger aggressiv schweigenden, einfach nur stillen
Menschen wird es kaum passieren, dass dieses Schweigen
den Gesprächsverlauf derart beeinflusst. Der Stille läuft viel
mehr Gefahr, dass andere hinter diesem Schweigen so etwas
wie Unwissenheit oder Unsicherheit vermuten, aber eher
keine Kompetenz.

*Egil, junger, sehr begabter Consultant, wird aufgrund
seiner schnellen Auffassungsgabe und seines brillanten
Urteilungsvermögens im Projekt sehr schnell mit anspruchsvollen Teilaufgaben betraut, die er allein zu verantworten
hat. Daher nimmt er schon bald an den Meetings mit den*

Kunden teil. Nach einer Weile kommt sein Projektleiter erstaunt auf ihn zu und berichtet ihm vom Feedback des Kunden, der irritiert gefragt hatte, was „der junge Schnösel" da zu suchen habe.

Wieso hatte der Kunde diesen Eindruck gewonnen? Egil, ein eher introvertierter Beobachter, hatte es „geschafft", weitgehend unsichtbar und unhörbar zu bleiben. Da er sich in seiner „Juniorität" unwohl fühlte, wollte er aus Höflichkeit nicht zu viel Raum einnehmen. Dennoch waren ihm ein paar eklatante Fehler aufgefallen, auf die er eher fragend hingewiesen hatte. Weil er dabei aber jeweils recht kontaktlos den Finger genau auf die Wunde gelegt hatte, war der Kunde unangenehm berührt und verärgert, zumal Egil danach wieder in Schweigen verfallen war. Dass er durchaus Lösungsansätze und Ideen hatte, war für den Kunden nicht erkennbar geworden, sodass dieser auch nicht auf den Gedanken gekommen war, bei Egil nachzufragen. Genau darauf hatte dieser aber in seiner Zurückhaltung gewartet.

Kommunikation besteht demzufolge aus weit mehr als nur aus Worten und auch aus mehr als Stimme oder Schrift. Erst durch alles „Nonverbale", das, was über das reine Wort, die Sachinformation hinausgeht, wird die Botschaft zur echten Information, wird Sprechen zur Kommunikation – und liegt in der Interpretation oft meilenweit neben der Informationsabsicht des „Senders".

Wortloses Sprechen und seine Wirkung

Unter nonverbaler Kommunikation verstehen wir alles, was jenseits des Sachinhalts unsere Botschaft beeinflusst. Es macht einen großen Unterschied, ob jemand beispielsweise den Satz *„Ich brauche diese Unterlagen morgen früh"* mit fester Stimme, aufrechter Haltung und klarer Gestik sagt oder ob er leise, schnell und ohne klaren Augenkontakt dahin gesagt wird.

Erst neulich wurde ich Augen- bzw. Ohrenzeuge einer Unterhaltung, die nicht nur eine subtile Botschaft hatte, sondern auch inhaltlich nicht ernst genommen wurde, weil die Stimme eine weitere abschwächende Botschaft vermittelte: Eine Mitarbeiterin bekam von ihrem Kollegen eine Aufgabe übertragen, die sie offensichtlich nicht wollte. Sie entgegnete: *„Ich weiß eigentlich nicht genau, wie das geht"*, was unausgesprochen heißen sollte: *Ich habe keine Lust, möchtest du das nicht lieber selbst machen?"* Obendrein sprach sie mit einer sehr weichen und leisen Stimme und setzte dabei einen zwar fragenden, aber doch sehr charmanten Gesichtsausdruck auf, was subtil so viel hieß wie: *„Ich traue mich nicht, dir offen zu sagen, dass ich das nicht möchte. Bevor du mich deswegen angreifst, kann ich immer noch so tun, als habest du mich missverstanden, und dir zeigen, dass ich es ja doch selbst machen kann."* Das kleine Wörtchen „eigentlich" (weiß ich es nicht) machte es dabei auch nicht gerade besser. Der Kollege reagierte prompt dementsprechend sehr jovial und ignorierte alle Spielchen: *„Ach, das schaffst du schon."* Glauben Sie nur ja nicht, dass er sie in irgendeiner Form darin angeleitet hätte, um sie das lernen zu lassen, was sie „eigentlich nicht wusste".

Nonverbale Kommunikation ist also ein wesentlicher Bestandteil der Kommunikation schlechthin. Darunter verstehen wir üblicherweise Körperhaltung, Gestik, Mimik (Gesichtsausdruck). Die Stimme wird oft als eigenes Element betrachtet. Eine Differenzierung, die ich trotz und wegen meiner persönlichen Affinität zum Thema Stimme so gar nicht treffen möchte. Letztlich ist die Stimme nicht nur Tonträger unserer gesprochenen Worte, sondern vermittelt vor allem auch selbst „subtle messages" (Botschaften „zwischen den Zeilen"). So ist sie eine unbewusste Form der Kommunikation in Ausdruck und Verarbeitung!

Alltägliches Beispiel dafür ist z.B. folgendes Szenario: Sie rufen Ihren Kollegen an, er meldet sich mit seinem Namen. Noch bevor er überhaupt etwas Inhaltliches gesagt hat, wissen Sie schon Bescheid: Ihm geht es heute nicht gut. Da „ist etwas". Sie haken nach und erfahren, dass er total deprimiert ist, weil ein Kunde ein für ihn wichtiges Angebot nicht angenommen hat.

Stimmklang und Stimmmelodie verraten sofort, dass jemand angespannt ist, verärgert, krank oder auch freudig, gut gelaunt, gespannt. Wobei diese Information nie so genau ist, dass wir daraus treffsicher schließen können, was der exakte Hintergrund für diesen „Ton" ist, was die beabsichtigte oder auch unbeabsichtigte Information genau bedeutet, die sich da vermittelt.

Darüber hinaus zähle ich auch noch die Sprechweise, also die Art und Weise, *wie* gesprochen wird, welche Worte genutzt, wie deutlich gesprochen wird etc. zur nonverbalen Kommunikation.

Stefanie, Ingenieurin eines großen Technikunternehmens, wurde eingestellt, um die Schnittstelle zwischen Vertrieb, Logistik und Technik so aufzubauen, dass alle Bereiche künftig mehr miteinander als aneinander vorbeiarbeiten. Wer je erlebt hat, welche Machtkämpfe zwischen diesen Bereichen entstehen können, ahnt, welch anspruchsvolle Aufgabe Stefanie übernommen hat. Da sie Schwierigkeiten hat, sich durchzusetzen, kommt sie ins Coaching. Sie berichtet davon, wie die Chefs der einzelnen Abteilungen schnell ins Gerangel kommen und meistens der Logistikchef das Wort an sich reißt. Sie fühlt sich dann stark verunsichert und weiß nicht mehr, wie sie wieder in Führung gehen kann.

Stefanie verfällt allein schon in der Erinnerung an diese Meetings in eine Sprechweise, die mich schnell nachvollziehen lässt, dass sie wenig Boden gutmacht. Bei ihrer Erzählung achte ich nicht nur auf das, was sie erzählt, sondern vor allem, *wie* sie es erzählt. Ich beobachte ihre Gestik, ihre Mimik, ihre Körperhaltung. Ich höre auf ihre Stimme in Klangqualität und Melodie. Ich achte auf ihre Art zu sprechen, die sich nicht nur durch die Wortwahl ausdrückt, sondern auch durch ihre Artikulation, ihren Satzbau, Semantik, Formulierungen, Geschwindigkeit etc. Ich stelle mir dabei aber auch vor, wie ich mich als beteiligte Zuhörerin „fühlen" würde und versuche zu verstehen, was genau welche Wirkung auf mich hat. Eine Videoarbeit, in der ich sie die Situation nachspielen lasse und selbst in die Rolle der von ihr beschriebenen Männer schlüpfe, bestätigt meinen Eindruck aus der Schilderung.

Im Moment, in der sie die Situation schildert, und noch stärker während des Rollenspiels wird Stefanies Stimme dünn, hoch und sehr scharf. Dabei spricht sie mit recht monotoner Stimme und sehr gewählter Sprache, so als wolle sie dadurch sehr seriös wirken. Ihre Artikulation wirkt schon fast übertrieben und macht einen überkorrekten Eindruck. Sie macht kaum Pausen, wodurch ihre Informationen in unglaublicher Geschwindigkeit hereinprasseln. Ich als Zuhörerin habe kaum Zeit, mir ein Bild davon zu machen, was sie erzählt. Währenddessen verschwindet sie mehr und mehr im Sessel, v.a. als ich aus meiner Rolle heraus ungeduldig und unwirsch reagiere. Ihre Stimme wird dabei allmählich leiser, ihr Sprechfluss stockender. Zunehmend verwendet sie Füllwörter wie *„eigentlich"*, *„vielleicht"*, *„könnte sein"*. Ihr Gesichtsausdruck hat nichts mehr von der ausgelassenen Fröhlichkeit, mit der ich sie zunächst kennengelernt hatte. In der Rolle des Gegenübers fühle ich mich tatsächlich zunehmend unwohl, übergangen und ungeduldig. Um dem zu entkommen, bekomme ich Lust „zu spielen": zu blaffen, sie mit Machtspielchen zu reizen. Ich kann mir nur zu gut vorstellen, wie ein einigermaßen handfestes Gegenüber da ein leichtes Spiel hat, die Führung zu übernehmen. Traurigerweise bleibt dabei vom tatsächlichen Inhalt nicht mehr so sehr viel hängen.

Nonverbal kommunizieren wir unglaublich schnell. Wir reagieren viel rascher auf das, was wir unbewusst wahrnehmen, als auf den tatsächlichen Inhalt. Der hat nur eine Chance, wenn der Sprecher emotional akzeptiert ist – sich also auf nonverbaler Ebene das Territorium der Glaub- und Vertrauenswürdigkeit erobert hat. Entsteht dieses Vertrauen nicht, läuft in Windeseile so etwas wie ein unbewusster Machtkampf ab: Der Mann mit der tiefsten, sonorsten Stimme vermittelt die größte Glaubwürdigkeit. Wer klare Worte spricht, übernimmt schnell die Führung, wobei es weniger auf den Inhalt und die Qualität des Gesagten ankommt als auf die Direktheit der Sprache. Der Sprecher mit den eindeutigsten Gesten bekommt die größte Aufmerksamkeit – und erhält oder übernimmt oft schnell eine Führungsrolle. Der, dessen Haltung am aufrechtesten und präsentesten ist, strahlt die meiste Dominanz aus – erntet Autorität und Respekt.

Wer kennt nicht auch die raumgreifende Ausstrahlung eines mit breiten Beinen und offenen Armen sitzenden Gesprächsteilnehmers – eine Haltung, die sich Frauen allein durch die allgemeine Etikette verbietet. Solche Männer ficht eine „gesittet" dasitzende junge Kollegin kaum an – ein womöglich hohes, zartes Stimmchen und ausschweifende Wortwahl helfen da auch nicht gerade weiter.

Warum wirkt die nonverbale Kommunikation so stark? Der Unternehmensberater und „Arroganz-Trainer" Peter Modler spricht vom „body talk" (Modler, 2009). Dies ist unsere ursprünglichste, erste Sprachform. Und zwar sowohl in der Geschichte der Menschheitsentwicklung als auch in jeder kindlichen Entwicklung unserer Zeit. Dass „body talk" existenziell notwendig ist, lässt sich schnell an einem Gedankenexperiment erfassen. Denken Sie an ein Baby, in den ersten ein bis zwei Jahren (bei manchem sogar länger!) steht ihm die verbale Kommunikation nicht bzw. nur rudimentär zur Verfügung. Stellen Sie sich ein Neugeborenes vor, das nur daliegen würde, ohne Gestik, Mimik, Stimme. Oder was passieren würde, wenn die Erwachsenen die Körpersprache der Babys nicht verstehen würden. Die Neugeborenen würden ohne „body talk" schlichtweg nicht überleben.

Der dramatische Ausgang des Experiments von Kaiser Friedrich II., die „Ursprache" der Menschen zu erforschen, lässt einen nicht nur erschaudern, sondern erst recht sicher werden, dass ohne nonverbale Kommunikation Leben nicht möglich ist: Kaiser Friedrich II. gab Pflegerinnen die Anweisung, Waisenkinder ohne jegliche Ansprache aufzuziehen – also nur zu ernähren. Alle Kinder starben.

Nonverbale Kommunikation ist Instinktverhalten und damit schneller und machtvoller als jede intellektuelle Leistung. Nonverbale Kommunikation ist direkt und schnell, einfach und auf unbewusster Ebene unmissverständlich – denn selbst ein Missverstehen ist potenziell lebensgefährlich. Das Nutzen und Verstehen non- bzw. präverbaler Kommunikation ist tief in uns verankert!

Das „Wie" spricht für sich

Für eine Studie verglich der Kommunikationswissenschaftler Albert Mehrabian die Parameter *gesprochenes Wort*, *Stimme* und *Körpersprache* bei der Übermittlung von Inhalten. Leider wurde in der weiteren Verbreitung die massiv vereinfachte und damit so nicht korrekte Schlussfolgerung getroffen, dass in jeglicher Kommunikation Inhalte zu 55% durch Körpersprache, zu 38% durch Stimme und nur zu 7% durch das gesprochene Wort vermittelt würden. Seither beziehen sich viele Kommunikationstrainer auf diese Prozentzahlen und irritieren damit im Grunde jeden, der nur ein bisschen darüber nachdenkt. So gesehen müssten Briefe, E-Mails und sonstige Schriftstücke praktisch inhaltsleer sein. Redner bräuchten sich inhaltlich kaum vorzubereiten, solange sie nur mit voller Stimme und prägnanter Körpersprache sprechen. Das ist natürlich nicht der Fall.

Mehrabian bezieht sich beim Vergleich der drei Parameter lediglich auf einzelne Worte, bei denen es sich um emotionale Ausdrucksformen handelt. Die eigentliche von Mehrabian selbst daraus gezogene Schlussfolgerung lautet, dass bei Worten, deren Inhalt interpretationsfähig ist, sich der „Empfänger" der Botschaft wesentlich mehr an dem orientiert, was der Sender nonverbal vermittelt. Das heißt, Worten bzw. Inhalten, die in Abhängigkeit vom Betrachter unterschiedlich verstanden werden können, erhalten durch Körpersprache und Stimme konkretere Bedeutung. Hier wirkt die Körpersprache (Gestik und Mimik) noch eindeutiger als die Stimme. Dabei erzielt die bewusste Absicht des Senders meist weniger Wirkung als die unbewusste innere Haltung, die sich in Körpersprache und Stimme ausdrückt.

„Form follows function" – im Außen zeigt sich, was im Inneren abläuft

Der Sullivan'sche Leitsatz, der Ende des 19., Anfang des 20. Jahrhunderts Design und Architektur bestimmte, lautete „form follows function". In der Betrachtung der Kommunikation hat dieser Satz ebensolche Gültigkeit: Die innere Haltung, die innere Befindlichkeit drückt sich ganz natürlich in der äußeren Haltung und Bewegung aus – und damit auch in der Sprache. Alle Versuche, durch gezielte äußere Veränderungen eine bestimmte Wirkung zu erzielen, sind selten nachhaltig oder „krisenfest", wenn sie nicht mit einer entsprechenden inneren Haltungsänderung einhergehen.

Thilo hatte schon einige Rhetorik- und Verkaufsseminare besucht, bevor er zu mir ins Coaching kam. Zwar hatten ihm die Trainings im Großen und Ganzen recht gut gefallen, aber es war ihm aus seiner Sicht nicht besonders gut gelungen, das dort Erlernte umzusetzen. Da er in seiner Firma zunehmend im Vertrieb eingesetzt werden sollte, war es umso wichtiger geworden, dass er seine Wirkung im Gespräch verbesserte. Thilo war schon durch seine Körpergröße von 195 Zentimetern eine Erscheinung. In den videobasierten Kommunikationstrainings war ihm mehrfach nahegelegt worden, dass er seine Handhaltung verbessern müsse. Üblicherweise hingen seine langen Arme ungelenk und schlaksig links und rechts vom Körper, was ihm trotz seiner Größe und Reife eine eher jungenhafte und unsichere Wirkung verlieh. Seit den Trainings wusste er zwar, dass die Hände in etwa vor dem Bauch zu sein hatten, dennoch erschien ihm das unnatürlich. Vor allem bei Vorträgen hielt er dies schwerlich über den Anfang hinaus durch.

Veränderungen, die nicht „aus dem Herzen" kommen, brauchen entweder viel Übung oder viel Konzentration, die im Falle des Falles meist nicht zusätzlich aufgebracht werden kann. Sobald der Energielevel steigt, etwa weil die Situation kritisch wird oder hohes emotionales Engagement erfordert, ist für zusätzliche Konzentration nur wenig Platz. Thilos Vorhaben, durch die veränderte Handhaltung sein Auftreten seriöser wirken zu lassen, wirkte in der Tat nicht besonders effektiv. Die im Grunde korrekt angewendete veränderte Handhaltung verlieh ihm nur bedingt eine sicherere Ausstrahlung und wirkte nicht viel überzeugender als die hängenden Arme.

Folglich verließ er sich weiter mehr auf eine Optimierung der Inhalte seiner Verkaufsvorträge. Doch stieß er da zunehmend an seine Grenzen. Die inhaltliche Verbesserung allein erzielte nicht die erhoffte Wirkung. In meiner Arbeit mit ihm fokussierte ich auf die Botschaft „hinter" den hängenden Armen, also auf die Unsicherheit. Thilo konnte dies selbst im Video sehen und meinte, nüchtern betrachtet sähe das ja in der Tat auch zu komisch aus, wie er dastünde. Er erinnerte sich, dass ihm schon seit seiner Pubertät gesagt worden war, dass er sich „anders hinstellen solle". Allerdings hätte er nie recht gewusst wie. Er war, wie viele sehr große junge Männer, unwahrscheinlich schnell gewachsen und äußerlich deutlich schneller erwachsen geworden als innerlich. Diese inkongruente Entwicklung verunsichert junge Menschen enorm, wodurch sie leicht den Bezug zu ihrem Körper verlieren. Die wenig konstruktiven, kritischen Bemerkungen von außen legen schnell den ersten Baustein für eine schlaksige, unsichere Erscheinung. Findet in der folgenden Zeit kein Korrektiv statt, bleibt der Betroffene oft auch als Erwachsener in derselben Beziehungslosigkeit zu seinem Körper, nicht selten kombiniert mit dem ungeschickten Versuch, sich unbewusst durch eine gebeugte Haltung kleiner und damit wenigstens irgendwie „passender" zu machen.

Als Thilo diese Zusammenhänge verstanden hatte, probierte er mithilfe des Videos selbst Haltungen aus, in denen er sich wohlfühlte und seine Erscheinung dem entsprach, was er als zu sich passend empfand. Er entdeckte z.B., dass er im Sitzen – da ihm Sitzmöbel im Grunde immer zu klein waren – seine Beine anders als bisher positionieren musste, um einerseits bequem sitzen zu können und andererseits nicht damit „anzuecken". Er setzte sich erstmals bewusst damit auseinander, was es bedeutet, so viel größer und damit anders als die meisten anderen zu sein. Im Stehen gab er einerseits die gebeugte Haltung auf, um „aufrecht" zu sein. Andererseits justierte er seinen Abstand zu anderen, um den Blickwinkel nicht zu sehr „von oben herab" zu haben.

Die Verunsicherung, die dieses „anders" sein für ihn als Jugendlichen ausgelöst hatte, konnte er durch unsere

Coaching-Gespräche allmählich in eine neue, erwachsenere Sicherheit verwandeln, auch als „Großer" okay zu sein. Mit der Zeit empfand er seine Größe sogar als Gewinn. Die gesamte Haltung wurde aufrechter. Da sich damit seine Körperspannung zunehmend verbesserte, fanden auch seine Arme und Hände ohne weitere Erklärung eine ganz natürliche und bestimmte Position zum Körper – die Wirkung war enorm! Mit dieser neuen inneren Haltung war eine Veränderung der äußeren Haltung einhergegangen, die genau jene Sicherheit zeigte, die er schon zuvor beabsichtigt hatte.

Es genügt nicht, sich nur inhaltlich bestmöglich vorzubereiten, um Erfolg zu haben. Das ist längst eine Binsenweisheit, die nicht erst seit der Mehrabian'schen Studie bekannt ist. Es genügt aber auch nicht, seine Inhalte einfach nur in bestimmte rhetorische Techniken zu verpacken, um eine bestimmte Wirkung zu erzielen. Sprechen ist immer auch eine Selbstoffenbarung, die sich nonverbal vermittelt. Sie ist für den Gesprächspartner in Körpersprache (Körperhaltung, Mimik, Gestik), Stimme und der Art der Formulierung „lesbar".

Gehört wird, was gehört werden will

Schulz von Thun beschreibt in seinem Vier-Ohren-Modell die verschiedenen Ebenen einer Botschaft: Sachinhalt (die pure Information), Appell (was will der Sprecher), Selbstoffenbarung (wer ist der Sprecher) und Beziehungsebene (wie stehen Sprecher und Hörer zueinander). Er differenziert sehr genau, wie und wodurch sich die Botschaften hinter, vor und neben der eigentlichen Sachinformation vermitteln. Weitergehend als Mehrabian bezieht er den Empfänger der Botschaft mit ein. Er trägt der Tatsache Rechnung, dass es auch von der inneren Welt des Gesprächspartners abhängt, wie der Inhalt ankommt bzw. verstanden wird. Am eindrücklichsten können wir dies im Schriftverkehr betrachten: Nicht selten passiert es, dass der Schreiber einer für ihn völlig lapidaren Nachricht beim Leser eine Welle der Empörung auslöst, ohne es geahnt oder gar beabsichtigt zu haben und auch ohne hinterher zu wissen, warum.

Dem Direktor eines Gymnasiums, der mich für einen Berufsinformationsstand angeworben hatte, schrieb ich vor einigen Jahren in einem E-Mail: „Lieber Herr Bär, gerne werde ich zu Ihren sogenannten Projekttagen den Informationsstand unterstützen." Umgehend erhielt ich eine Antwort: „Sehr geehrte Frau Muderlak, ich freue mich, dass Sie Ihre Expertise einbringen werden. Ich möchte Sie jedoch darauf hinweisen, dass die Projekttage eine ernstzunehmende Einrichtung des Schulalltags sind und keineswegs nur >so genannt werden<." Ich war perplex! Das, was ich – ganz Frau – aus Liebe zur blumigen Sprache als „Schmuckwort" eingesetzt hatte, war von einem sprachlich eher fokussierten Mathematiker auf die Goldwaage seiner eigenen Wahrnehmung gelegt worden. Mir war dies eine echte Lektion in Sachen „Gender Communication", wie banal eingesetzte „Füllwörter" zu Missverständnissen führen können! Bei der telefonischen Rücksprache konnten wir das Missverständnis gut aufklären: Aus meinem Tonfall hörte er glaubwürdig sowohl die Entschuldigung als auch die große Anerkennung für seine Aktion heraus. Als ich erfuhr, dass er regelmäßig erleben muss, dass Schüler, Eltern und Kultusministerium diese Projekttage oft einfach nur als „nice happening" betiteln und weder Aufwand noch den ernst gemeinten Anspruch dahinter sehen, wunderte ich mich nicht mehr, dass er darauf so empfindlich reagiert hatte.

Bei jeglicher Kommunikation ist es zum einen relevant, in welcher Beziehung der Hörer bzw. Leser einer Nachricht zum Sprecher bzw. Schreiber steht. Zum anderen ist es von Bedeutung, in welcher Verfassung der Empfänger der Botschaft gerade ist oder was aufgrund eigener Erfahrungen speziell diese Botschaft bei ihm auslöst. Ein wesentliches Charakteristikum der Kommunikation ist dabei, dass in dem Moment, in dem die Kommunikation gerade stattfindet, weder Sprecher noch Hörer, weder Schreiber noch Leser sich der jeweiligen Erlebnis-Ebenen des anderen bewusst sind. Weder welche noch dass es überhaupt einen Unterschied gibt. Gerade in Konfliktsituationen rate ich daher von solchen informationsreduzierten E-Mails vollständig ab! Ich verwende dafür gern folgende Metapher: Schreiben von (konfliktbeladenen) E-Mails ist in etwa so, wie mit verbundenen Augen eine Bombe zu werfen. Ich sehe weder, wohin sie genau gelangt, noch wie und wo sie landet und habe auch keine Kontrolle darüber, was sie anrichtet. Das aber ist eher Kriegsführung als Konfliktmanagement! Mit meinen Coachees vollziehe ich das in einer Übung nach: Ich verbinde ihnen tatsächlich die Augen, drücke ihnen einen Ball in die Hand und ermuntere sie, den Ball so zu werfen, dass ich ihn fangen kann. Wie wenig wahrscheinlich es ist, dass ihre Botschaft genauso ankommt, wie sie es beabsichtigen, ist dabei sehr eindrücklich erlebbar.

Dies ist der Ursprung von Missverständnissen: Im Moment des Sendens und dem des Empfangens befindet sich jeder ausschließlich in seiner Verständniswelt und geht dabei automatisch davon aus, dass der andere etwas genauso versteht oder gemeint hat wie man selbst. Obwohl jeder schon viele Male solchen Missverständnissen erlegen ist: Das passiert ständig wieder. In den meisten Fällen ohne große Folgen und unbemerkt, oft mit Konsequenzen, die leicht wiedergutzumachen sind, bisweilen aber auch mit katastrophalen Ergebnissen, die nur schwer auflösbar sind.

Dieser Aspekt ist gerade für die Gender Communication nicht unerheblich. Denn es gibt nun mal viele Dinge und

Situationen, auf die es eine (tendenziell) typisch weibliche oder (tendenziell) typisch männliche Sichtweise gibt. Wie leicht es da passieren kann, dass das, was gesagt wurde, völlig anders aufgenommen wird, als es gemeint wurde, ist wohl für jeden nur zu gut vorstellbar. Die Konsequenz, mit der das Auftreten solcher Missverständnisse und die Ursachen dafür ignoriert werden, ist beachtlich.

Ein Versicherungsunternehmen beschloss, die IT-Organisation umzustellen und dafür die Mitarbeiter aus den internationalen Niederlassungen fachlich dem Mutterkonzern zu unterstellen, disziplinarisch aber vor Ort zu belassen. Antonia, seit Jahren branchenintern erfahrene Fachkraft aus der HR-Abteilung, warnte die Runde der Männer, dass man prüfen müsse, ob das rechtlich zulässig sei. Da ihr Einwand auf taube Ohren stieß, wiederholte sie diesen in der folgenden Sitzung – wiederum ohne große Resonanz. Das einzige Argument aus der Reihe der Männer war „Kosten sparen", was allen sofort logisch erschien. Damit war jegliche weitere Diskussion vom Tisch. Antonia musste gar darauf bestehen, dass ihr Hinweis auf mögliche rechtliche Komplikationen in der Umsetzung im Protokoll überhaupt erwähnt wurde. Alle Zeichen zeigten auf Durchführung des Projekts, die Mitarbeiter wurden vorinformiert. Kurz vor dem „Go" wurde noch ein externes Beratungsunternehmen zu den Themen der steuerrechtlichen Umsetzung konsultiert. Ergebnis: Das Projekt wurde beerdigt. Es drohten zu teure arbeitsgerichtliche Konsequenzen. Als Antonia in der folgenden Sitzung nachhakte, warum ihr Einwand nicht von vornherein ernstgenommen worden war, konnte sich niemand recht erinnern, dass sie je etwas gesagt hätte! Als das Thema bei einer Teamfortbildung zur Sprache kam, verstanden wir die Hintergründe: Während Antonia die Mitarbeiter im Blick hatte, fokussierten sich ihre Kollegen auf die technische Umsetzung. Den Einwand rechtlicher Komplikationen hatten sie ausschließlich im Kontext der technischen Umsetzung eingeordnet und aufgrund ihrer Erfahrungen schnell beiseitegeschoben. Antonias Argumente waren auch bei der Wiederholung verhallt, weil sie aus dem finanztechnischen Blickwinkel der Männer schlichtweg nicht nachvollziehbar waren. Bemerkt hatte dieses Missverständnis jedoch keiner. Für Antonia war es ihrerseits nicht denkbar gewesen, dabei nicht die Mitarbeiter und ihre Rechte vordergründig im Blick zu haben! Bitter, dass die entstandenen Kosten am Ende sogar höher waren, als wenn das Geld für die rechtliche Überprüfung gleich investiert worden wäre, egal ob aus finanz- oder arbeitsrechtlichen Gründen. Der Schaden, den die dabei entstandene massive Irritation der Mitarbeiter hinterlassen und einige hochkarätige Kollegen bereits zur Kündigung veranlasst hatte, dabei noch gar nicht mitgerechnet.

Nonverbale Kommunikation unter der Lupe

Wenn Sie nun an sich selbst und Ihren eigenen Alltag denken, haben Sie ein Bild davon, wie Sie „nonverbal" sprechen? Wissen oder ahnen Sie, was Ihr Gegenüber über den Inhalt hinaus alles mitbekommt? Sind sie sich dessen sicher, dass Sie klar und unmissverständlich sprechen?

Mit Händen und Füßen reden
Die augenfälligste unter den Dimensionen der nonverbalen Kommunikation ist eindeutig die Gestik. Sie ist ein wichtiger

Bestandteil der Sprache, da sie das Gesagte verständnisfördernd unterstreicht. Es macht einen großen Unterschied, ob jemand ohne jegliche Gestik grüßt oder ob er dazu die Hand hebt oder reicht. Es macht einen großen Unterschied, ob jemand nur mit Worten erklärt, wie der Weg geht, den man nehmen möchte, oder ob er dazu mit Händen und womöglich auch mit dem Kopf die Richtungen und Richtungswechsel nachzeichnet. Es macht auch einen großen Unterschied, ob jemand in einem Vortrag Aufzählungen nur benennt oder sie mit den Fingern aufzeigt. Würden wir gestenfrei sprechen, wäre unsere Sprache um vieles ärmer, vergleichbar mit einem Text ohne Hervorhebungen, Absätzen etc.

Im „Presenters Coaching" fiel es Norman bei der Ansicht einer Videoaufnahme auf, dass er sehr steif dastand. Er hatte zuvor das Feedback bekommen, dass er „nervös rumzappeln" würde. Nun wusste er gar nicht mehr, was zu tun war. In der Diskussion darüber, in der er sich und seine Hände sehr natürlich bewegte, nahm ich ihn unbemerkt auf Video auf und zeigte ihm das anschließend. „Was hältst du denn davon?", fragte ich, als wir beide sahen, wie natürlich und souverän seine Gestik wirkte, ohne dass er sich darüber Gedanken gemacht hatte. Eine Gestik, die seine innere Sicherheit deutlich zeigte. „Cool", meinte er lachend, „das passt!"

Gestik ist ein sehr spontaner Ausdruck der inneren Befindlichkeit. Gestik können wir zwar trainieren, brauchen dafür aber viel Zeit für Übung und Wiederholung sowie eine hohe Konzentration beim Transfer in den Alltag. In der Regel haben engagiert Berufstätige dafür weder Zeit noch Kapazität übrig. Für sie ist es umso wichtiger, sich ganz auf das zu konzentrieren, was sie ausdrücken möchten, damit die Gestik das unterstützend widerspiegeln kann. In Vorträgen oder Räumen mit einem hohen Geräuschpegel, wo folglich die Verständlichkeit eingeschränkt ist, kann die entsprechende Gestik entscheidend dafür sein, ob die Botschaft verstanden wird oder nicht. Nicht zuletzt hat das „Reden mit Händen und Füßen" schon so manche Auslandsreise bereichert oder gar gerettet.

Gestik ist jedoch störanfällig, weil sie missverstanden werden kann. Ein Heben des Armes kann in einem Fall als freundlicher Gruß, im anderen als Abwehr gemeint oder verstanden werden. Auch kulturelle Unterschiede oder kleine Behinderungen können das Verstehen von Gesten stark einschränken: Z.B. Menschen mit Spastik können Gesten oft nur schwer kontrollieren. Verzerrte oder ungesteuerte Bewegungen weichen stark vom vertrauten nonverbalen Sprachmuster ab. Obwohl wir die Behinderung sehen, fällt es uns schwer, unsere „klassische" Interpretation der entsprechenden Geste aufzugeben. Schnell werden derlei körperliche Behinderungen völlig ungerechtfertigt und ungeprüft mit geistiger Einschränkung in Verbindung gebracht! So verwundert es nicht, dass auch Gesten und Bewegungsmuster geschlechtsspezifisch unterschiedlich interpretiert und bewertet werden.

Ein amüsantes Beispiel, das für viel verbalen Zündstoff sorgt, ist das geschlechtsspezifische Bewegungsmuster beim Ausziehen eines Pullovers. Während die eindeutige Mehrzahl der Frauen die Arme zu diesem Zweck vor dem Körper überkreuzt und den Pullover dann beim Hochziehen von links nach rechts wendet, greifen sich die meisten Männer hinten an den Pulloverkragen und ziehen das Ganze dann schwungvoll über den Kopf. Testen Sie es mal! Das wäre nicht weiter tragisch, aber nicht wenige Männer müssen sich die Klagen ihrer Frauen über die ausgeleierten Pulloverkragen anhören und verstehen absolut nicht, was der Ärger soll. Ihrerseits finden sie es albern, dass die Pullover der Frauen dann immer gewendet sind. Würden beide Seiten solcherlei Geschlechtsunterschiede, deren Grund wir nicht kennen, akzeptieren und dürfte jeder „Seins" machen und verantworten, gäbe es wohl manchen Konfliktherd weniger.

Was schaust du so?

Die Schwester von Körperhaltung und Gestik ist die Mimik. Alle drei gehen meist miteinander einher. Allerdings ist die Mimik noch unbewusster und direkter als Körperhaltung. Kaum jemandem wird es gelingen, seine spontanen Gefühle zu verbergen, sie spiegeln sich unmittelbar und von uns kaum kontrollierbar in der Mimik. Gerade mimische Veränderungen werden dem Sprecher, wenn überhaupt, erst hinterher bewusst. Und dann ist es eh zu spät.

Das erklärte Ziel einer Coachee, Petra, war es, ihre Mimik so zu beeinflussen, dass niemand mehr sehen könne, was sie denke. Dazu gehörte es auch, eine „Technik" zu finden, mit der sie nicht mehr rot anlaufen würde, was ihr häufig passierte.

Es war ein zähes Ringen, bis sie einsah, dass dieses Ansinnen dem Versuch gleichkäme, durch Technik und „Selbstbeherrschung" das Weinen oder Lachen zu unterbinden. Das eine geht auch ohne das andere nicht – das Lachen ist die Zwillingsschwester des Weinens. Gefühle nicht mehr zum Ausdruck bringen zu können sind Symptome einer Depression. Das kann doch wohl kaum Ziel sein? Das sprichwörtliche „Pokerface" braucht schon einen sehr hohen Grad an ständiger und bewusster Kontrolle und vermittelt damit beklemmende Kontrolliertheit. Sofern es nicht absichtliches Schauspiel ist, gelingt ein Kontrollieren der Mimik nur um den Preis massiver Selbstverleugnung. Das ist wiederum kein Zeichen echter Kompetenz und Seniorität, sondern eben nur zu Schau getragene Überlegenheit. Gewinnend wirkt so jemand nie. Mimik ist ähnlich wie der Stimmklang durch ihre Unmittelbarkeit das Tor zum Gegenüber, Gesichtszüge, die Offenheit signalisieren, machen es anderen leicht, sich einem zu öffnen.

Wer überzeugen und gewinnen will, kann dies letztlich nur durch Authentizität. Nur echte Offenheit und Gelassenheit, die sich in der Mimik widerspiegeln, können überzeugen. Mimik ist so etwas wie das Salz in der Sprachsuppe!

Haltung bewahren!

Auch die Körperhaltung hängt stark von körperlichen Möglichkeiten und soziokulturellen Gepflogenheiten ab. Gleichwohl spiegelt sie wohl am direktesten die innere Haltung des Sprechers wieder, oft ohne dass ihm das bewusst ist. Umso überraschender sind die Reaktionen des Gesprächspartners, der ebenso unbewusst wie direkt auf diese Körperhaltung reagiert: Der Mann, der mit breiten Beinen und überkreuzten Armen dasteht, muss sich jedenfalls nicht wundern, wenn er von seinen Gesprächspartnern attackiert oder ignoriert wird. Breitbeinigkeit und verschränkte Arme gelten körpersprachlich als Zeichen unverhohlener Aggression: *„Komm du mir nur näher Bürschchen, ich halte dir schon stand* (mit breit gestellten Beinen ist man nicht so leicht umzustoßen), *mir kannst du nichts anhaben"* (Schutzschild aus vor dem Körper verschränkten Armen).

Jemand, der seinerseits steif und unbeweglich eine frohe Nachricht vermittelt, wird wohl kaum Begeisterungsstürme auslösen – denn seine Körperhaltung kündigt eher eine ernste Ansage denn eine frohe Botschaft an! Da kommt der Zuhörer ins Zweifeln, ob es mit der Freudigkeit der Nachricht seine Richtigkeit hat oder ob nicht doch irgendwo ein Haken dran ist.

Der Zuhörende spricht, ohne dass es ihm recht bewusst ist, ebenso mit: Ein Mitarbeiter, der frustriert und gelangweilt auf seinem Stuhl fläzt, vermittelt alles andere als Interesse am Gespräch, was definitiv eine Auswirkung auf den weiteren Verlauf des Gesprächs hat. Und der junge Mitarbeiter, der höflich oder ängstlich abwartend still auf seinem Platz harrt, wird wohl kaum viel Aufmerksamkeit auf sich ziehen.

Die Körperhaltung zeigt die Körperspannung, in der sich der Sprecher befindet. Die Körperspannung wiederum ist stets Ausdruck der inneren Spannung oder eben Spannungslosigkeit, die der Gesprächspartner unbewusst sofort wahrnimmt und aus seiner eigenen Befindlichkeit heraus interpretiert. Da die eigene Befindlichkeit von der des Gegenübers stark abweichen kann, ist die Fehlerquote nicht unerheblich. So kann die Gelassenheit des einen vom anderen als Nachlässigkeit interpretiert werden. Damit erklärt es sich auch, warum Männer und Frauen einander körpersprachlich so oft missverstehen!

Die eloquente Sprecherin

Eine gewählte Ausdrucksweise wird gerne mit „Distinguiertheit" in einen Zusammenhang gebracht. Ein gepflegter Sprachstil betont eher die Distanz, während eine „lockere Sprachform" verbindlicher und verbindender wirkt. Mit Sprachstil meine ich nicht den Inhalt als solchen, sondern Satzbau, Formulierungen und Wortwahl, mit denen ich mich z.B. mehr oder weniger unbewusst auf meine Zuhörer einstelle oder meine eigene Einstellung zur Situation/zum Thema zeige.

Andrea, als Trainerin für Prozessoptimierung vielfach in der Automobilindustrie tätig, neigte dazu, gerade dann, wenn sie sich besonders kompetent zeigen wollte, viele Fremdwörter einzuflechten. Ohne es zu wissen und zu wollen, wirkte sie dabei distanziert und arrogant. Ihre besonders gewählte Ausdrucksweise wurde von ihren Teilnehmern als „Besserwisserei" oder Überheblichkeit wahrgenommen. Tatsächlich wollte sie sich abheben, – aber nicht, um sich zu distanzieren, sondern um ihrer Kompetenz Ausdruck zu geben und somit Akzeptanz zu finden. Bei den „handfesten" Technikern bewirkte sie damit jedoch genau das Gegenteil.

Wortwahl und Sprachstil ergeben sich nicht allein automatisch vom Sachinhalt. Für jedes Objekt der Beschreibung gibt es subjektiv gewählte Worte und ganz persönlich gefärbte Sätze. Diese persönliche Färbung hängt einerseits von der Bildung und Welt des Beschreibers ab und ergibt sich andererseits aus seiner Fähigkeit und seiner Bereitschaft, sich auf seine Zuhörer oder die Situation einzustellen. Vice versa kann eine zu simple oder schnoddrige Sprachweise in entsprechend anspruchsvollem Umfeld zu sofortiger Geringschätzung führen.

Die Akzeptanz des Sprechers oder Schreibers und damit auch seines Inhaltes steht und fällt in jedem Fall mit der Verständlichkeit seiner Ausdrucksweise und der Vertrautheit mit dem Wortschatz, den er verwendet.

Ist der „Dativ dem Genetiv sein Tod"?

Sprachexperte Bastian Sick legte uns vor Jahren die Pflege der Grammatik ans Herz. Für die gilt Ähnliches wie für Wortwahl und Sprachstil. Die Menge an Nebensätzen und Konjunktiven, die Komplexität, die Gewähltheit (z.B. bei der in der Umgangssprache selten gewordenen Verwendung des Genetivs) spiegeln das Niveau des Sprechers wider, aber auch seine Fähigkeit, sich auf seine Zuhörer, deren Befindlichkeit oder auf die Situation als solche einzustellen.

Die Verwendung des Konjunktivs spielt dabei eine mehrdeutige Rolle. Per se zeigt der Konjunktiv erst mal eine „Möglichkeit" an: *„Ich würde zu dir kommen"* bedeutet zunächst, dass der Sprecher die Option anbietet zu kommen. *„Ich würde dann zu dir kommen"* kann aber in anderem Zusammenhang genauso gut eine Höflichkeitsformel sein, bei der der Sprecher nicht mit der Tür ins Haus fallen will, indem er sagt: *„Ich werde kommen."* Ein *„Ich würde Sie nun gerne zu mir bitten"* lässt in den seltensten Fällen tatsächlich die Option offen nicht zu kommen. Die Verwendung bestimmter grammatikalischer Strukturen kann eine Botschaft hinter der Botschaft andeuten – eine Form der nonverbalen Kommunikation.

Doch geht es bei der Grammatik noch um viel mehr als nur um die Verwendung von Deklinationen und Konjunktiven. Auch die Stimmmelodie wird grammatikalisch verwendet. Z.B. Nebensätze oder gleichberechtigte Reihungen kündigen wir durch das Hochgehen mit der Stimme am Ende des vorherigen Satzteiles an. *„Meine sehr verehrten Damen und Herren, ich freue mich, Ihnen mitteilen zu können, dass mein geschätzter Kollege, Herr Friedel, der keine Kosten und Mühen gescheut hat, den heutigen Tag, den heutigen für Sie alle wichtigen Workshop zu gestalten, als erster Redner auf die Bühne kommen wird, um ..."* Sie können sich gut vorstellen, wie endlos dieser Satz weitergeht. Probieren Sie es nur aus, Sie werden kurz vor dem nächsten Komma mit der Stimme immer hoch gehen, vielleicht kurz Luft schnappen ... und müssen weitersprechen, denn Sie haben das ja stimmlich angekündigt. Nun versuchen Sie es einmal so: *Meine sehr verehrten Damen und Herren. Ich freue mich, dass nun mein geschätzter Kollege Herr Friedel auf die Bühne kommen wird. Herr Friedel hat diesen für Sie alle wichtigen Workshop gestaltet. Dabei hat er keine Kosten und Mühen gescheut."* Zu jedem Satzende landen Sie mit der Stimme unten – und kommen „auf den Punkt". Nach einer kleinen Atempause werden Sie in aller Ruhe und Klarheit weitersprechen. Aber nicht nur als Sprecher werden Sie einen großen Unterschied bemerken. Auch beim Zuhören ist es etwas völlig anderes, ob ich konzentriert bleiben muss, um die Nebensatzkonstruktion in Gänze zu verstehen, oder ob ich die Information in kurzen Sätzen und damit kleineren, leichter verdaulichen Paketen bekomme.

Sprich doch nicht so schnell!

Das Sprechtempo gehört im Grunde ebenfalls zum Sprachstil. Hohe Geschwindigkeit – womöglich in Verbindung mit wenigen und sehr kurzen Pausen – hängt die Zuhörer schnell ab.

Sprechgeschwindigkeit bezeichnet die Zeiteinheit, in der der Sprecher artikuliert. Eine hohe Sprechgeschwindigkeit ist zwar meist mit sehr schnellem Denken verknüpft, tritt aber häufig auch dann auf, wenn der Sprecher schnell fertig werden will. Nicht selten ist dies der Fall, wenn er oder sie sich unsicher fühlt und innerlich am liebsten schon wegrennen möchte. Leider wird diese Geschwindigkeit meist auch entsprechend unbewusst als Fluchtreflex interpretiert: Welchen Grund sollte man dafür haben, wenn nicht Unterlegenheit? Ein übertrieben langsames Sprechen wiederum wirkt, als ob der Sprecher nur „langsam denkt". Es lädt sowohl zum Unterbrechen ein als auch dazu, nicht ganz ernst genommen zu werden. Die goldene Mitte will hier unbedingt bewahrt werden!

Wie bitte?

Auf ungenaue und schlecht verständliche Artikulation reagieren Zuhörer ebenso mit Ablehnung oder zumindest Unaufmerksamkeit. Nuscheln steht häufig im Zusammenhang mit einem hohen Sprechtempo, was die (negative) Wirkung durchaus steigert. Aber auch übergenaues Artikulieren trifft beim Zuhörer gern einen empfindlichen Nerv – es wirkt, wie in Stefanies Beispiel, überkorrekt und wird dabei zwiespältig erlebt: einerseits wie eine Art Besserwisserei, die andererseits (wie z.b. bei Arroganz) meist Unsicherheit überspielt. Je nach Verfassung des Zuhörers wird dieser z.b. widerspenstig, trotzig, ungehalten oder gar mit einem Machtspiel darauf reagieren wollen.

Was oft nicht bedacht wird, ist, dass Zuhörer Artikulation nicht nur hören, sondern auch sehen. Wo Sprache aufgrund äußerer Umstände (Störlärm, Fremdsprache, schlechtes Gehör etc.) schlechter verstanden wird, hilft der Blick auf die Lippenbewegungen des Sprechers. Machen Sie den Versuch, ein Gespräch in einer Ihnen mäßig bekannten Fremdsprache zu verfolgen – einmal mit und einmal ohne Blick auf den Mund der Sprecher. Sie werden staunen, um wie vieles besser Sie das Gespräch mit „Mundbild"-Unterstützung verstehen!

Mach mal Pause!
Pausen entlasten einerseits den Sprecher, da er Zeit zum Nachdenken bekommt. Andererseits braucht der Zuhörer die Sprechpausen dringend, um das Gehörte zu verarbeiten und einzuordnen. Bekommt er diese nicht, vermischen sich bereits gesagte Inhalte mit dem, was der Sprecher im Moment sagt. Das Chaos im Kopf des Zuhörers zwingt diesen abzuschalten, sodass er eine Zeitlang nicht mitbekommt, was im Folgenden gesagt wird. Das macht Mühe und müde, lässt einen am Ende ganz abdriften. Der Vortrag wird als mühsam und langweilig eingestuft. Überzeugend wirkt der schnelle Sprecher jedenfalls kaum. Und wehe, wenn dieser sich durch dieses Abschalten erst recht verunsichern und hetzen lässt …

„Liebe Kolleginnen und Kollegen, ich freue mich, Ihnen nach langer Vorbereitungszeit nun endlich die neue Maßnahme zur Zeiterfassung vorstellen zu können, die wir, der Betriebsrat, bestehend aus Herrn Jünger, Frau Reinert, Herrn Monnert und mir, in den letzten Wochen in enger Zusammenarbeit mit dem Vorstand erarbeitet haben und bei der es uns, wie ich finde, auf besondere Art und Weise gelungen ist, sowohl den Bedürfnissen von all denjenigen entgegenzukommen, die davon betroffen sein werden, als auch den speziellen Belangen unserer Firma gerecht zu werden, die einerseits den Anspruch hat, ein moderner Arbeitgeber und Global Player zu sein, und andererseits mit den klassischen Problemen der Schichtarbeit, die für uns alle kein Wunschkonzert ist, zu kämpfen hat, die, um im Umfeld wachsender internationaler Konkurrenz weiterhin mitspielen zu können, notwendig geworden ist, denn, wie wir alle wissen, werden wir …"

Wie lange hätten Sie wohl zugehört? Im Unterschied zur Sprechgeschwindigkeit sind Pausen ein ausgesprochen macht- und wirkungsvolles Instrument beim Sprechen. Wie am obigen Beispiel erlebbar und im Beispiel „Grammatik" schon beschrieben, sind fehlende Pausen sehr ermüdend. Wo sie bewusst gesetzt werden, wirken sie Zuhörer verständnisunterstützend.

Der Sprecher, der ruhig und deutlich spricht, Pausen setzt und betont, wird seine Zuhörer ungleich mehr fesseln. Allein durch die Art, Pausen zu setzen, werden seine Inhalte lebendig, deutlich und spannend zum Zuhören. Wer würde sich davon nicht anstecken lassen? Es lohnt sich, das Pausensetzen mit einem Aufnahmegerät zu üben. Fast immer kommen dem Sprecher die Pausen elend lang vor, während der Zuhörer gern noch mehr davon hätte. Es genügt nicht, als Sprecher die Pause nur auszuhalten. Man muss die Pause auch innerlich setzen, damit sie im Außen wirken kann.

Stimme

Der Schauspieler und Synchronisationssprecher Rufus Beck meinte einmal sehr treffend, dass die Stimme eines Menschen viel größer ist als seine Erscheinung. Aus meiner Sicht ist die Stimme eine Variante der nonverbalen Kommunikation. Da sie aber so umfassend ist und aus mehreren Facetten besteht, widme ich ihr ein eigenes Kapitel.

Ein „stimmiges Sprechen", ein be-„stimmtes" Auftreten, eine stimmungsvolle Rede hat mehr Macht als jede noch so gelungene PowerPoint-Präsentation, da der Inhalt durch den Sprecher, durch die Person lebendig wird. Ohne diese Wirkung kann man den Inhalt auch einfach lesen lassen! Es macht einen Unterschied, ob ich das Waschpulver in einer ansprechenden Verpackung anbiete oder einfach nur einen großen Sack zum Selberabfüllen hinstelle. Es mag Situationen geben, wo dies angemessen ist – der deutlich höhere Gewinn ist aber durch eine attraktive Präsentation der Ware zu erzielen!

Der Ton macht die Musik

Erst einmal ist die Stimme Tonträger des gesprochenen Wortes. Doch das, was der Sprecher sagt, kann sich allein durch die Stimme in seiner Bedeutung völlig wandeln. Z. B. die Frage „*Geht's dir noch gut?*" kann sich je nach Stimmführung als eine mitfühlend-besorgte Nachfrage oder als ein irritierter Vorwurf darstellen. Die Stimme und Stimmführung stehen unbewusst in Abhängigkeit zur Stimmung des Sprechenden. Für den Zuhörer dienen die wahrnehmbaren Unterschiede dem Verständnis.

Grundlegend gilt: Stimme ist nicht nur Tonträger des Gesagten, sondern immer auch Ausdruck dessen, was der

Sprechende über den Inhalt hinaus empfindet. Die Stimme ist das Produkt von technischen und emotionalen Abläufen, die wie ein Zahnradwerk ineinandergreifen.

Die Stimmung bestimmt!

Am Beginn jedes Sprechens, jedes Stimmeinsatzes steht der Wunsch nach Kommunikation. Die innere Gespanntheit hat einen unmittelbaren Einfluss auf den Spannungszustand des Körpers und prägt damit grundlegend die Qualität der Stimme. Im Deutschen verrät das Wortfeld „Stimme" bereits viel über den Zusammenhang der Stimme mit der inneren Verfassung. Begriffe wie „stimmig", „Stimmung", „stimmungsvoll", „bestimmt", „verstimmt" etc. belegen dies eindrucksvoll.

Diese innere Verfassung, also Stimmung, drückt sich vielfältig in Parametern wie Lautstärke, Stimmfülle, Stimmmelodie, Dynamik, Resonanz aus. Sie kennen das nur allzu gut: Jemand ruft Sie am Telefon an und Sie wissen schon beim ersten „Hallo", dass der andere ganz schlechter Stimmung ist: Das liegt daran, dass sich jede innere Verfassung automatisch und unmittelbar im Spannungszustand der Muskulatur niederschlägt. Da die Stimmbildung vollständig abhängig von diesem Spannungszustand ist, gelingt es kaum, mit kräftiger, voller, melodiöser Stimme zu sprechen, wenn ich z.B. kraftlos, erschöpft, enttäuscht, krank oder unsicher bin.

Anspannung, die meist durch Unsicherheit entsteht, äußert sich in der Stimme häufig dadurch, dass sie dünn und wenig klangvoll wird. Ohne dass man ein Kenner sein muss, wird das vom Gegenüber jeweils direkt wieder übersetzt in „Aha – nicht entspannt". Auf jeder Ebene gilt also: je natürlicher, klarer, direkter, offener desto gewinnender.

Wir dürfen gespannt sein …

Der Spannungszustand der Körpermuskulatur wirkt sich ebenso wie die Beweglichkeit unmittelbar auf die Stimmproduktion aus. Bei zu hoher Spannung wird der Klang eng und zu hoch. Eine zu geringe Spannung erzeugt einen flachen bzw. matten und zu tiefen Klang. Im Idealfall herrscht eine „Wohlspannung" (Balance zwischen Entspannung und Anspannung), aus der heraus die Bewegungsabläufe flüssig und prägnant werden.

Die Körperhaltung, die sich aus Spannung und Bewegungsabläufen ergibt, hat direkten Einfluss auf die Stimme: Je nachdem, ob und wie wir stehen oder sitzen, klingt die Stimme unterschiedlich. Im Sessel lümmelnd werden wir für die Stimme niemals dieselbe Spannkraft aufbringen wie in aufrechter Sitzposition. Eingeknickt in der Hüfte hängend, das Gewicht unterschiedlich auf die Füße verteilt und womöglich an eine Wand angelehnt, haben wir definitiv nicht nur eine andere Wirkung, sondern auch einen anderen Stimmklang, als wenn wir mit aufrechtem Oberkörper gut geerdet auf beiden Beinen stehen. Schon die Kopfhaltung wirkt sich sofort auf den Stimmklang aus. Drehen, heben oder senken Sie einmal den Kopf während des Sprechens: Die Wirkung ist erstaunlich!

Neben der aktuellen seelischen Verfassung und Körperposition zeigt sich bei jedem Menschen auch eine über die Jahre persönlich entwickelte (Grund-)Haltung. Schon Kindern sehen wir durch ihre Haltung und ihre Bewegungen an, ob sie selbstbewusst oder schüchtern, temperamentvoll oder phlegmatisch sind. Diese Haltung und Bewegungsabläufe sind nicht nur genetisch bedingt. Im Wesentlichen sind sie geprägt vom Vorbild der Umgebung, den Umständen (Gesundheit, Bewegungsspielraum …) und der individuellen psychischen Entwicklung. So bleibt es natürlich auch nicht aus, dass Körperhaltung und typische Bewegungsart Auswirkung auf die muskulären Abläufe bei der Stimmproduktion haben. Dadurch bekommt die Stimme einen sehr persönlichen Grundklang, der jederzeit wiedererkennbar ist, sich aber bei einer grundlegenden Veränderung der psychischen und/oder physischen Verfassung hörbar mitentwickelt. Wenn jemand im Laufe seines Lebens lernt, gelassener zu sein, wird sich dies auch in seiner Stimme niederschlagen. So ist z.B. auch das Alter in der Stimme erkennbar und wir hören, ob jemand Anfang 20, Mitte 40 oder Ende 60 ist.

Es ist komplex: Die Stimmproduktion hängt von Spannungszustand, Bewegungsablauf und Zusammenspiel der Muskulatur von Kehlkopf, Stimmbändern und Atemmuskulatur ab. Für die Ton-Entfaltung dient der gesamte Körper als Resonanzkörper, wodurch die Gesamtspannung unseres Körpers wesentlichen Einfluss auf die Stimmqualität hat. Auch Spannungszustand und Bewegungsablauf der Sprechmuskulatur (Artikulation) sind für die Qualität der Stimme von Bedeutung.

Tief durchatmen

„Da bleibt mir die Luft weg!" Wofür? Klar, was gemeint ist: Die Luft zum Sprechen bleibt weg. Denn Sprechen braucht Luft. Genauer gesagt: Stimme braucht Luft. Ein Ton ist nichts anderes als schwingende Luft. Im Falle der Stimme entsteht dieser Ton dadurch, dass die Luft, die aus den Lungen kommt – Atemluft – durch die leicht geschlossenen (ideal gespannten) Stimmbänder strömt und diese in Schwingung versetzt. Die Tonentstehung geschieht also durch ein feines Zusammenspiel zwischen Spannung und Atmung.

„Atmen Sie erst einmal tief durch, bevor Sie lossprechen." In Ratgebern für Rhetorik und Sprechen wird diese Empfehlung standardmäßig gegeben, weil eine tiefe Atmung

die Stimmqualität wesentlich verbessert. Flache oder schnelle Atmung hat einen deutlich kraftloseren und dünneren Stimmklang zur Folge. Die Tiefe und Ruhe der Atmung ist, wie könnte es auch anders sein, wiederum abhängig vom Spannungszustand des Körpers und damit von der Stimmung, die den Spannungszustand beeinflusst.

Auch die Atmung steht in direkter Verbindung mit unserem Nerven- und Reflexsystem. Wir atmen, ohne nachzudenken, können die Atmung aber willentlich beeinflussen. Dabei steht der Reflex im Vordergrund, denn Reflexe sind schneller als Denkprozesse. Auf Gefahr und Stress reagiert die Atmung mit einer Erhöhung der Atemfrequenz und stellt auf Bewegungsatmung um. Diese Atmung läuft anders ab als die Sprechatmung, weswegen (schnelle, intensive) Bewegung und Sprechen nicht sinnvoll gleichzeitig ablaufen können. Wer dies doch versucht, bekommt leicht Seitenstechen, ein untrügliches Zeichen für Fehlatmung.

Die Sprechatmung kann ebenfalls reflektorisch oder bewusst eingesetzt werden. Wir müssen nicht nachdenken, wann und wie wir beim Sprechen Luft holen, aber wir können es uns vornehmen.

Die Atmung als solche ist nicht nur reflektorisch und neuronal gesteuert, sondern hat ihrerseits Rückwirkung auf Sympathikus und Parasympathikus: Wer bewusst ruhig und tief atmet, kommt mit seinem gesamten körperlichen System und damit auch innerlich zur Ruhe. Viele Atemtechniken und -therapien, Meditationen und dergleichen setzen genau an dieser Wechselwirkung an, die wir uns natürlich auch für die Stimme und das Sprechen zunutze machen können.

Wie man in den Wald hineinruft, so schallt es zurück

Der „wohlige" Stimmklang wird über die physiologischen Gegebenheiten hinaus auch wesentlich davon beeinflusst, inwieweit der Körper der Stimme die Möglichkeit gibt sich zu entfalten. Diese Stimmentfaltung nennt man auch „Körperresonanz". Sie bestimmt ganz wesentlich die Qualität, mit der Schwingungen (der Klang) in den Raum übertragen werden, in den hineingesprochen wird.

Trifft eine gute Körperresonanz auf eine gute Raumresonanz, potenziert sich dies gegenseitig: Das sorgt für eine „gute Stimmung" im Raum. Je nachdem, wie sich der Sprechende im Raum positioniert, wird seine Stimme übertragen. Probieren Sie es aus: Es macht einen Unterschied, ob Sie nahe an einer Wand, an einer Ecke oder mit Platz um sich herum sprechen.

Dank der Rückkoppelung zwischen Hirnstamm (zuständig für die Regelung der unbewussten automatisierten und halbautomatisierten Bewegungsabläufe) und Hörzentrum verstärkt sich die Resonanz automatisch. Das Ohr nimmt den erzeugten Raumklang wahr und leitet ihn an das Stammhirn. Dort werden die Impulse so umgesetzt, dass der dafür verantwortliche Bewegungsablauf verstärkt wird, der Körper macht also mehr desselben. Produzieren wir einen Klang, der sich gut im Raum entfalten kann, stellt der Hirnstamm den Bewegungsablauf darauf ein, genau diesen Klang weiter zu bilden: Je besser die Stimme sich entfalten kann, desto leichter wird es, sie zu reproduzieren. Das können Sie gut im Selbstversuch ausprobieren: Stellen Sie sich in einen Raum mit guter Akustik (Badezimmer, Unterführung, Kirche o.Ä.) und sprechen ein paar Worte. Sofort bekommt die Stimme einen hallenden, vollen Klang. Dann gehen Sie in einen normalen Raum und versuchen in derselben Art und Weise weiter „volltönend" zu sprechen: Sie werden überrascht sein, wie gut das gelingt!

Es ist enorm unterstützend, wenn Sie beim Sprechen darauf achten, den Klang gut in Resonanz zu bringen und diese Rückkoppelung auszunützen, indem Sie die Zuhörer ansprechen, die Frequenzwellen quasi in den Raum hineinschwingen lassen. Wer guter Stimmung ist, kann gute Stimmung erzeugen: *Wie man in den Raum hineinruft, so schallt es zurück!*

Lauter, bitte!

Doch neben der Stimmqualität sind auch Lautstärke und Dynamik, also Lautstärkeunterschiede bedeutsam. Ein dynamischer Sprecher, der „guter Stimmung ist", zieht seine Zuhörer schon allein durch seine Stimmkraft und „spannende" Sprechweise in Bann, die sich durch Betonungen – Variationen in der Lautstärke – überträgt.

Die Dynamik „lebt auf", sobald der Sprechende mit dem Inhalt emotional verbunden ist. Wir hören vor allem an der Varianz der Betonungen, wenn jemand innerlich engagiert hinter der Sache steht oder ob er skeptisch, distanziert oder gar gelangweilt ist.

Der Ton macht die Musik

Auch an der Sprechmelodie können wir die innere Verbundenheit festmachen. Stimmmelodie ist darüber hinaus verständnisrelevant, da sie grammatikalisch-lexikalische Bedeutung hat:

„*Wirst* du herkommen?"
„Wirst *du* herkommen!"
„Wirst du *herkommen*?"
„*Du* wirst herkommen."

„Du *wirst* herkommen."
„Du wirst *herkommen*."

Je nachdem an welcher Stelle Sie die Stimme heben bzw. senken, erkennt der Zuhörer, ob Sie eine Frage stellen, einen Befehl äußern oder eine Aussage treffen. Hier entscheidet die Stimmmelodie, ob es um den anderen geht („du"), um sein „Herkommen", oder darum, dass er es *tatsächlich* tun wird.

Wenn Sie einem Kind vorlesen, werden Sie besonders viel betonen, damit es gut versteht. Leider neigen gerade wir Deutschen dazu, Seriosität durch massive Reduzierung der Stimmmelodie zu mimen. Das Ergebnis ist eine Form geschlechtsloser Monotonie, der jegliche Spannung und Attraktivität fehlt. Dass dabei auch die Verständlichkeit leidet, ist nur wenigen bewusst. Oft wird versucht, dies durch möglichst detaillierte, trockene Sachinformation wettzumachen – ein Versuch, der eher genau das Gegenteil bewirkt.

Im Angelsächsischen setzt man die Stimmmelodie ungleich stärker ein, was sich auf unsere deutschsprachige Businesskultur nicht 1:1 übertragen lässt. Doch auch hierzulande hat ein Sprecher mit erzählerischer Stimmmelodie deutlich aufmerksamere Zuhörer. Die Garantie, dass seine Botschaft gut „rüberkommt", ist um ein Vielfaches mehr gegeben.

Allgemeingut oder genderspezifisch?

All das Gesagte sind allgemein gültige Erkenntnisse rund um Sprechen und Körpersprache. Was hat das nun mit „Gender Communication" zu tun? Sind diese Dinge nicht für alle gleich gültig?

Eine Frage des Blickwinkels?

Es gibt bestimmte sprachliche Formulierungen, Körperhaltungen, die für Männer typisch, für Frauen ungeeignet sind – und umgekehrt. Manch eine vorsichtige Gestik oder Bewegung, mit der die Frau unbewusst und höflich ausdrücken möchte, dass sie dem Anderen Raum geben will, wird von Männern als Unterlegenheitsgeste verstanden. Was hingegen für Männer schlichtweg eine Geste der Präsenz und Selbstsicherheit ist, vermag manche Frau massiv einzuschüchtern, die dies als Zeichen von Aggression interpretiert. Frauen und Männer erzielen mit den gleichen Sprechmustern oder gleicher Gestik, gleichem Sprachstil und gleicher Sprachkultur bei den Empfängern oft sehr unterschiedliche Wirkung. Und zwar unabhängig davon, ob die Empfänger gleich- oder gegengeschlechtlich sind.

Ein sehr eindrückliches Szenario beschreibt Sheryl Sandberg in ihrem Buch „Lean in" im Kapitel „Erfolgreich und beliebt": *Die Professoren Frank Flynn (New York University) und Cameron Anderson (Columbia Business School) ließen ihre Studenten die Erfolgsgeschichte der real existierenden Unternehmerin Heidi Roizen als Fallstudie lesen. Jeweils die Hälfte der Studenten bekam die Geschichte wortgleich wie die andere Hälfte zu lesen, mit einer Ausnahme: Der Name Heidi war durch den männlichen Namen Howard ersetzt worden. Anschließend sollten beide Gruppen eine Bewertung der Person abgeben. Während beide Gruppen ihre Protagonistin/ihren Protagonisten als kompetent und Respekt einflößend einstuften, waren sowohl die Frauen als auch die Männer der Gruppe, die von Howard gelesen hatte, auch von seiner Person sehr angetan und beschrieben ihn als „sympathisch" und dass sie gern mit ihm zusammenarbeiten würden. Die Gruppe, die die Originalstudie von Heidi gelesen hatte, beschrieb diese als egoistisch und gaben an, für sie nicht gern arbeiten zu wollen – und zwar Frauen wie Männer ... Noch Fragen?*

Die nüchterne Feststellung ist: Sprechen Männer und Frauen ein und dieselbe Sprache, werden sie unter Umständen nur aufgrund ihres Geschlechts dabei völlig unterschiedlich bewertet. Für mich steht noch nicht fest, ob es nur überkommene Vorurteile und tradierte Gewohnheiten sind, die uns bestimmte Verhaltensweisen bei Frauen und Männern unterschiedlich bewerten lassen. Ich frage mich, ob es auch eine Art „Disposition" gibt, mit der wir Verhaltens- und Sprachmuster stellenweise eher in Zusammenhang mit dem Charakter des Geschlechts als mit dem Charakter der Person bringen? Da gibt es noch einiges zu verstehen!

… oder eine Frage der Gewohnheit?

Die Studie der beiden Professoren klingt zunächst ernüchternd. Ich erinnere mich gut daran, wie es für mich war, als in unserer Kirchengemeinde das erste Mal eine Frau die Pfarrstelle übernahm. Ich, eine junge Frau am Anfang ihres Berufslebens, war nicht besonders angetan von ihr, fand sie und ihre Predigten weder bewegend noch überzeugend. Als ich hörte, dass es den anderen Gemeindemitgliedern ähnlich ging, regte sich in mir weibliche Solidarität – das konnte doch nicht sein? Warum waren wir mit einer Frau so viel kritischer als mit allen Männern davor? Da ich mich mit meiner eigenen ablehnenden Haltung nicht abfinden wollte, habe ich versucht, der Sache auf den Grund zu gehen. Ich denke, dass dies gar der Anfang meiner Auseinandersetzung mit der Gender Communication war. Viele der Antworten, die ich gefunden habe, finden sich in diesem Buch wieder.

Obwohl ich ahnte, dass es an äußeren Dingen wie ihrer dünnen Stimme liegen könnte, dass sie nicht so überzeugend wirkte, tat ich mich lange sehr schwer zu unterscheiden, ob sie mich auf inhaltlicher Ebene nicht ansprach oder ob ich sie als Frau in einer Position, in der ich sonst bisher nur Männer erlebt hatte, nicht ganz ernst nehmen konnte. Die Akzeptanz verbesserte sich zunächst dadurch wesentlich, dass ich die Pfarrerin persönlich näher kennenlernte. Je besser ich sie kannte, desto klarer konnte ich zwischen ganz normalen inhaltlichen Differenzen und dem wachsenden persönlichen Respekt unterscheiden. Die tatsächlich viel zu leise Stimme verstärkte das Problem zwar, aber die Verwendung eines Mikrophons brachte nur eine bedingte Verbesserung. Sie sprach und führte einfach anders als ihre männlichen Vorgänger. Auch deren Führungsstile und Sprachstile hatten sich natürlich voneinander unterschieden, nur diesmal war der Unterschied definitiv auffälliger. Den männlichen Vorgängern war es schneller gelungen als ihr, sich allein durch ihr Auftreten in den Gottesdiensten Ansehen zu verschaffen. Dafür war sie im persönlichen Kontakt deutlich fürsorglicher und näher an ihren Gesprächspartnern. Mehr und mehr fand sie den Weg in die Herzen der Gemeindemitglieder. Je akzeptierter sie war, desto gelöster und damit auch überzeugender trat sie auf.

Über die Jahre konnte ich beobachten, dass sich mein Verhältnis zu Frauen als Sprecherinnen schon deswegen gewandelt hat, weil ich es inzwischen schlichtweg mehr gewohnt bin. Ich gehe davon aus, dass die Zeit uns zumindest wohlwollend darin unterstützt, uns an weibliche Führung zu gewöhnen. Je mehr Frauen führend erlebt werden, desto mehr wird ihnen auch zugetraut werden, da Erleben immer effektiver ist als die Theorie. Vorreiterinnen werden es weiterhin noch aushalten müssen, wesentlich kritischer als ihre männlichen Kollegen beäugt zu werden – wie gesagt, von Männern wie von Frauen. Das gilt genauso für die Umkehrung, also für die Akzeptanz von Männern in Frauenberufen, wo sie derzeit noch am ehesten in Führungsrollen respektiert werden.

Durch Bewusstheit können wir den Prozess der Gewöhnung immerhin unterstützen und beschleunigen. Das folgende Kapitel soll einen wesentlichen Beitrag dazu leisten.

3. Gender Communication unter der Lupe

Bereits bei der Betrachtung der Sprachentwicklung fallen statistisch signifikant geschlechtliche Unterschiede auf, die ich im zweiten Teil des Buches detaillierter beschreiben werde. So viel sei aber bereits gesagt: Im Vergleich von Ergebnissen aus diversen Sprachtests schneiden Mädchen in allen Bereichen inklusive des Sprachverständnisses wesentlich besser ab. Ein Blick in Patientenkarteien von logopädischen Praxen zeigt bei den Sprachentwicklungsstörungen ebenfalls einen deutlichen Jungenüberschuss. In der Sprachentwicklung sind die Herren der Schöpfung eindeutig das „schwächere Geschlecht". Mir erscheint es unter diesen Umständen mehr als logisch, dass die Jungen, die mit Sicherheit nicht dümmer sind, diesen naturgegebenen Nachteil durch eine größere Präsenz in der nonverbalen Kommunikation ausgleichen ...

In diesem Kapitel gehe ich detailliert auf die mir bekannten geschlechtlichen Unterschiede der Kommunikation in den einzelnen Bereichen ein. Dabei beziehe ich mich im Wesentlichen auf den deutschen Sprachraum, innerhalb dessen es natürlich auch Variationen gibt. Andererseits gilt vieles, was ich hier beschreibe, auch weit über Ländergrenzen hinweg und kann auch in anderen Kulturen beobachtet werden. Mir ist bewusst, dass Sprache über die Generationen einer Entwicklung unterliegt. So beziehe ich meine Beobachtungen auf die heutige Zeit, wohlwissend, dass gesellschaftlicher Wandel immer auch eine Veränderung in der Sprache mit sich bringt. Dennoch mag es gut sein, dass manche dieser Eigenheiten in vielen Jahren oder Jahrzehnten immer noch bestehen, so wie einige dieser Unterschiede sich schon in der Sprache unserer Vorväter gezeigt haben.

Wieder betone ich, dass es mir fernliegt, „alle Männer" und „alle Frauen" über einen Kamm zu scheren. Ich beschreibe lediglich Phänomene, die so gehäuft in der Gruppe der Frauen bzw. Männer vorkommen, dass wir von Prototypen sprechen können. Im fokussierten Blick auf den männlichen bzw. weiblichen Prototypus wähle ich im Folgenden die Bezeichnung „die Frauen" respektive „ die Männer", wenn ich die jeweiligen Tendenzen beschreibe.

Da kommt Bewegung in die Sprache!

Ausladend versus fokussiert

Im Unterschied zu den Männern sind die Handbewegungen der Frauen in der Regel weicher und fließender. „Männliche" Gestik geschieht mehr aus der Körpermitte, während „weibliche" Gestik bevorzugt aus den Armen oder Handgelenken kommt. Dabei geht die männliche Gestik häufiger vom Körper weg, während die weibliche Gestik eher in Richtung des Körpers zeigt. Interessant, wenn wir bedenken, dass Aggression bei Frauen ebenso häufiger nach innen geht (Autoaggression), während Männer Aggression deutlich mehr nach außen abreagieren.

Eine klare, schnelle, nach außen gerichtete Gestik gilt als „männlich" und wird *unbewusst* (!) bei Männern als Attraktivität, Sympathie, Verlässlichkeit und womöglich Führungsstärke interpretiert. *Dieselbe* Gestik bei Frauen erzeugt wiederum das Bild einer vermutlich kompetenten, aber eher „herrischen", abweisenden, wenig sympathischen Frau. Gestisch nutzen Frauen zusätzlich stärker ihren Kopf als Männer, indem sie ihn beim Sprechen mehr (und weicher) bewegen. Sprechen Männer mit weiblicher, weicher und spielerischer Gestik, werden sie sehr schnell als homosexuell eingestuft. In der Tat spricht ein Großteil homosexueller Männer mit erkennbar „weiblicher" Gestik!

Ist das Pokerface männlich?
Wie oben beschrieben ist die Mimik die unbewussteste und unmittelbarste Form der Körpersprache. Die geschlechtliche Unterschiedlichkeit besteht vor allem in der größeren Varianz „weiblicher" Mimik. Durch die Unmittelbarkeit werden Gefühle leicht sichtbar.

Da die meisten Frauen einen leichteren Zugang zu ihren Gefühlen haben, sieht man ihnen diese oft auch schneller an, als es für sie im beruflichen Kontext gut ist. Übt „Frau" jedoch das Pokerface, tut sie sich damit auch keinen großen Gefallen. Sie erinnern sich an das Beispiel von Sonja und Johannes? Es ist leicht vorstellbar, wie Sonja erkennbar zweifelnd schaut, wenn sie sich unsicher ist, ob sie schon so weit ist, die Aufgabe zu übernehmen oder nicht. Dass Herr Simmich ihr dann die Führung nicht auch noch anvertrauen will, ist naheliegend.

Als Gesprächspartner orientieren sich Frauen stärker an den Gesichtszügen ihres Gegenübers als Männer. Interpretieren wir diese aus dem eigenen geschlechtlichen Verständnis, kommt es leicht zu Missverständnissen.

Herr Kallmann hatte vor Kurzem als recht junge Führungskraft eine IT-Abteilung in einem Versicherungskonzern übernommen. Einige seiner weiblichen Mitarbeiterinnen beschrieb er als extrem empfindlich, womit er nur sehr schlecht zurechtkäme. Schon in unserem Erstgespräch war mir seine versteinerte und verschlossene Mimik aufgefallen. In Verbindung mit seiner monotonen Stimmmelodie war es auch für mich anfänglich schwer auszumachen, inwieweit er sich unserer Beziehung öffnete oder nicht. Als wir zufällig auf ein gemeinsames Hobby zu sprechen kamen, hellten sich seine Gesichtszüge auf, die Stimme wurde weicher und ich meinte beinahe einen anderen Menschen vor mir zu haben. In der nächsten Stunde wiederholte sich das Szenario, das ich diesmal mit der Videokamera aufgenommen hatte. Als er sich das Video ansah, war er selbst erstaunt, wie unterschiedlich seine Wirkung war. In der Analyse zeigte sich, dass er sich eine „Geschäftspose" angeeignet hatte, um seine Jugendlichkeit hinter der Maske von (scheinbarer) Professionalität zu verstecken. Damit versteckte er aber auch die Facetten seiner Persönlichkeit, die es einem leicht machten, mit ihm in Beziehung zu treten. Durch diese Geschäftspose kam jedoch viel deutlicher seine Anspannung zum Vorschein, nicht kompetent genug zu sein oder nicht ernst genommen zu werden, weil er ja noch so jung sei. Diese Anspannung wirkte so abweisend, dass diejenigen seiner Mitarbeiterinnen, die selbst noch in der Orientierung, also unsicher waren, sich sehr verunsichert fühlten – und folglich empfindlich reagierten. Als Herr Kallmann durch das Coaching das Vertrauen gefasst hatte, dass ihm gerade dann, wenn er sich authentisch zeigte, viel Respekt gezollt wurde, legte er die Geschäftspose nur zu gerne ab. Er war überrascht, wie schnell sich auf einmal die Schwierigkeiten mit den betreffenden Kolleginnen auflösten.

Würden Frauen die Distanziertheit in der Mimik Ihres Gegenübers nicht auf sich beziehen, wäre es für sie leichter, mit dem anderen warm zu werden. Vice versa ist es für Menschen wie Herrn Kallmann hilfreich zu wissen, dass ihre gegebenenfalls schlechter „lesbare" Mimik (von Frauen) leicht als Distanziertheit oder Arroganz erlebt wird. Wüssten sie es, würden sie sich vielleicht weniger wundern, warum es mit manchen Kolleginnen „so schwierig" ist.

Wilde Hühner und harte Jungs

Sicher haben Sie schon oft beobachtet, dass Frauen und Männer im Gespräch unterschiedliche Körperhaltungen einnehmen. Am deutlichsten sehen wir diese Unterschiede bei Jugendlichen in der Pubertät, wenn testosterongeflutete Burschen und östrogenüberschwemmte Mädchen zusammenstehen.

Mit zunehmender Reife reduzieren sich die martialische Haltung der Jungen (breite Beine, herausgepumpte Brust etc.) ebenso wie das hühnerhafte Tänzeln der Mädchen deutlich. Erkennbar bleibt aber, dass Männer nicht nur körperlich, sondern auch in ihrem Bewegungsspielraum und damit in der Präsenz mehr Raum einnehmen und darin stabiler stehen als Frauen. Diese bewegen sich zwar mehr, jedoch in deutlich kleineren Bewegungen und vor allem auf geringerem Raum. Frauen weichen anderen schneller aus und machen eher Platz für andere, sie wollen niemandem Raum wegnehmen. Sie entschuldigen sich gleich, wenn sie jemandem körperlich in die Quere gekommen sind, während Männer darauf nicht so schnell reagieren und sich auch sonst leichter am Platz behaupten.

An einem Tanzabend stieß ich zum zweiten Mal mit einer anderen Dame zusammen. Beide waren wir rückwärts unterwegs, geführt von unseren männlichen Tanzpartnern. Wie schon beim ersten Mal drehten wir Frauen uns beide um und entschuldigten uns lachend. Beide Männer änderten wortlos die Richtung und führten uns schwungvoll weiter – bis zum nächsten Mal.

Selbstverständlich gibt es auf beiden Seiten viele Gegenbeispiele dazu. Doch gerade der vorsichtige junge Mann, der seine Kameraden eher beobachtet und höflich agiert, wird von diesen gern als unsicher und nicht ganz ernstzunehmen abgestempelt. In der Literatur gibt es viele Beispiele für Biografien, in denen es zierliche, zarte und dem Kämpferischen nicht zugeneigte Männer als

Heranwachsende sehr schwer hatten, unter Gleichaltrigen Akzeptanz zu finden. Zwar konnte sich so jemand oft durch größere Eloquenz und Intelligenz behaupten, doch tat sich die „lange Bohnenstange mit der Hühnerbrust" nicht nur bei seinesgleichen schwerer.

Frauen, die breitbeinig und mit ausladender Gestik ihren Platz einnehmen, bekommen gern das wenig schmeichelhafte Etikett „Kampflesbe" und sind oft weder bei anderen Frauen noch bei Männern besonders beliebt.

Wer spricht denn da – Frau oder Mann?

Die charakteristischen Unterschiede in der Körpersprache von Frauen und Männern sind vergleichsweise gut zu erkennen. Viel subtiler sind jedoch die zahlreichen Geschlechtsspezifika in Sprechweise und Sprachstil. Da wir uns ihrer kaum bewusst sind, führen sie häufig zu Irritationen und gegenseitigem Unverständnis.

Ein Mann, ein Wort – eine Frau, ein Wörterbuch?
Der durchschnittliche männliche Wortschatz ist um ein Drittel geringer als der weibliche. Allein dadurch ist die Sprache der Männer anders zusammengesetzt. Männer drücken sich gern fokussiert, klar und direkt aus. Das verstärkt sich, je mehr es ums Gewinnen oder Verlieren geht, wenn sich z.B. innerhalb eines Teams oder bei neuen Aufgaben Hierarchien bilden. Ziel ist, schnell, effektiv, sichtbar, also möglichst wirkungsvoll zu sein. Frauen ist es in glei-

cher Situation eher zu eigen, sich umfassend zu äußern: Sie möchten ihr Wissen möglichst detailgenau und präzise rüberbringen. Es soll keinesfalls der Eindruck entstehen, sie hätten sich über etwas zu wenig Gedanken gemacht. Durch die Mitteilung ihres umfassenden Wissens wollen sie ihre Kompetenz und Teamfähigkeit beweisen.

Interessanterweise beobachte ich diesen Drang, sich detailliert zu äußern, auch häufig bei jungen, sehr intelligenten, engagierten Männern. Sie haben zu Hause gelernt, in der Schule und in der Universität dadurch zu punkten, indem sie mit ihrer hohen Intelligenz Wissen ebenso wie Fehler und Fehlendes blitzschnell erfassten. So gewöhnten sie sich an, die Gesamtmenge ihres Wissens zu vermitteln – mit dem Ergebnis, dass sie, ähnlich wie viel sprechende Frauen, im Businesskontext nicht besonders ernst genommen werden. Auch ihnen werden Führungskompetenzen nicht so leicht zugetraut. *„Du musst lernen TOP DOWN zu kommunizieren"*, heißt es dann – ganz neudeutsch – regelmäßig im Feedback derjenigen, die in ihrer Karriere weiterkommen wollen. Ein weiteres Zeichen dafür, dass zumindest im derzeitigen Geschäftsumfeld die Reduzierung von Komplexität gefragt ist.

Gerade bei zwischenmenschlichen Themen stoßen Frauen und Männer vielfach auf gegenseitiges Unverständnis. Wo Frauen sich intensiv einfühlen und wortreich auf das emotionale Geschehen eingehen, schütteln Männer schon mal genervt den Kopf über so viel überflüssig investierte Energie. Wo Männer mit einem anerkennenden Schulterklopfen und flotten Sprüchen die Situation „auf die Schnelle" geraderücken und locker über eine Schieflage hinweggehen, reagieren Frauen besorgt oder entsetzt über so viel Ignoranz.

Florian, Marketingleiter einer internationalen Immobilienfirma, wurde durch Umstrukturierung befördert und bekam erweiterte Zuständigkeiten. Dafür musste er seinen Arbeitsplatz jedoch vorübergehend von München in die neuen Bundesländer verlegen: Das bedeutete, dass seine Mitarbeiter in der Zentrale ihn nur noch sporadisch zu Gesicht bekamen. In dieser Zeit koordinierte seine ihm parallel zugeordnete Kollegin Juliane aus der Verkaufsabteilung einige seiner Aufgaben vor Ort. Auf Nachfrage der Personalabteilung, wie der Prozess laufen würde, gab Juliane umfangreiches Feedback dazu ab, welche Schwierigkeiten aufgekommen waren und was alles neu zu regeln sei. Florian hingegen beschrieb die Situation so: „Einwandfrei und total relaxed! Klappt alles gut." Dabei war es keinesfalls so, dass Florian blind gegenüber den Themen gewesen wäre, die Juliane angesprochen hatte, er hatte es nur nicht als relevant erachtet, darüber große Worte zu verlieren. Auch die von ihm bereits eingeleiteten und geplanten Maßnahmen zur Kompensation hatte er nicht groß kommuniziert. Dass Juliane sich übergangen fühlte, statt sich über Florians umsichtigen Umgang zu freuen, versteht sich ebenso wie Florians Stöhnen, dass Juliane so ein großes Thema daraus machen würde.

Doch gibt es durchaus Bereiche, in denen sich Männer gern wortreicher ausbreiten als Frauen. Und zwar da, wo es gilt, sich „zu beweisen" und den Platzhirschen zu spielen, damit gleich klar wird, wer „man(n)" ist. Vereint in der Runde engagiert und eloquent diskutierender Männer liefern diese sich gerne eine Art verbalen Wettkampf: Der tief im Mann veranlagte Drang sich zu messen wird dann auch in der Sprache sehr deutlich, sowohl in der Wortmenge als auch im Wortschatz.

Bei einer lockeren Netzwerkveranstaltung wurde soeben an einen langjährigen und verdienten Kollegen gedacht, der, weil schwerkrank, nicht anwesend war. Die betretene Stille danach löste sich schnell auf, als einer der Anwesenden stolz berichtete, sein Chef-Chef habe ihm für seinen Chef „die Säge in die Hand gedrückt". Damit wollte er zum Ausdruck bringen, dass er am Stuhl des Chefs zu

*sägen habe, weil er selbst für dessen Posten vorgesehen sei.
Obwohl ich viel gewöhnt bin: Mir verschlug es für einen
Moment die Sprache ... die Männer im Raum beglück-
wünschten ihn hingegen herzlich!*

Einen solch abrupten Themenwechsel von schwer zu
leicht vollziehen manche Männer zumindest nach außen hin
spielerischer, während viele Frauen sich leichter tun, offen
über das zu reden, was sie daran bewegt.

Was die kämpferische Wortwahl betrifft: Auch wenn es
nicht immer so rau zugeht, fallen doch unter Männern schnell
martialisch geprägte Ausdrücke wie „Schlachtfeld", „treffsicher", „Gegner", „kampfunfähig", „Schlagabtausch" etc.,
in denen frau sich zunächst nicht wirklich wohlfühlt. Diese
Worte sind in ihrem Wortschatz passiv vorhanden, werden
aber selten aktiv eingesetzt. Diese kämpferische Rhetorik erleben Männer wesentlich spielerischer als Frauen. Auch mit
dem Gebrauch von Worten aus dem Umfeld von Sexualität
und Erotik sind Männer nicht selten freizügiger und auch aggressiver, als dies bei bzw. unter Frauen üblich ist und erwartet wird. Frauen verwenden deutlich mehr Adjektive, ausführlich bildhafte Beschreibungen und vor allem Füllwörter
wie „vielleicht", „eigentlich", „eventuell" etc. Kurzweg:
Die Sprache der Frauen ist reicher und variierender, die der
Männer klarer, kürzer, knapper.

Komplex oder kompliziert?

Im Gebrauch der Grammatik zeichnen sich ähnliche Muster
ab. Frauen verwenden komplexere Strukturen. Ihre Sätze
sind häufig länger und verschachtelter, es werden mehr
Nebensätze eingefügt. Ein „Stolperstein", über den schon
viele Sketche, Witze und komische Situationen entstanden
sind, ist dabei die Verwendung des Konjunktivs. Für „mann"

ist der Konjunktiv nicht mehr und nicht weniger als „die Möglichkeit, dass etwas geschieht", also Ausdruck dessen, das etwas nicht sicher so sein wird. Die Formulierung „*ich wäre dann so weit*" ist für „frau" eindeutig die Aussage, dass es nun losgehen kann. „Mann" versteht darunter vielmehr, dass da noch etwas passieren wird, bis es soweit ist.

Thomas, geschäftsführender Gesellschafter einer Werbeagentur, berichtete mir von seinem Konflikt mit seiner Mitgesellschafterin Sophie. Sophie hatte nach Rücksprache mit Thomas eine Bilderreihe bestellt, die sie in den Firmenräumen aufzuhängen beabsichtigte. Als die Bilder geliefert wurden, fiel Thomas aus allen Wolken und war erzürnt darüber, wie Sophie die Bestellung ohne seine Zustimmung hatte aufgeben können. Sophie hingegen fühlte sich des Alleingangs ungerechtfertigt beschuldigt. Sie hatte ihn zuvor gefragt, „Könntest du dir diese Bilder bei uns in der Firma vorstellen?", und ihm dann beschrieben, wo genau sie diese Bilder aufhängen würde. Seine Antwort war gewesen: „Ja, könnte ich schon, das könnte ganz gut aussehen."

Was für *sie* eine eindeutige Zustimmung bedeutete, war für *ihn* lediglich eine Option gewesen und noch lange keine einvernehmliche Lösung. Nicht selten werden Frauen, die im Konjunktiv reden oder schreiben von Männern als unsicher eingestuft. Selbst Höflichkeitsformeln, wie sie früher üblicherweise unter Schreiben gesetzt wurden, „*Ich würde mich freuen, eine baldige Antwort von Ihnen zu bekommen*", werden zunehmend durch den Indikativ ersetzt. „*Über eine baldige Antwort werde ich mich freuen.*" Das kostet manche Frau echte Überwindung, doch erhöht sie damit die Chance, ihrem männlichen Leser Entschiedenheit zu zeigen.

Mit spitzer Zunge

Die Aussprache ist zunächst regional sehr spezifisch. In den diversen Dialekten sind große Ausspracheunterschiede festzumachen. Innerhalb einer Sprachgruppe sind geschlechtliche Unterschiede vor allem in der Vokallänge festzumachen. Insbesondere betonte Vokale sind bei Männern signifikant kürzer, was ihnen eine dynamischere Sprechweise verleiht.

Bei Frauen beobachten wir neben längeren Vokalen auch längere Zischlaute (s, sch) sowie mehr Überhauchung der Plosivlaute (k, t, p,). Frauen artikulieren exakter, weswegen sie rein sprechtechnisch meist besser zu verstehen sind. Interessanterweise sind diese Aussprachemerkmale ebenfalls bei einigen männlichen Homosexuellen hörbar und stechen in deren Sprechweise deutlicher als andere Unterscheidungsmerkmale heraus.

Das klassische „in den Bart Nuscheln" zeigt sich schon von der Redewendung her eindeutig männlich. Auch Sprachfehler wie z.B. Stottern (Hängenbleiben an Wortanfängen) und Poltern (sich quasi selbst überholendes Sprechen) kommen bei Männern wesentlich häufiger vor als bei Frauen. Im Gegensatz zum Stottern wird das Poltern gesellschaftlich weniger als Sprechstörung anerkannt, Es wird – zu Unrecht – vielmehr als Eigenart gesehen, in der sich Ungeduld, Hektik, Ungenauigkeit und dergleichen ausdrückt.

Kurz – knapp – männlich?

Die Sprechgeschwindigkeit ist in erster Linie vom persönlichen Temperament des Sprechers geprägt. Temperamentvolle Menschen reden schneller als gemächliche. Auch Stimmungen beeinflussen das Sprechtempo direkt: Freude, Nervosität, Aufgeregtheit, Ärger, Druck, Begeisterung und ähnlich energiereiche seelische Verfassungen beschleunigen das Sprechen, während eine gedrückte Stimmung, Enttäuschung, Resignation und dergleichen das Sprechen schleppend werden lassen.

Bei Männern hat die höhere durchschnittliche Taktung der Silben pro Zeiteinheit in Verbindung mit der oben beschriebenen kürzeren Vokaldauer eine signifikant kürzere Sprechzeit pro Information zur Folge. Die Zahl der gesprochenen Worte pro Zeiteinheit ist jedoch bei Frauen höher, weil auch ihre Sprechpausen kürzer und seltener sind. Rechnen wir dann noch hinzu, dass Frauen längere Sätze bilden und sowohl mehr Worte als auch mehr Füllworte für ihre Informationen verwenden, ergibt sich bei Frauen in Summe eine deutlich längere Sprechdauer für die Übermittlung von Botschaften. Das schnellere Statement erzielt dabei die höhere Dominanz, so wie der schnellere Kämpfer meist die Nase vorn hat.

Außer Puste

Pausen zu setzen, steht in klarem Zusammenhang mit Temperament und Befindlichkeit. Wer sich kaum je eine Pause gönnt, neigt, wenn er spricht, zu pausenlosem Reden. Dies spiegelt sich in flacher Atmung mit ebenso kurzen Atempausen. Gefühlszustände wie Aggressivität und sonstige spannungsgeladene Äußerungen sorgen dafür, dass Pausen noch weniger und kürzer werden. Vor allem die Unsicherheit eliminiert – dem Fluchtgedanken entsprechend – Pausen beim Reden. Potenzielle Pausen werden gern mit Fülllauten wie „ähm" oder Räuspern etc. ersetzt, wodurch sich die reale Sprechdauer nicht zwangsläufig ändert – das Sprechen *wirkt* aber schneller.

Dadurch, dass bei den Männern die Sprechphrasen als solche kürzer sind, machen sie häufiger Pausen als

Frauen. Doch: Pause ist nicht gleich Pause. Relevant bei der Betrachtung der Pausen ist vor allem, *wie* die Pause gesetzt wird. Es macht einen großen Unterschied, ob der Sprecher sich Zeit lässt und dabei die Pause mit hoher Präsenz ausfüllt und durch seine Ausstrahlung zeigt, dass er immer noch führt, oder ob er die Pause setzt, weil er nicht weiterweiß, sich nicht traut bzw. im Gespräch nicht zu Wort kommt. Die positive oder negative Wirkung einer Pause hängt von der inneren Haltung des Sprechenden ab.

In der Mehrzahl sind es wieder männliche (und seniore) Sprecher, die nicht so leicht aus der Ruhe zu bringen sind, während vorwiegend Sprecherinnen aus Unsicherheit schnell agitiert sprechen und Pausen mit Verlegenheitslauten füllen. Die Linguistin Kathrin Rose Greenberg von der Stanford University beschreibt, dass unsichere Sprecher mit hektischen Pausen gern als „feminin", sichere Sprecher mit ruhigen Pausen als „maskulin" wahrgenommen werden.

Wer führt im Gespräch?

Konrad Lorenz meinte einmal: „Gedacht heißt nicht immer gesagt, gesagt heißt nicht immer gehört, gehört heißt nicht immer verstanden, verstanden ist nicht gleich einverstanden." Damit drückte er seine Beobachtung aus, dass Sprechen, Hören, Verstehen, Verständnis und Einverständnis unterschiedliche Paar Stiefel sind.

Für das gegenseitige Verständnis ist die Gesprächsführung ein wesentlicher Bestandteil. Gelingende Kommunikation ist keine Selbstverständlichkeit, nicht umsonst gibt es so viele Trainings, Coachings und Seminare zu diesem Thema. Die Gesprächsführung unter dem Aspekt der

Gender Communication zu betrachten, steckt allerdings in den Kinderschuhen und findet noch keineswegs selbstverständlich Einzug in die entsprechenden Beratungen und Schulungen. Selbst manche Paartherapeuten legen wenig Wert darauf, diesen Unterschieden gebührend und wertschätzende Achtung zu schenken, oft mangels Wissen um die Bedeutung derselben. Dabei sind gerade hier spannende und gravierende Unterschiede zu erkennen! Schon das Verständnis von Sprache kann sehr spezifisch sein.

... gehört ist nicht gleich verstanden ...

Vergleichen wir nicht nur den Umfang des aktiven, sondern auch den des passiven Wortschatzes, so schneiden die Männer eindeutig schlechter ab. Wen wundert es, dass Männer und Frauen bisweilen Unterschiedliches verstehen!

„Schatz, der Mülleimer ist voll!"

„Ja?"

„Das hab ich dir vorhin doch schon gesagt!"

„Ja."

„Und? Warum hast du ihn noch nicht ausgeleert?"

„Sollte ich das?"

„Ja natürlich?!"

„Das hast du aber gar nicht gesagt!"

Ich wette, dass viele meiner Leserinnen und Leser, ohne lange nachzudenken, schnell darauf geschlossen haben, wer in dieser Diskussion Frau und wer Mann ist. Zugegeben, diese Diskussion ist plakativ und klischeehaft. Natürlich weiß „mann" durchaus sehr schnell, was mit der Aussage, der Mülleimer sei voll, gemeint ist. Dennoch ist es nicht (nur) Klischee, sondern regelmäßig beobachtbar, dass bei neutralen Aussagen wie z.B. der, dass etwas nicht funktioniert, viele Frauen schneller reagieren und tun, was zu tun ist. Es ist auch nicht ungewöhnlich, dass Frauen, die diese Aussage treffen, ohne große weitere Worte erwarten, dass der Zuständige entsprechende Maßnahmen einleitet.

„Der Drucker macht seit einer Woche immer wieder Probleme, irgendetwas scheint am Papiereinzug defekt zu sein!"

„Frau" wird überzeugt sein, dass sie eindeutig zu verstehen gegeben hat, dass der Drucker umgehend zu warten sei. Hört dies der zuständige Techniker, so wird er verstanden haben, dass er nachzusehen habe, die Dringlichkeit erschließt sich ihm aber nicht zwangsläufig.

„Falls jemand heute etwas drucken muss, achtet drauf, der Toner ist fast leer!"

Gibt es für die Nachfüllung des Toners keinen direkten Beauftragten, sondern ist es eher eine gemeinschaftlich betraute Aufgabe, dafür zu sorgen, dass Tinte im Drucker ist, ist die Wahrscheinlichkeit sehr hoch, dass sich eine der Frauen im Team darum kümmert oder sich bereit erklärt, dafür zu sorgen, dass rechtzeitig neue Farbpatronen da sind.

In einigen „Frauen-Ratgebern" wie z.B. dem „Arroganz-Prinzip" von Peter Modler wird Frauen empfohlen, nicht sofort zu reagieren und einzuspringen, sondern die Männer ran zu lassen. Ich glaube aber, dass es nicht nur darum geht und gehen kann, abzuwarten und Dinge liegen zu lassen, bis „mann" reagiert. Es ist weder böse Absicht der Männer, in reinen Sachaussagen nicht gleich einen Auftrag zu sehen noch übertriebenes Engagement der Frauen hinter vielen Aussagen, selbst wenn sie „nur dahin gesagt sind", noch eine weitere Bedeutung zu sehen oder zu suchen. Eine klare, offene Kommunikation über Erwartungen halte ich für ehrlicher, und folgendes typische Szenario spielte sich in einer Unternehmensberatung zwischen Projektleiter Ferdinand und seiner Mitarbeiterin ab.

Ferdinand klagte: „So ein Mist. Ich weiß nicht, wo mir der Kopf steht. Wir müssen für die Präsentation morgen unbedingt noch die restlichen Daten einfügen. Zudem muss ich noch die letzten Templates fertig machen. Dabei habe ich meiner Frau versprochen, heute Abend die Kinder ins Bett zu bringen. Verflixt! Ich werde es nicht schaffen." Marleen geht missmutig in ihr Büro, ruft ihren Freund an und teilt ihm mit, dass sie heute mal wieder eine Nachtschicht einlegen werde, und macht sich daran, die Daten einzufügen. Als sie sieht, dass Ferdinand am späten Abend immer noch am Schreibtisch sitzt, fragt sie ihn: „Wieso bist du denn noch da? Ich dachte, du solltest heute deine Kinder ins Bett bringen?" – Er antwortet erstaunt: „Ich habe dir doch vorhin gesagt, dass ich es wieder mal nicht schaffe." – „Ja, aber deswegen habe ich das doch übernommen?!" – „Echt? Aber das hatten wir doch gar nicht besprochen?!" – „Aber das hast du doch so gesagt …?"

Marleen hat hinter der Aussage, dass „wir die Daten einfügen müssen" und dass „er es nicht schafft", den klaren Auftrag herausgehört, dass es nun an ihr sei, die anstehende Aufgabe fertigzustellen. Das ist natürlich oft bequem, kann aber auch zu Missverständnissen führen.

So wie bei Herrn Feierabend, der seiner ihm matrixorganisatorisch gleichgestellten Kollegin Frau Migan gegenüber im lockeren Gespräch geäußert hatte: *„Wir sollten mal wieder ein Teamessen veranstalten, am besten noch vor den ganzen Weihnachtsfeiern, weil sonst eh keiner mehr Lust darauf hat." – „An was hatten Sie gedacht?" – „Da hab ich noch keine konkrete Idee, das können wir ja dann mal im Team besprechen."* Bei der nächsten Teamsitzung kündigte Frau Migan diesen Gedanken gegenüber dem gesamten Team an und begann, gemeinsam mit den Mitarbeitern über Gestaltungsideen und Termine zu sprechen. Herr Feierabend zog Frau Migan nach der Sitzung erbost zur Seite und fuhr sie an, was sie sich denn denken würde, dass *sie das mit dem Teamessen ohne Absprache mit ihm vor das Team gebracht hätte!* „Aber das war doch Ihre eigene Idee gewesen, Sie wollten das doch so, wir hatten darüber doch zuvor gesprochen." – „Ja, aber wir hatten noch nichts beschlossen und ich wollte den Gedanken zunächst mit Ihnen ausdiskutieren und den Rahmen abstecken!" Frau Migan hatte also in bester Absicht kooperativ zu sein, aus der Sicht von Herrn Feierabend übergriffig und unkollegial gehandelt, weil sie in die lockere Äußerung Ihres Kollegen eine konkrete Absicht hineininterpretiert hatte.

Natürlich gibt es viele Männer, die z.B. einen kaputten Drucker unaufgefordert reparieren und auch sonst schnell reagieren, wenn sie sehen, dass es eine bestimmte Handlung braucht. Es passiert jedoch deutlich häufiger, dass manch einfache Aussage bei Frauen mehrfache Gedankengänge auslöst, die aus der Sicht der Frauen logisch, aus der Sicht der Männer kompliziert sind. Dies macht das Verstehen zwischen Mann und Frau nicht unbedingt einfacher. Vor allem bei Gefühlsthemen können Frauen sehr viel leichter als Männer heraushören, wenn ein Sprecher oder eine Sprecherin mehr meint, als er oder sie sagt. Diese Gabe ist in vielen kritischen Zusammenhängen, gerade wenn es um Stimmungen im Team geht, eine oft entscheidende Fähigkeit.

Zugleich birgt solch feine Empathie Gefahr, dass mehr in das Gesagte hineininterpretiert wird als gemeint ist. Wer, schlimmer noch, das Interpretierte ungefiltert in seinen eigenen Bezugsrahmen setzt, kann nicht nur denkbar falsch liegen, sondern daraus auch die falschen Schlüsse ziehen. Das wiederum kann sehr ungute Konsequenzen haben!

Hörst du mir überhaupt noch zu?

Ein in seiner Auswirkung auf das gemischtgeschlechtliche Gespräch oft unterschätzte Phänomen ist die „Phrasendauer". Wie bei der „Sprechweise" erwähnt, sprechen Männer in signifikant kürzeren Phrasen, ihre Aussagen und Sätze sind kürzer als die der Frauen. Kaum überraschend ist es, dass die Fähigkeit zuzuhören ebenso davon betroffen ist.

Sie erinnern sich, was ich zu Pausen geschrieben habe? Der Zuhörer braucht diese dringend, um das Gesagte zu verarbeiten. Macht der Sprecher keine Pausen, so schaltet das Gehirn des Zuhörers nach einer bestimmten Zeitspanne automatisch ab, um eine Informationsüberflutung zu verhindern. Männer schalten beim Zuhören messbar schneller und damit häufiger ab als Frauen. Das bedeutet, dass ihnen bei langandauernden, pausenlosen Beschallungen in Summe eine Menge an Informationen fehlt. Rechnen wir dazu, dass Männer sprachliche Geräusche schlechter verarbeiten können als technische, erklärt es sich sehr schnell, warum sie detaillierten, langatmigen Reden ohne Punkt und Komma nicht eben zugetan sind. Das verbale Trommelfeuer, das erboste Frauen schon mal auf ihr männliches Gegenüber ergießen, hat demzufolge einen deutlich geringeren Effekt als eine kurze, treffende, womöglich noch wiederholte Bemerkung.

Dieser geschlechtliche Unterschied in der Höraufmerksamkeit ist bei Kindern bereits in vorsprachlicher Zeit festzustellen. Er wächst sich im Erwachsenenalter zunehmend zu einer unterschiedlichen Gesprächsführung aus. Dies führt oft dazu, dass wir uns in Gesprächen wohler fühlen, wenn wir unter unseresgleichen sind. Es führt aber leider auch dazu, dass Männer über Frauen und Frauen über Männer stöhnen und lästern, weil sie – vom eigenen als dem „Ideal" ausgehend – das jeweils andere nicht nur unverständlich und nicht nachvollziehbar, sondern als völlig unproduktiv bezeichnen. Schade eigentlich, denn gerade hier kann die Unterschiedlichkeit sehr bereichernd sein.

Kommunikation – das Tor zum Gegenüber

Über Kommunikation bauen wir Beziehung auf – allerdings auf geschlechtsbedingt meist sehr unterschiedliche Art und Weise. Kommt eine Gruppe Männer (neu) zusammen, so wird auf ganz natürliche Art – meist über Small Talk und Body Talk, also auf „schnellen" Kommunikationsebenen (Modler, 2009) eine Rang- und Hackordnung erstellt, die festlegt, wer „Ober" und wer „Unter" ist. „Mann" kennt das. Da geht es aus Sicht der Frauen nicht gerade „zartbesaitet" zu. Männer akzeptieren es und fügen sich der Ordnung auch dann, wenn sie letztlich unterlegen sind. Sie schätzen die Klarheit und Berechenbarkeit in den entstandenen Strukturen.

Frauen unter sich kommunizieren eher auf der Ebene des „intellectual talk", also wort- und facettenreich. Ihr Ziel ist, möglichst jede Gesprächsteilnehmerin einzubinden und sicherzustellen, dass sie bei jeder Gesprächsteilnehmerin Akzeptanz finden. Es gilt die Erwartung: „Wenn ich freundlich zu dir bin, gehe ich davon aus, dass du auch freundlich zu mir bist." Damit fühlen sich die Frauen sicher. Hebt sich eine daraus hervor oder „spielt nicht mit", wird sie von den anderen schnell geächtet – ein Phänomen, das unter dem Begriff „Zickenkrieg" recht geläufig ist.

Ich kenne durchaus sowohl Männerrunden, die sehr auf Gegenseitigkeit und Miteinander bedacht sind, als auch Frauenrunden, in denen Ordnung und Orientierung entsteht und die (natürliche) Führungskraft wohlgelitten ist. In diesen herrscht meist ein hohes Maß an Reflexion und sozialer Kompetenz, in der man sich beider „Stile" bedient. Sie erleben, wie wichtig und gewinnbringend die Unterschiedlichkeit für das Miteinander ist.

Bleiben Sie dran! Kontakt halten im Gespräch

Mit seiner Feststellung, dass wahre Mitteilung nur unter Gleichgesinnten, Gleichdenkenden stattfindet, drückt Novalis (Friedrich von Herdenberg) aus, dass es eine ähnliche Wellenlänge geben muss, damit man sich überhaupt gegenseitig verstehen kann. In der Tat: Inwieweit Menschen bei der Kommunikation einander wirklich verstehen, hängt nicht unwesentlich von der Qualität des Kontaktes ab, den sie zueinander haben und vor allen Dingen auch halten. Wie schon der Beziehungsaufbau läuft auch das Kontakthalten bei Männern und Frauen durchaus unterschiedlich ab.

Das Verstehen ohne viele Worte ist sicherlich etwas, was es sowohl zwischen Männer- und Frauenfreundschaften als auch in Beziehungen zwischen Frau und Mann gibt. „Wir verstehen uns ohne viele Worte." Das kann man sowohl in Männer- als auch in Frauenfreundschaften hören. Doch ist es für Frauen viel häufiger wesentliches Merkmal einer guten Freundschaft, gute Gespräche zu führen, als für Männer. Ich würde es ein unterschiedliches Grundbedürfnis nennen, welches sich in unterschiedlicher Kontaktgestaltung widerspiegelt.

Selbst im Erleben von Kontakt führen unterschiedliche Erwartungen von Frauen und Männern bisweilen zu Missverständnissen.

Redest du überhaupt mit mir?

Schon mit dem Blickkontakt beim Reden ist es so eine Sache, an der sich die Geister scheiden können. „Männer unter sich" brauchen nicht viel, um sich miteinander wohlzufühlen: Haben Sie schon einmal zwei Frauen beim Angeln gesehen? Nur wenige Frauen bekommen bei der Vorstellung, einen Tag lang schweigend gemeinsam beim Angeln zu sitzen, derart leuchtende Augen, wie ich es bei einigen Männern kenne. Die angelnden Männer sitzen nebeneinander, ohne sich anzublicken, der Blick richtet sich nach vorne, gesprochen wird wenig. Die Blickrichtung ändert sich auch nicht, wenn sie miteinander sprechen. Es kann ein Zeichen höchster männlicher Innigkeit sein, Seite an Seite mit wenigen Worten ein Gespräch zu führen, ohne sich dabei in die Augen zu blicken.

Auch in größeren Gruppen richtet sich der Blickkontakt der Männer eher auf das gemeinsame Objekt des Interesses als zueinander. In Vorträgen heften sie deutlich öfter als Frauen den Blick auf das Flipchart als auf den Sprecher bzw. die Sprechende. Wenn der Sprecher mangels visueller Attraktivität den Zuhörer nicht auch als Zuschauer in seinen Bann zieht, driftet ihr Blick schnell ab. Der Blickkontakt intensiviert sich hingegen, wenn es nicht um ein gemeinsames oder gleiches Ziel geht, sondern um Gewinnen oder Verlieren – oder ums Erobern. Der intensive Augenkontakt ist dann Teil einer Strategie, Macht zu zeigen oder zu bekommen.

Es ist für Sie wohl kaum überraschend, dass dies bei den Frauen ganz anders aussieht. Frauen haben nicht nur Blickkontakt zueinander, sondern beugen sich auch einander zu. Das Interesse füreinander steht ihnen ins Gesicht geschrieben. Diese größere Zugewandtheit zeigt sich auch in Häufigkeit und Dauer der Blickkontakte. Dabei verweilen Frauen am längsten auf den Augen ihres Gesprächspartners. Sie reagieren zudem auf Veränderungen in seiner Mimik, Gestik und Haltung und beziehen das, was sie sehen, sofort in das Gespräch mit ein. Frauen lieben es, während einer gemeinsamen Beschäftigung intensiv miteinander zu diskutieren. Es herrscht ein Wirrwarr von Stimmen und Bewegungen, dabei nehmen sie regelmäßig Zweier-Blickkontakte auf und führen parallel Gespräche in Kleingruppen. Steht kein klarer Tonangeber fest, bilden Frauen einen unerschöpflichen Pool an Ideen, Einlassungen, Einwürfen; jede möchte noch ihre

Meinung dazu abgeben und Dinge bedenken, die die anderen noch vergessen haben könnten. Das geschieht oft gleichzeitig und durcheinander und es ist bisweilen schwer auszumachen, wo es anschließend langgeht. In Kleingrüppchen und Untergesprächen wird dann nach allseitigem Konsens gesucht. Steht fest, wer führt und den Ton angibt, nehmen die weiblichen Zuhörerinnen wiederum intensiveren, das heißt längeren und häufigeren Kontakt zum Sprecher – beispielsweise zum Vortragenden – auf als zum Objekt (Flipchart, PowerPoint).

Sieh mich an, wenn ich mit dir spreche!

Und wie sieht es bei der gemischten Kommunikation aus?
In einem Kommunikationscoaching für Paare klagte Sandra über Christian: „Es macht mich wahnsinnig, wenn ich dir etwas erzählen will und du mich dabei nicht mal eines Blickes würdigst. Erst gestern wieder hast du einfach nur auf dem Sofa gelegen und an die Decke gestarrt, während ich dir von einem Problem mit meinem Chef berichtete – es nervt mich, dass dich das so wenig interessiert!" Christian protestierte umgehend. „Natürlich interessiert es mich, wie kommst du denn darauf? Wir haben doch auch eine Weile darüber gesprochen?" – „Ja, aber währenddessen hast du eben immer nur dagelegen und gelangweilt geguckt!" Christian war wiederum sehr überrascht.

Das Ganze klärte sich für Sandra hilfreich auf, als wir herausgearbeitet hatten, dass Christian sich viel besser konzentrieren kann, wenn er nicht auf etwas schauen muss. Würde er Sandra anblicken, lenkte ihn das ständig ab, sodass er, wenn es um wichtige Dinge geht, eben lieber auf „nichts" schaut. Damit ist er in guter Gesellschaft. Männer reagieren sehr aktiv auf sich bewegende visuelle Reize, ihre

Konzentration ist darauf schnell kanalisiert. Sie blicken dabei auch selten ausschließlich auf einen Punkt, sondern „checken" mit den Augen das Objekt quasi ab. Je weniger Abwechslung auf ihre Retina trifft, desto mehr Kapazität bleibt für auditive Reize und Reizverarbeitung. Es wird schwierig, wenn Frauen darauf bestehen, von Männern angeschaut zu werden, wenn es um wichtige Themen geht, und sie tun sich schon gar keinen Gefallen, wenn sie den fehlenden Blickkontakt persönlich nehmen.

Wie hört sich Zuhören an?

Nicht nur visuell, auch auditiv halten Frauen und Männer beim Zuhören unterschiedlich Kontakt.

Livia beschwert sich bei Markus: *„Du hörst mir ja gar nicht richtig zu!"* – *„Doch, natürlich. Wie kommst du denn darauf, dass ich nicht zuhören würde!"* – *„Na, du sagst ja gar nichts! Du bist einfach nur stumm wie ein Fisch."* – *„Ja, weil ich dir ja zuhöre, während du sprichst!"* – *„Ja, aber wenn du gar nichts sagst, wie soll ich dann wissen, dass du mir zuhörst?"*

Die beiden sind hier schlichtweg „Opfer" der Tatsache, dass Frauen beim Zuhören regelmäßig ihre Stimme nutzen: Sie machen Äußerungen wie *„ah"*, *„oh"*, *„aha"*, *„echt?"*, *„ohje"*. Wenn sie sehr konzentriert zuhören bzw. ihre konzentrierte Aufmerksamkeit dem Sprechenden zeigen wollen, reagieren Sie mit *„Mhms"* in verschiedenen Stimmmodulationen und -variationen. Diese stimmliche Mitteilsamkeit ist aber wie gesagt eine sehr weibliche Attitüde des Zuhörens und kommt bei Männern in deutlich geringerem Umfang vor. Im Gegenteil, viele Männer können sich beim Hören schlicht besser konzentrieren, wenn sie weder Blickkontakt halten noch sonst irgendwelche Zeichen des Kontakts senden.

Der Schluss von Livia, dass der schweigende Markus ihr nicht zuhört, ist aus ihrer Sicht nachvollziehbar – und dennoch schlichtweg falsch. Doch Markus liegt mit seiner Annahme, dass Livia gerade an seinem konzentriert-aufmerksamen Schweigen erkennen könne, dass er intensiv zuhöre, ebenso daneben.

Unterbrich mich nicht!

Man unterbricht andere nicht beim Sprechen? Oh doch! Das geschieht permanent und unentwegt. Entgegen der landläufigen Meinung, dass das „ins Wort Fallen" eine Unart sei, ist es genau das, was ein Gespräch am Laufen hält.

Der hohe Frauenanteil in meiner Familie bringt es mit sich, dass wir viel und sehr gerne miteinander reden, diskutieren, palavern. Keine meiner Töchter steht hinter der anderen zurück, und es wäre eine Katastrophe, wären wir darauf angewiesen, einander immer voll und ganz ausreden zu lassen. Mein Mann hätte vermutlich zwischenzeitlich das Weite gesucht, und ich bin froh, dass er es dabei belässt, sich gelegentlich in sein Arbeitszimmer zurückzuziehen. Gemeinsame Gespräche können nur fruchtbar verlaufen, wenn wir einander unterbrechen. Es ist einzig eine Frage des Stils, wie wir uns unterbrechen.

Ist das Gespräch erst mal in Gang, spielt es eine für den Verlauf des Gesprächs durchaus relevante Rolle, wie Männer bzw. Frauen während des Gespräches unterbrechen bzw. dafür sorgen, dass sie oder auch andere zu Wort kommen. Deborah Tannen, eine amerikanische Sprachwissenschaftlerin, hat diese „Wortwechsel im laufenden Gespräch" näher untersucht. Sie entdeckte, dass Frauen und Männer einander auf eine jeweils völlig andere Art im Gespräch abwechseln: Bei Männern nimmt der Unterbrechende nicht unbedingt Bezug auf das, was der Vorgänger gesagt hat, sondern setzt eher „eins drauf". Nicht selten übergeht er dessen Aussage gar ganz und bringt das Gespräch auf sein eigenes Thema, welches ihm beim Kommentar des Vorredners bereits durch den Kopf gegangen ist. Der Inhalt des Vorredners fällt dabei womöglich ganz unter den Tisch. Dieser lässt sich womöglich nicht lumpen und nimmt das Gespräch wieder an sich, seinerseits ebenfalls ohne groß auf den Einwurf des anderen einzugehen.

Beispiel für lineares (männliches) Unterbrechen – dominierend:

Herr Bloch: „Herr Wagner, was ist bei der Kostenanalyse für die neue Logistikplanung rausgekommen?"

Herr Wagner: „Das ist sehr spannend: Wir haben festgestellt, dass Herr Aron von der Zulieferfirma C. so fehlerhaft arbeitet, dass das neue Modell kaum greifen kann, wenn wir nicht …/"

Herr Bloch: „Herr Steiner, Sie sind doch der Koordinator für die Zusammenarbeit mit Herrn Aron, wie kann das sein?"

Herr Steiner: „Herr Aron ist sehr zuverlässig, aber die Daten, die er aus unserem Hause bekommt …/"

Herr Wagner: „Wir haben das sehr genau analysiert, dass die Fehler eindeutig bei Herrn Aron liegen, weil er …/"

Herr Bloch: „Ich habe das Gefühl, dass Sie hier alle nicht sauber gearbeitet haben!"

Es ist eindeutig, wer hier wen dominiert. Herr Steiner geht am Ende als der „Verlierer" aus dem Rennen, jedoch „Gewinner" gab es so recht keinen, da alle Parteien unzufrieden blieben. Typisch auch, wie jeweils die Verantwortung für das Problem „im Außen" gesucht wird, damit nur ja keine Zweifel über das eigene Verhalten aufkommen. Wer Schwäche zeigt, hat gleich verloren!

Auch wenn dies alles recht negativ erscheint: Es ist eindeutig, worum es letzten Endes geht: um klare Zuständigkeiten und Verantwortungen. Diese schaffen eine eindeutige Arbeitsrichtung, gegebenenfalls etwas unbequem, aber eben auch klar.

Frauen haben im Sinne ihrer gefühlten sozialen Verantwortung die Angewohnheit, Vorthemen aufzugreifen, bevor sie zu ihrem eigenen Anliegen übergehen oder setzen diese gleich in Bezug zu ihrem eigenen Thema. Das funktioniert unter Frauen sehr gut. Männer verbuchen solches Eingehen auf ihre eigenen Argumente als Punkt für sich, ohne dabei dem, was Frau dann von sich aus noch angefügt hat, viel Bedeutung zu geben.

Beispiel für überlappendes (weibliches) Unterbrechen – kooperierend:

Frau Gruner: „Frau Jagstein, wir müssen die Trainingspläne für das kommende Jahr bis übermorgen bei der Kostenstelle abgeben, werden wir das schaffen?"

Frau Jagstein: „Auweia, das ist sportlich! Ich habe dummerweise viel länger für die Auflistung in Excel gebraucht als gedacht, da ich zwischenzeitlich noch Herrn Zollis bei der Angebotsprüfung unterstützt .../"

Frau Gruner: „Ah, ich verstehe, und wie lange werden Sie dafür nun noch brauchen? Vielleicht könnte Frau Richter .../"

Jagstein: „Nein, die leider nicht, die muss heute früher nach Hause gehen, aber .../"

Gruner: „Und Herr Will? Kann der nicht .../?"

Jagstein: „Ja, das glaube ich auch, das ist eine gute Idee. Soll ich ihn fragen? Ich wollte ihn ohnehin schon lange fragen, ob er nicht .../"

Gruner: „Ja, fein, machen Sie nur .../"

Hier findet ein schnelles Mitdenken statt, das ständig ineinandergreift. Jeder nächste Kommentar bezieht sich auf den vorigen bzw. das, was die Gesprächspartnerin jeweils meint erfasst zu haben. Jede bemüht sich, der anderen entgegenzukommen, Rücksicht auf andere spielt eine Rolle.

Andererseits – es ist am Ende noch nicht wirklich klar, wer sich der Aufgabe widmet. Die beiden laufen Gefahr, einen quälend langen Prozess durchzumachen, bis die Entscheidung klar ist, obwohl das Thema eigentlich keine Aufschiebung duldet. Falls – bei allem Verständnis – keiner Zeit hat, wird Frau Gruner mit großer Wahrscheinlichkeit und Gewissenhaftigkeit die Aufgabe übernehmen, notfalls mit Überstunden. Zurück bleibt bei ihr womöglich das Gefühl, mal wieder die „Dumme zu sein", weil es ja sonst keiner außer ihr macht.

Interessant ist, dass in „gemischten", männerdominanten Runden meist derjenige den „Trumpf" hat, der am direktesten und unumwunden kommuniziert, während in „gemischten" Runden mit Frauendominanz sich Klarheit und Fürsorge eher die Waage halten, also nicht zwangsläufig der (die) verständlichste oder rücksichtsvollste Gesprächsteilnehmer(in) größte Aufmerksamkeit oder gar Führung hat.

Beispiel aus einem gemischtgeschlechtlichen Team:

Herr Montag: „Unser gesamter Vertrieb ist stinksauer, weil Ihre Logistik nicht in der Lage ist, die Produkte rechtzeitig zu liefern – Ihr wollt, dass wir verkaufen und sorgt dafür, dass wir vor den Kunden saublöd dastehen, so kann das nicht weitergehen …!"

Herr Holler: „Ja, weil Ihr Vertriebler Produkte verkauft und den Kunden das Blaue vom Himmel herunter versprecht, ohne mit uns vorab Rücksprache zu halten, ob wir die Teile überhaupt so bauen können! Wir tun eh mehr als unser Möglichstes!"

Herr Montag: „Ach Quatsch, Ihr tut nicht mal euer Möglichstes, sonst wären wir da längst weiter. Wir schöpfen im Vertrieb nur den Rahmen des Machbaren aus, das kann doch nicht so schwer sein …"

Frau Feineis: „Vielleicht ...“

Herr Holler: „Nein, Ihr bietet mehr Tools, als unsere Bauteile haben, und wir stehen dann da und ...“

Herr Montag: „Wir sollen verkaufen, wir sollen die Kunden anbinden, und das geht nur, wenn wir ...“

Frau Feineis: „Womöglich: ...“

Herr Montag: „das geht nur, wenn wir mit deren Bedürfnissen ...“

Herr Holler: „... aber deren Bedürfnisse sind manchmal utopisch: Natürlich wünschen die sich das ...!“

Frau Feineis: „Wie ist denn das, haben sich Ihre Abteilungen schon mal zusammengesetzt und sind gemeinsam durchgegangen, inwieweit ...“

Herr Montag: „Herr Holler, wir brauchen unbedingt ein Meeting, bei dem wir nochmal alle Bedingungen durchgehen und klare Vorgaben treffen!“

Herr Holler: „Gute Idee, das machen wir!“

So zeichnet sich an diesen Beispielen ein erstes Bild: „Männlich“ geprägte Diskussionsform ist schnell, aber lässt Einzelnen wenig Raum. „Weiblich“ geprägte Diskussionen binden die Gesprächspartner ein, führen aber oft erst über Umwege zum Ziel. Schon daran lässt sich ersehen, wie hilfreich es sein wird, wenn sich diese Diskussionsformen mehr vermischen.

Das mag sehr nach schwarz und weiß klingen, ist aber eine wesentliche Ursache für das häufig frustrierende Gefühl von Frauen, dass ihre Argumente in Männerrunden erst dann Gewicht bekommen, wenn sie aus dem Munde eines Mannes wiederholt werden.

Das Streitgespräch

Eine sehr spezielle Form der Kommunikation ist jene bei Konflikten. Konflikte sind freilich zunächst geschlechtsneutral. Sie entstehen schlichtweg immer da, wo unterschiedliche Interessen aufeinandertreffen, unabhängig von Alter, Geschlecht und Kultur, gleich ob zwischen Einzelpersonen oder Gruppen. Und so, wie es beispielsweise klassische Generationenkonflikte gibt, gibt es auch klassische Geschlechterkonflikte.

Führen die bereits erwähnten unterschiedlichen Wesensarten in Sprechweise und Gesprächsführung per se schon zu Konflikten, verschärft das grundsätzlich unterschiedliche Bedürfnis, wie diese Konfliktkommunikation zu führen sei, die problematische Situation nicht unerheblich.

Unterschiedliche Bedürfnisse

Ich schreibe bewusst nicht nur von einer unterschiedlichen Gesprächsführung im Konfliktfall, sondern von dem *Bedürfnis*, wie (auch der andere) zu reagieren haben.

Neulich spielte mir eine Kollegin ein YouTube-Video zu, in welcher ein solches Konfliktgespräch auf charmant übertriebene Art und Weise im wahrsten Sinne des Wortes den „Nagel auf den Kopf" traf:

Titel: *„It's not about the nail"*

Sie: „Es ist bloß, da ist immer dieser Druck, weißt du … Und manchmal fühlt es sich an, als dringt es geradezu in mich ein … und … manchmal kann ich es geradezu fühlen, ich fühle es buchstäblich, genau in meinem Kopf, und es ist grausam … und (seufzt), und ich weiß nicht, wann das wieder aufhört, … ehrlich gesagt, ist das das, was mich am meisten ängstigt, dass ich nicht weiß, ob das jemals ein Ende haben wird."

In diesem Moment dreht sie ihren Kopf so ins Bild, dass die Zuseher ihre Stirn sehen, in der ein dicker Nagel steckt. Daraufhin schwenkt die Kamera auf ihn, der ihr gegenüber am Sofa sitzt. Mit sorgenvoll mitfühlendem Gesichtsausdruck antwortet er:

Er: *„Ja, nun, du hast da tatsächlich einen Nagel in deinem Kopf ..."*

In diesem Moment hält sie nur einen Moment inne, holt tief Luft und sagt sehr überzeugt:

Sie: *„Nein, es geht hier nicht um den Nagel ..."*

Er: *„Bist du dir sicher, weil, wenn wir den da rausbekommen, dann ..."*

Sie: *„Stopp! Hör auf, immer gleich eine Lösung für alles zu finden."*

Er: *„Nein, ich will nicht immer alles gleich lösen, ich mein, ich will ja nur darauf hinweisen, dass der Nagel vielleicht die Ursache ...*

Sie: *„Das ist mal wieder typisch! Du willst immer gleich eine Lösung für alles haben, vor allem wenn ich von dir wirklich nur einfach brauche, dass du mir zuhörst!"*

Er: *„Ja, aber schau, ich glaub nicht, dass es das ist, was du brauchst! Ich glaube, was du brauchst, ist, dass der Nagel da raus kommt!"*

Sie: *„Schau – und schon wieder! Du hörst mir einfach nicht zu ..."*

Er: *„Okay, also ... fein* (sehr genervt), *dann hör ich eben zu. Fein."* (Stille, während sie weiterspricht, zwingt er sich sie anzuschauen, blickt dann aber sehr nachdenklich von ihr weg.)

Sie: *„Es ist nur, manchmal, da ist dieses wahnsinnige schmerzende Etwas ... ich weiß nicht, was es ist, ich fühl mich nur nicht gut ... und ... auch all meine Pullover sind schon kaputt, ... echt, ALLE! ..."* Daraufhin blickt sie ihn sehr verzweifelt an und seufzt. Dann schaut sie ihn erwartungsvoll an ...

Er guckt ihr wieder besorgt in die Augen und antwortet, bemüht, sein Mitgefühl zu deutlich zu zeigen:

„Ja, hm, das klingt wirklich, wirklich schlimm ..."

Sie: *„Ja ... es IST schlimm ..."*, und man sieht ihr an, wie sie sich entspannt, weil er ihr zuhört und zustimmt. Dann legt sie liebevoll ihre Hand in seine und sagt voller Dankbarkeit und Hingabe: *„Ich danke dir."*

Er nickt erleichtert und ebenso entspannt, woraufhin sie einander näherkommen, um sich zu küssen. Unweigerlich stößt er dabei an den Nagel in ihrer Stirn, woraufhin sie schmerzverzerrt zurückzuckt:

Sie: *„Au!"*

Ungeduldig und genervt schlägt er sich nun auf den Schenkel und ruft:

Er: *„Oh Mann, jetzt hör aber auf; wenn du nur ..."*

Sie: *„Oh nein! Fang nicht schon wieder damit an!*

Daraufhin wird der Titel des Clips noch einmal eingeblendet: „It's not about the nail!" (Es ist nicht wegen des Nagels!)

Natürlich ist das eine sehr überhöhte Darstellung des weiblichen Bedürfnisses vor allem gehört und gesehen zu werden, während es den Mann sehr drängt, das Problem ganz einfach zu lösen, indem das Naheliegendste getan wird. Ganz generell trifft es aber in dieser Überzeichnung den Nagel auf den Kopf, dass in Konflikten die Bedürfnisse und Gesprächsführung von Mann und Frau einander diametral gegenüberstehen.

Reden oder handeln?

Das Paradoxon ist: Wenn Frauen und Männer ein Problem besprechen oder einen Konflikt miteinander lösen wollen, geraten sie in einen Konflikt darüber, wie mit dem Problem umzugehen ist.

In einem Konflikt wie auch in jeglicher Diskussion, bei der es um ein Problem bzw. darum geht, eine Lösung zu finden, gibt es im Grunde zwei relevante Diskussionsachsen, die sich gut in einer Konfliktmatrix darstellen lassen (siehe umseitig Abbildung 1 Konfliktmatrix).

In der vertikalen Achse dreht sich die Frage darum, *was ist*. Also: Was passiert ist, was zu dem Problem geführt hat und was für eine Situation entstanden ist (Befindlichkeiten etc.). In der horizontalen Achse geht es im Wesentlichen um die Frage: „*Was soll sein?*" Sie bezieht sich auf das, was zu tun ist, also um die konkrete Lösung für das Problem.

Wer ein Problem ausschließlich auf der Lösungsachse angeht, findet die Lösung womöglich binnen kürzester Zeit. Die Gefahr dabei ist aber, dass diese erstbeste Lösung mangels genaueren Hinterfragens nicht die beste oder gar mangelhaft ist. Auch sich wiederholende Fehler sind häufig Folge rein lösungsorientierter Handlungsenergie, die Ursachen und Umstände nicht in die Lösungsfindung mit einbezieht.

Andererseits ist es ebenso wenig erfolgversprechend, nur dabei zu verharren, das Problem und wie es dazu kam, zu betrachten. Eine genaue Analyse von Problem und beteiligten Personen bringt zwar viele Einsichten, die für eine zukünftige Fehlervermeidung dienlich sind, doch braucht das aktuelle Problem oft noch mehr.

Wer mit seinen Gefühlen wahrgenommen werden will, fühlt sich durch das genaue Hinschauen, was passiert ist, „gesehen". Diese Beachtung ist per se schon veränderungswirksam, schafft aber oft auch erst die Bereitschaft dafür, sich konstruktiv an einer Lösungsfindung zu beteiligen. Lösungsfreaks hingegen sind blind für weitere

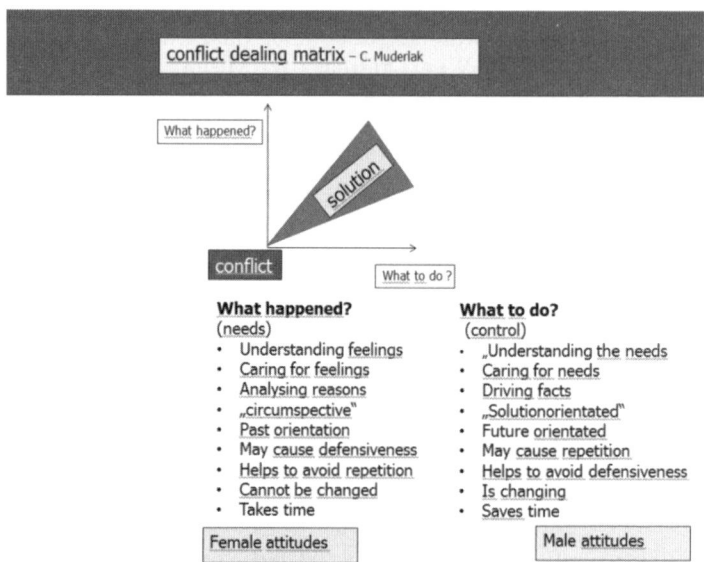

Abbildung 1 Konfliktmatrix

Betrachtungen, wenn ihre Vorschläge nicht ankommen. Erst bei erkennbarer Lösungsbereitschaft sind sie für die Befindlichkeiten des Gesprächspartners offen. Je mehr aber jeder auf seiner „Richtung" beharrt, desto wahrscheinlicher ist es, dass alle Beteiligten frustriert sind – und es zu keiner Lösung oder nur einem ungenügenden Diskussionsausgang kommt.

Typisch Mann oder typisch Frau?
Was hat diese Konfliktbetrachtung nun mit Gender Communication zu tun? Machen Sie den Versuch und zeigen Sie dieses Modell einer Gruppe von Männern und Frauen und fragen Sie, was ihnen im Konflikt wichtiger ist: Über

das zu sprechen, „was ist" oder über das, „was sein soll". Überall, wo ich diese Matrix vorstellte, fand sich eine deutliche Mehrzahl der Frauen beim „was ist", die deutliche Mehrzahl der Männer beim „was soll sein?" wieder.

Sofort hagelten Erzählungen von Erlebnissen, bei denen sie – mangels Einsicht stur auf einer Achse argumentierend – einfach nicht zum Zuge gekommen waren, während der andere immer mehr auf der anderen Achse beharrte. Alle hatten es bereits mehrfach und leidvoll erlebt, sich in einem Streit oder einer Diskussion verhakt zu haben. Sie erkannten im Nachhinein, dass sich jeder der Beteiligten in „seine bevorzugte Richtung" immer stärker verrannt hatte, in fester Überzeugung, damit „richtig" zu liegen, wodurch die Energien immer noch weiter auseinanderdrifteten.

Herr Eibl, sehr beliebter Chef seiner Abteilung, nahm mit seinem Team an einem Outdoortraining zur Teamentwicklung teil. In bester Laune standen alle Beteiligten im Kreis und waren eifrig dabei, für eine knifflige Aufgabe gemeinsam eine Lösung zu finden. Es ging darum, Wasser aus einer Flasche in ein Gefäß zu füllen. Gefäß und Flasche standen für die Teilnehmer unerreichbar in der Mitte des großen Kreises, der nicht betreten werden durfte. Vorgabe war, diese Aufgabe gemeinsam mit allen Beteiligten mithilfe von Seilen zu bewältigen. Zeitdruck heizte die Stimmung noch an. Sofort entstand ein Gewirr an Stimmen und Ideen, die durcheinander gerufen und immer lauter wurden. Andere probierten davon unbeeindruckt bestimmte Lösungen bereits aus und überboten sich dabei gegenseitig mit immer neuen Vorschlägen. Der Gruppe gelang es trotz praktikabler Ideen nicht, das Wasser innerhalb der vorgegebenen Zeit in den Behälter zu füllen: Zwei Seile hatten sich durch zu vieles Ausprobieren derart verheddert, dass sie letzten Endes zu kurz geworden waren. Nicht, dass es den Seilinhabern nicht aufgefallen wäre und nicht auch gesagt hätten – sie waren im Eifer des Gefechts weder von der Führungskraft, Herrn Eibl, noch von den Wortführern im Team gehört worden. Und die, die es gehört hatten, hatten dem nicht viel Bedeutung gegeben.

Ja, Sie könnten anführen, das war ja nur ein Spiel, aber Team und Chef waren sich sehr schnell einig, dass sich ihr Verhalten in dieser Übung durchaus auf so manche Situation im Firmenalltag übertragen ließ: Oft genug bestimmten die männlichen, sehr engagierten Wortführer das Procedere. Stimmen aus den Reihen kritischer Beobachter wurden nur dann gehört, wenn Herr Eibl den Rahmen dafür schuf, wofür er aber oft genug meinte, die Zeit nicht zu haben. Herr Eibl ahnte, dass er sich da womöglich manches Mal um eine bessere Lösung gebracht hatte. Die kritischen Beobachter waren in seinem Team nicht ausschließlich, aber vorwiegend Frauen, die sowohl als Person als auch in ihrer Arbeit geschätzt und, wenn der Rahmen es hergab, gern gehört wurden. Besonders eine von ihnen, Frau Leis, hatte eine sehr dezidierte und konstruktive Art, ihre kritischen Beobachtungen und Bedenken zum Ausdruck zu bringen. Dennoch: Keine dieser Frauen, nicht einmal Frau Leis, stand auf der Liste der nächsten Kandidaten zur Beförderung.

Die Schlussfolgerung daraus ist letztlich einfach: Zur Lösung eines Problems wie auch für jegliche Entwicklungsarbeit braucht es sowohl *Zeit und Offenheit für die Analyse* der Umstände und Personen als auch *Energie für die Lösungsfindung.* Kurz gesagt, wo manchmal nur stures Lösungssuchen praktiziert wird, liegt es für die echte Konfliktlösung näher, dem anderen einfach mal zuzuhören, um dann gemeinsame Strategien zu entwickeln.

Sind Frauen stimmlich benachteiligt?

Im Gegensatz zu vielen Gender-Aspekten, die sich diskutieren lassen, dieser steht fest: Frauen haben bis auf wenige Ausnahmen höhere Stimmen als Männer – im Schnitt um eine Oktave. Die höhere Stimme ist und bleibt den Frauen als sekundäres Geschlechtsmerkmal biologisch zu eigen, daran wird sich auch bei den erfolgreichsten Aktionen und Diskussionen zum Thema Gender nichts ändern.

Oft höre ich Klagen über die hohen Stimmen. Frauen beschweren sich: *„Mit meiner Stimme komme ich überhaupt nicht richtig durch!"* Männer stöhnen: *„Die mit ihrer schrillen Stimme nervt mich!"*

Hohe Stimmen stehen im Ranking der Souveränität und Durchsetzungsfähigkeit immer hinter den tiefen Stimmen zurück. Die langwelligeren Frequenzen der tiefen Stimmen lösen in der Wahrnehmung des Empfängers eher Vertrauen aus, als dies kurzwelligere, hohe Frequenzen vermögen. Natürlich gibt es Situationen, in denen Frauenstimmen beliebter sind, wie z.B. Frauenstimmen bei Navigationsgeräten, womit eine bekannte Autovermietung sogar wirbt. Man mag dazu seine Fantasien haben, warum. Doch ist es ein nicht unerheblicher Vorteil, dass man die höhere Frauenstimme in dem vorwiegend dumpfen Motorenlärm schlichtweg besser hört. Und überall dort, wo „Mann" – nicht nur in der Werbung – verführt werden will, erfreuen sich Frauenstimmen größerer Attraktivität. Klangvollen Frauenstimmen schreibt man unbewusst mehr Einfühlungsvermögen und mehr Fürsorge zu als klangvollen Männerstimmen.

Tiefe Stimme = sonore Stimme?

Männer wie Frauen empfinden gleichermaßen, dass tiefe Stimmen etwas „Sonores" ausstrahlen. Wie geht es Ihnen mit einer tiefen Männerstimme? Auf die meisten Menschen wirkt sie beruhigend, vertrauensvoll, sympathisch, noch bevor sie richtig auf den Inhalt hören. Männer mit tiefen Stimmen kommen bei Frauen fast immer gut an, aber auch auf Männer hat eine tiefe warme Männerstimme deutlich überzeugendere Wirkung als eine hohe, dünne Männerstimme. Selbst in der klassischen Musik wird die Tenorstimme eher dem jugendlichen Liebhaber zugewiesen als dem erfahrenen „Alten" oder gar dem mächtigen Despoten.

Tiefe Frauenstimmen kommen, wenn es darum geht, sich Respekt zu verschaffen, bei Männern und bei Frauen besser an als hohe Frauenstimmen. Frauen mit hohen Stimmlagen (Sopran) verkörpern in der klassischen Musik die jungen, begehrten Damen; sofern sie nicht kraft einer nur für wenige Sängerinnen leistbaren Stimmgewalt und eines entsprechenden Stimmumfangs machtvolle Frauen wie die Königin der Nacht darstellen. Tiefe Frauen-(Sprech-)stimmen werden gern als „sexy" empfunden – meist im Sinne einer „reifen Weiblichkeit". In südlichen Ländern, in denen Mütter innerhalb ihrer Familien starke Respektpersonen sind, haben Frauen generell eine tiefere mittlere Sprechstimmlage als Frauen aus den nordischen Ländern.

In jedem Fall sind tiefere Sprechstimmen von Vorteil, wenn es darum geht, sich Respekt und Ansehen zu verschaffen. Sprechern mit tiefen Stimmen wird mehr zugetraut, wo es um Glaubwürdigkeit und Führungsverantwortung geht.

Männer können lauter!

Männer besitzen mehr Resonanz und Stimmkraft. Sie sind besser hörbar und können sich leichter stimmgewaltig Gehör verschaffen. In einer Gruppe grölender Männerstimmen sind selbst kräftige Frauenstimmen nur als schmückendes Beiwerk vernehmbar – maximal ein schrilles Übertönen kann sich hier Aufmerksamkeit verschaffen.

In Berufen, in denen es erforderlich ist, sich stimmlich durchzusetzen, sind Frauen definitiv im entscheidenden Nachteil. In Sprechberufen ist die Anzahl der Frauen mit berufsbedingten Stimmerkrankungen in Relation zu ihren männlichen Kollegen um ein Vielfaches höher. Das ist z.B. bei Lehrerinnen der Fall. Dabei sind die Voraussetzungen, die große Lautstärke erfordern (hoher Geräuschpegel, große Räume, schlechte Akustik ...), ein deutlich größerer Belastungsfaktor als die Sprechdauer. Regelmäßig Vortragende, die den Unterschied zwischen einem Vortrag vor großem Publikum mit und ohne Mikrofon kennen, wissen genau, wie viel anstrengender es ist, sich mit der eigenen Stimme Gehör zu verschaffen und dann noch interessant zu sprechen. Da die wenigsten Sprecher stimmtechnisch geschult sind, versuchen sie die erforderte höhere Lautstärke durch Druckerhöhung zu erzeugen. Das belastet die Stimme erheblich. Wer einmal spontan laut gebrüllt oder einen Abend lang in einer lauten Kneipe gesessen hat, kennt den Effekt, den das auf die Stimme hat: Bei extremer und langdauernder Belastung verschlechtert sich die Stimme. Wer mit schlechterer Stimme (weiter-)reden muss, versucht dies wiederum mit weiterer Druckerhöhung, damit die Stimme überhaupt kommt: Ein Teufelskreis setzt ein.

Zudem wird durch die (falsche) Druckerhöhung die Sprechstimmlage höher. Das hat zur Folge, dass sich der Tonumfang für die Sprechmelodie verringert. In gleichem Maße reduziert sich die Möglichkeit, seinem Sprechen durch Betonungen (= Lautstärkeveränderungen) Ausdruck zu geben. Vielleicht haben Sie es schon erlebt: Sobald Sie Ihre Stimme „erheben" müssen, sind Sie nicht mehr in der Lage, mit Ihrer natürlichen Stimmmelodie und -dynamik frei zu sprechen. Ihre innere Stimmung passt sich eher aggressiv dem „(Sprech-)Druck" an. Das Sprechen kostet so deutlich mehr Kraft.

Frauen brauchen aufgrund ihrer Physiologie (Körperbau und an der Stimmgebung beteiligte Körperfunktionen) mehr Kraft als Männer, um denselben Lautstärkepegel zu erreichen. Muss eine Frau (ungeschult) lauter sprechen, um gehört zu werden, potenziert sich ihre Sprechanstrengung durch die oben beschriebenen Effekte. Mit ihrer höheren, weniger dynamischen Stimme wird sie von den Zuhörenden mit deutlich weniger Begeisterung aufgenommen als ihr männlicher Kollege, der mit seiner naturgegebenen lauteren Stimme ohne Druck und seiner gewohnten Geschmeidigkeit in Melodie und Betonungen spricht. Das macht es für Frauen in diesen Berufen nicht eben einfacher.

Frauen können „harmonischer"

Für die Sympathie, die ein Mensch erzeugt, ist der Stimmklang jedoch wesentlicher als die Sprechstimmlage (Höhe, Tiefe) und Stimmkraft. Im wohligen Stimmklang, der sich aus harmonisch schwingenden Wellen zusammensetzt, wird Harmonie hörbar. Da die Schwingungen der Stimme und ihre Entfaltung von der inneren Schwingungsfähigkeit geprägt sind, wirkt sich der Spannungszustand einer Person unmittelbar auf die Qualität ihrer Stimme aus.

Biologisch sind wir mit der Grundhöhe der Stimme ziemlich festgelegt. Durch Stimmerziehung (Nachahmung und Training) und innere Stimmung bekommt die Stimme einen für uns persönlichen, sehr typischen Klang, den wir durch

entsprechende Übung – wenn auch im biologisch festgeleg-
ten Rahmen – modulieren können. Durch entsprechende
Atmung und Stimmtechniken kann die Stimme wesentlich
verbessert werden. Auch Stimmtrainings sind bei Frauen
deutlich beliebter, nicht nur weil die Frauenstimme weniger
belastbar ist, sondern weil sich Frauen gern mit ihrer Stimme
befassen und sie klangvoller machen wollen. Sie sind sich
ihrer Wirkung, die sie mit ihrer Stimme erzielen, deutlich
bewusster als Männer und daher auch interessierter, ihre
Möglichkeiten auszuschöpfen und zu erweitern.

... und Frauen können variationsreicher

Frauen müssen keineswegs nur Trübsal blasen, was ihre
Stimme anbelangt. Die Natur oder auch geschlechtliche Sprechkultur hat den Frauen zumindest einen kleinen
Ausgleich mitgegeben: Da uns das Erzählen und menschliche Verbinden sehr wichtig ist, ist unsere Stimmmelodie
„melodiöser" und klangvoller. Sie umfasst mehr Töne
als die männliche, ist variantenreicher und damit oft „in-
haltsvoller" und „verführerischer". Ebenso nutzen Frauen
deutlich mehr Lautstärken-Unterschiede wie Betonungen,
Spannungsmerkmale.

Krasser Singsang und hysterisches Gekreische, wie es
manchmal bei stark pubertierenden Mädels zu hören ist,
ist zwar auch Teil dieser Natur, aber nicht zwangsläufig.
Diese Intensität schreckt eher ab – ähnlich wie lautstar-
kes Gegröle halbstarker Jugendlicher oder alkoholisierter
Männerhorden.

Maßvoll eingesetzt, also gezielt betonend und be-
schreibend, kann die weiblich-melodiöse Stimme vieles besser verständlich darstellen als männlich-monoto-
nes „Gebrummel". Diese spielerisch-dynamische Stimme

macht das Zuhören attraktiv und zwar für Frauen und Männer! Es ist einladender und vermittelt gerade emotional unsicheren Gesprächspartnern viel Vertrauen. Geht es z.B. darum, problematische Nachrichten zu vermitteln, den Gesprächspartner emotional mitzunehmen oder aufzufangen, ist die Stimme ein sehr verbindendes Element. Mithilfe der Stimme können wir in schwierigen Situationen den emotionalen Zugang und Kontakt zum Gegenüber ebnen bzw. halten. Wo die tiefe Stimme mehr Seniorität zu vermitteln vermag, erreichen Weichheit und Varianz (Melodie und Betonungsunterschiede) andere Menschen leichter, wenn es um diffizilere, emotionale Themen geht. Ein klarer und entscheidender „Wettbewerbsvorteil" für Frauen!

Empfindlich oder feinfühlig?

Ein nicht unwesentlicher Bestandteil der Kommunikation ist, wie wir wissen, auch das Empfangen der Botschaft. Ein Sprecher könnte sich noch so sehr mühen, gewinnend zu sprechen; wenn er niemanden hat, der ihn hört, kommt nichts an, es entsteht keine Kommunikation.

Wird der Sprecher nur gehört, aber nicht gesehen, ist Kommunikation möglich – etwa am Telefon oder mit jemandem, der einen nicht sieht. Jedoch empfinden wir sie als schwieriger und anstrengender. Einer Kommunikation ohne Blickkontakt entgehen alle sichtbaren Merkmale der Körpersprache. Somit ist es zunächst relevant, wie der Empfänger die Botschaft „technisch" aufnehmen kann, also wie gut er den Sprechenden hört und sieht. Die Hör- und Sehfähigkeit ist geschlechtsunabhängig, wie gut das

Gehörte bzw. Gesehene wahrgenommen, das heißt, neuronal verarbeitet wird, ist jedoch durchaus geschlechtsspezifisch.

Sehen – Die Kommunikation im Blick

Bei Jungen ist der Sehsinn stärker ausgeprägt, bei Mädchen der Hörsinn. Sehen ist dabei nicht gleich sehen, denn Frauen und Männer schauen anders hin und reagieren unterschiedlich auf visuelle Reize.

Durch den intensiveren Blickkontakt erfassen Frauen mehr Details und erkennen Veränderungen am bekannten Objekt besser, während Männer mehr auf Veränderungen im Raum bzw. in der Bewegung reagieren. Für die Kommunikation bedeutet dies, dass Frauen länger „dranbleiben", länger beobachten, mehr sehen und auch dem, was sie sehen, mehr Bedeutung geben. Sie beziehen sich im Kontakt auf das, was sie sehen. Und ärgern sich gelegentlich sehr, wenn „mann" ihre, aus ihrer Sicht sehr eindeutigen Signale nicht „versteht".

„Schatz, merkst du gar nichts?" – „Nein, was sollte ich denn sehen?" Wer kennt nicht die Situation, in der sie beim Friseur war und sich genau die Frisur hat machen lassen, von der sie weiß, dass sie ihm gut gefällt – doch: Er bemerkt es nicht einmal. Auch wenn dies vielleicht ein sehr abgedroschenes Beispiel sein mag, es gibt dazu viele Variationen auch im beruflichen Alltag. In der Pause eines meiner Seminare hörte ich dazu folgendes Gespräch:

„Mein Chef ist aber auch sowas von blind: In den letzten drei Teammeetings wich unsere junge Kollegin Bernadette seinem Blick total aus, die hatte sichtbar ein Problem mit ihm! Als ich ihn darauf ansprach, fiel er aus allen Wolken, er hatte das überhaupt nicht auf dem Schirm."

Wie sich herausstellte, war dieser Chef wirklich betroffen, da es ihm wichtig war, dass seine Mitarbeiter zu ihm kamen, wenn sie ein Problem hatten.

Hören – Das Ohr am Gegenüber

Frauen haben nicht nur die „Nase" vorn (sie riechen tatsächlich besser und differenzierter als Männer), sondern sind auch wesentlich mehr „Ohr". Auch wenn es darum geht, etwas „herauszuhören", sind Frauen sehr viel differenzierter als Männer.

Schon im Säuglingsalter reagieren Mädchen schneller auf sprachliche Laute als Jungen. Zudem können sie Lautstärkeunterschiede besser erkennen und Sprache besser aus einer Geräuschkulisse herausfiltern. Dadurch können Frauen im Kommunikationsalltag Stimmungen und Stimmungsschwankungen leichter und schneller wahrnehmen als Männer.

In einer Führungskräfteentwicklung waren Herr Zaunert und Frau Weissbarth miteinander in der Reflexion über eine Maßnahme zur Qualitätskontrolle:

Herr Zaunert: „Ihre Mitarbeiter sind aber auch besonders gründlich!"

Frau Weissbarth: „Wie meinen Sie das?"

Herr Zaunert: „So, wie ich das gesagt habe, wie sonst?"

Frau Weissbarth: „Na, ich meine da eine gewisse Ironie herauszuhören?"

Herr Zaunert: „Sie haben aber feine Ohren."

Diese feine Sensibilität für Zwischentöne kann in bestimmten Settings extrem hilfreich sein, sofern es auf gute Art und Weise gelingt, damit umzugehen. Die Bedeutung dieser Zwischentöne überzubetonen, kann allerdings genauso störend sein, wie sie völlig zu ignorieren oder gar nicht wahrzunehmen.

Interessant ist, dass Mädchen und Frauen deutlich stress-resistenter gegen Dauerbeschallung, Jungen und Männer hingegen gegen Lautstärke sind. Frauen reagieren daher wesentlich sensibler auf extreme Lautstärken wie Anbrüllen etc. Ein temperamentvoller Vorgesetzter, der seiner Wut laut-stark Luft macht, muss damit rechnen, dass er die Frauen in seinem Team damit womöglich mehr einschüchtert als seine männlichen Kollegen. Sich dann über die übertriebene „Empfindlichkeit" der Mitarbeiterinnen aufzuregen, ist zu kurz gesprungen. In gleichem Maße sollte sich eine weibli-che Führungskraft, die ihren Ärger gerne in langen Tiraden „an den Mann bringt", gewahr sein, dass sie damit wenig ernst genommen werden wird. Sie wird ihren männlichen Mitarbeiter eher an die „nörgelnde Mutter" erinnern, bei der er damals schon auf Durchzug geschalten hat. Diesen Mitarbeiter dafür an den Pranger zu stellen, dass er nicht richtig hinhört, wird diesem aufgrund der naturgegebenen geringeren Höraufmerksamkeit ebenfalls nicht gerecht.

4. Über Gefühle redet MANN nicht?
Der Einfluss vom Umgang mit Gefühlen auf die Sprache

„Nun bleiben Sie mal ganz sachlich hier." – Kaum ein Satz drückt mehr Gefühlsgewalt in einer hitzigen Diskussion aus als die Aufforderung, die Gefühle „draußen" zu las-sen. Spätestens dann, wenn dieser Satz fällt, weiß ich, dass es gerade hochemotional zugeht. Denn in Anlehnung an Watzlawicks Klassiker können wir nicht nur „nicht kommu-nizieren", sondern auch nicht „nicht fühlen".

Unsere Gefühle spielen eine große Rolle für das Sprechen. Sie bestimmen nicht nur die Inhalte, sondern auch unsere Sprechweise wesentlich. Und wie Sie inzwischen sicher schon ahnen, sind unsere Gefühle mitverantwortlich dafür, wie wir ankommen, unabhängig von der Richtigkeit oder Detailgenauigkeit unserer Inhalte. Ohne Gefühle können wir gar nicht kommunizieren, Gefühle machen unsere Gespräche, unsere Meetings, unsere Vorträge lebendig. Und manchmal zugegebenermaßen sehr schwierig. Es funktioniert auch nicht, nicht zu fühlen – es ist allenfalls möglich, den Gefühlen keine Bedeutung zu geben oder unangemessen mit ihnen umzugehen. Wir können versuchen, Gefühle zu negieren – aber das heißt noch lange nicht, dass wir das Gefühl nicht haben.

Felice ist eine neue Mitarbeiterin in ihrer Abteilung und möchte sich gern schnell gut einfügen. Während einer hitzigen Debatte im Team liefern sich ihre zwei altgedienten Kollegen ein drastisches Wortgefecht, ohne wirklich auf einen grünen Zweig, geschweige denn auf eine Lösung zu kommen. Felice wird immer ungeduldiger, weil sie einerseits nicht zu Wort kommt und andererseits merkt, dass die Diskussion gerade zu nichts führt. Ihr brennt es unter den Nägeln, weil sie nach dem Meeting ihrem Chef ein aussagekräftiges Ergebnis liefern sollen.

Wenn Felice ihre Ungeduld und ihren Ärger wahrnimmt: Ist es dann einerseits wirklich sinnvoll, dieses Gefühl zu unterdrücken und freundlich zu lächeln, als ob alles in Ordnung sei? Andererseits: Ist es angemessen, dass sie ihrem Ärger Luft macht? Weder Schweigen noch Rumpoltern werden Erfolg haben: Schweigen hält die Stagnation aufrecht, Poltern erzeugt Widerstand. Entscheidend ist, *wie* Felice ihr Gefühl äußert.

Jonathan, frischgebackener Vater, schlägt der Schlafmangel deutlich auf die Konzentration. Kurz bevor er zu einer Besprechung gerufen wird, in welchem der Kick-off für ein Projekt vorbereitet werden soll, merkt er, dass ihm für einen wesentlichen Teilbereich Daten fehlen.

Wenn es Jonathan unangenehm ist, weil er die Daten nicht parat hat: Macht es Sinn, so zu tun, als wäre nichts, um sich nicht bloßzustellen? Soll er es überspielen oder lieber doch offen kommunizieren?

Ninas Chef, eher cholerischer Natur, lässt sich nicht gern dazwischenfunken. Er hat Nina mit seinen Ausbrüchen bisher verschont, weil er mit ihrer Leistung recht zufrieden ist. Bei der Auswahl, wer zur Messung vor Ort auf die Baustelle von Anlagen geschickt wird, wurde Nina jedoch mehrfach übergangen, obwohl es in ihrem Entwicklungsplan vorgesehen war, dass sie künftig an solchen Abnahme-Messungen teilnehmen soll.

Ist es für Nina wirklich angemessen, das stillschweigend hinzunehmen und weiter hoffend abzuwarten? In vielen Situationen ist es weder besonders angemessen noch hilfreich, jedes Gefühl unmittelbar zu erkennen zu geben. Dennoch ist es gefährlich, Gefühle zu unterdrücken. Denn gerade da, wo sie unterdrückt werden, wirken sie wie Tretminen. Man geht voran, als wäre nichts und tritt irgendwann unbeabsichtigt und unkontrolliert auf den Auslöser – dann gehen sie hoch und richten schlimme Zerstörungen an. Unterdrückte Gefühle wirken unbewusst und damit ungesteuert: Stimme, Sprechweise, Wortwahl und vieles mehr verändern die Kommunikation des Sprechenden wie des Hörenden und haben dort Wirkung.

Da die Gefühlswelt von Frauen und Männern unstreitbar unterschiedlich ist, kommen wir nicht umhin, uns bei der Gender Communication gerade damit zu befassen.

Mit Herz und Verstand

Ganz generell, also geschlechtsunabhängig gilt: Der einzige Weg in der Kommunikation „sicher" durch die Welt der Gefühle zu navigieren, ist, sie wahrzunehmen, ihnen Bedeutung zu geben, mit ihnen konstruktiv umzugehen und sie zu nutzen.

Reden ist Silber – Schweigen ist Gold?

Jeden Ärger, jedes unangenehme Gefühl ungefiltert hinauszuposaunen, ist in der Regel nicht sehr förderlich, sondern erzeugt massiven Widerstand, der die Kommunikation in eine Sackgasse führt. Andererseits: Nichts zu sagen, mag zwar in allen diesen Fällen im ersten Moment den Frieden bewahren, ist jedoch auf Dauer wenig förderlich für die Zusammenarbeit. Schweigen ist Aussteigen aus dem Kontakt, eine Form von passiv-aggressivem Beziehungsabbruch. Wer seine Gefühle nicht benennt, hält seinem Gegenüber seine Wirklichkeit, Gefühle und Gedanken vor und gibt ihm keine Chance zu reagieren.

Die Frage ist also nicht, *ob* ich ein Gefühl benenne, sondern vielmehr *wie* ich das Gefühl so zum Ausdruck bringe, dass die Kommunikation produktiv weitergeht. Dazu ist es in erster Linie wichtig, das, was wir fühlen, zu verstehen. Ein „ungutes" Gefühl, welches wir nur diffus wahrnehmen, vermag sich bereits in der Kommunikation niederzuschlagen.

Beatrix soll für einen großen Kunden einen Workshop gestalten und leiten. Christine soll sie sowohl bei der Vorbereitung als auch bei der Durchführung unterstützen. Beatrix stöhnt, weil Christine, als Einzige in der Abteilung, drei Tage die Woche Homeoffice macht und daher für sie nur eingeschränkt greifbar ist. Sie beschwert sich bei der Chefin, dass die Zusammenarbeit mit Christine schwierig ist und sie keine Lust habe, ihr immer nachlaufen zu müssen. Die Chefin wundert sich, weil sie weiß, dass Christine das Remote-Arbeiten gut im Griff hat und sehr darauf achtet, auch im Homeoffice gut erreichbar zu sein. Beatrix fühlt sich unverstanden und zieht missmutig davon. In den folgenden Tagen setzt sie das Konzept größtenteils allein auf. Als Christine zwei Tage später voll kreativer Ideen zu ihr ins Büro kommt, stellt Beatrix sie vor weitgehend vollendete Tatsachen und sagt ihr, was für sie nun noch genau zu tun bleibt. Christine ist frustriert. Sie fühlt sich in ihrem Verdacht bestätigt, dass Beatrix ihr nichts zutraut und erledigt die übrigen Aufgaben missmutig. Als Beatrix das Ergebnis am nächsten Tag anschaut, sieht sie, dass Christine ungenau gearbeitet hat, und ärgert sich, dass sie sich nicht mal auf das Wenige verlassen kann, was sie Christine übertragen hat, und dass sie ihr nun hinterher telefonieren muss. Wieder beißt sie bei der Chefin auf Granit. Sie bekommt sogar vorgehalten, dass sie, wenn sie eine Führungsrolle übernehmen möchte, lernen muss, so zu delegieren, dass die Mitarbeiter korrekt arbeiten.

Im Coaching stellte sich schnell raus, dass Beatrix total sauer war, dass Christine, mit der sie ansonsten sehr gern zusammenarbeitete, eine Sonderrolle spielte, auch wenn sie wegen deren langen Anfahrtszeit Verständnis dafür hatte. Beatrix selbst arbeitete nur gelegentlich von daheim aus, obwohl sie dies gern regelmäßig zwei Tage pro Woche machen würde, um mehr für ihren Sohn da zu sein. Ihren eigenen Wunsch hatte sie in der Abteilung nie kommuniziert, da es ja vermutlich nicht ginge, dass noch jemand so oft absent sei. Außerdem meinte sie, als potenziell künftige Führungskraft Präsenz zeigen zu müssen. Ihr wurde klar, dass ihr Ärger und ihre überproportionale Vorarbeit im Konzept viel mit Annahmen zu tun hatte, die sie nicht hinterfragt hatte. Hätte sie ihr Bedürfnis ernst genommen und wäre nicht einfach davon ausgegangen, dass es nicht möglich ist, dies zu erfüllen, hätte sie gemeinsam mit der Chefin nach Lösungsmöglichkeiten suchen können. Der Hauptgrund dafür, dass sie ihr Bedürfnis nicht angesprochen hatte, war ihre innere Überzeugung, keine Ansprüche stellen und keine Schwächen zeigen zu dürfen. Im Gegensatz zu Beatrix hatte Christine gut für sich gesorgt, was Beatrix, die sich das nicht getraut hatte, sauer aufstieß. Allmählich verstand Beatrix, dass sich ihr Ärger viel mehr auf ihre eigene Unfähigkeit bezog, Bedürfnisse zu kommunizieren und für sich einzustehen. Die Frustration, die durch ihren Ärger auf Christine dann bei dieser ausgelöst wurde, traf wiederum auf deren Unsicherheit – doch dazu später.

Beatrix sah ein, dass sie viel kompetenter agieren kann, wenn sie ihre Gefühle ernst nimmt. Ohne den unterdrückten Ärger spürte sie ein klares Vertrauen zu ihrer Chefin, dass diese sie sogar darin unterstützen würde, kreative Lösungen für ihre Bedürfnisse zu entwickeln.

Noch vor der Durchführung des Workshops setzt sie sich mit Christine zusammen und bespricht mit ihr, wie sie diese Situation nun gemeinsam gestalten können. Beatrix ahnt, dass Christine für ihre patzige Reaktion und ihren ungewöhnlich flüchtigen Arbeitsstil ebenfalls Gründe gehabt haben könnte, die sie nicht kommuniziert hatte. Deshalb gibt sie ihr die Gelegenheit, offen darüber zu sprechen. „Ja", sagt Christine, „ich habe mich zunächst sehr über das gemeinsame Projekt mit dir gefreut, da ich dich sehr schätze. Ich wollte dir gern zeigen, wie gut umsetzbar das ist, was ich von dir gelernt habe. Als mir dann nur noch ,Hilfsjobs' übrig blieben, war ich enttäuscht und dachte, du traust mir nichts zu. Daher glaubte ich, dass es eh egal ist, ob ich für dich gründlich arbeite oder nicht. Da hab ich mich lieber vielversprechenderen Tätigkeiten gewidmet und … Ich glaube, ich war dann ziemlich patzig zu dir?"

Beatrix hatte in ihrem Ärger in der Tat nicht wahrgenommen, wie motiviert Christine im Vorfeld gewesen war, und war erstaunt, wie schnell diese Motivation zusammengebrochen war. Christine war zwar froh, die drei Tage Homeoffice machen zu können, aber unsicher, ob ihre Arbeit dafür gut genug war, um von den Kollegen, insbesondere Beatrix, als wertvoll wahrgenommen zu werden. Sie hatte sich in den letzten Wochen sehr reingehängt, Überstunden gemacht und alles darangesetzt, ihr Bild von einer engagierten Mitarbeiterin zu stärken. Dass ausgerechnet Beatrix das nicht gesehen hatte, hatte sie sehr frustriert. Und weil noch mehr Engagement nicht drin war, hatte sie ihr Bild von Beatrix einfach entsprechend negativ revidiert. Nachvollziehbar, dass beide sehr froh waren, als diese Missverständnisse geklärt waren.

Nach dieser Klärung wird eine fruchtbare Zusammenarbeit daraus, in der beide wesentlich offener und effizienter miteinander kommunizieren können. Das Projekt wird ein großer Erfolg. In der Nachbesprechung mit der Chefin merkt Beatrix, dass ihre Angst, durch ihr anfängliches Verhalten es gründlich verpatzt zu haben, ihre Führungskompetenz zu zeigen, unbegründet ist. Die Chefin betont sogar, wie souverän Beatrix die anfangs kritische Situation bewältigt habe.

Wahrnehmung und Interpretation

Es ist vorstellbar, wie sich beider Kommunikationsstruktur mit dem jeweiligen Gefühlszustand geändert hatte. Selbst ein unbeteiligter Zuhörer hätte schon allein am Ton (Sprechstimmlage, Dynamik, Stimmmelodie) und der Sprechweise (Wortwahl, Satzbau, Sprechtempo etc.) ohne große Schulung gehört, dass der Segen schief hängt. Natürlich bemerkten das auch Beatrix und Christine an der jeweiligen Kommunikation. Weil sie aber unbewusst von ihren Gefühlen gesteuert waren, hatten sie ihre Wahrnehmung völlig falsch eingeordnet.

Wird das Gefühl vom Verstand abgekoppelt, können kleine Ärgernisse zu großen Konflikten werden. Die Wahrnehmung dessen, wie sich unsere Sprechweise und die des Gegenübers mit der jeweiligen Gefühlswelt ändert, hat jeder. Doch neigen wir alle dazu, uns viel mehr auf das Gefühl zu konzentrieren, welches sich beim Gesprächspartner in Ton und Wort niederschlägt. Fatalerweise aber nicht, indem wir nachfragen, was genau los ist, sondern indem wir unsere eigene Interpretation hineinlegen. Das ist nicht nur gefährlich und der Grund für viele Missverständnisse, sondern vor allem genau das Gegenteil von dem, was die meisten für sich beanspruchen: nämlich sachlich und subjektiv zu kommunizieren.

Nicht selten höre ich zu Beginn der Arbeit mit meinen Coachees, dass sie gar nicht wirklich wissen, was sie selbst wollen. *„Ich merke manchmal gar nicht, was ich fühle"*, ist dann eine nicht seltene Aussage. Bei genauerem Hinsehen entspricht dies nicht der Realität. Sie spüren sehr wohl, wie es ihnen geht, fühlen, was los ist. Aber sie geben dem Gefühl keine Bedeutung, in der unterbewussten Annahme, dieses Gefühl dürfe nicht sein, habe hier keinen Platz.

Britta, Assistentin in einer mittelständischen Ingenieursdienstleistung, verschlägt es im Gespräch mit Autoritäten immer derart die Sprache, dass sie trotz guter Vorbereitung ihre Themen kaum „an den Mann" bringt. Sie hat es satt, immer als das „Mäuschen" dazustehen und möchte lernen, sicher aufzutreten. Aus ihrer Art und Weise zu sprechen, werde ich allerdings nur schwer schlau. Bei entscheidenden Fragen kommt sie immer vom „Hölzchen auf das Stöckchen", das heißt, sie verliert sich in Nebensätzen, schweift ab, bis ich selbst nicht mehr weiß, was sie mir sagen will. Bei der genauerer Analyse dieser „Sprechtechnik" erkennt Britta, dass sie immer dann, wenn sie sehr konkrete Aussagen treffen will, Angst hat, damit anzuecken. Sie umschreibt diese dann so wortreich, bis nicht mehr klar ist, was der Kern ihrer Botschaft ist: So wachsweich eingebettet geben ihre Aussagen auch keinen Grund mehr zum Anecken. Bei genauerem Nachhaken wird erkennbar, dass sie zunächst sehr wohl weiß, was sie will. Aber aufgewachsen in einem erzkatholischen Umfeld, in dem die eigene Meinung und der eigene Wille als Egozentrik abgewertet wurden, hat sie jeglichen Mut verloren, diese offen und klar zu artikulieren. Aus ihrer unbewussten Angst vor Bloßstellung hat sie gelernt, eigene Wünsche zunächst vor sich selbst und dann auch sprachlich zu verschleiern. – Mit dem Ergebnis, dass sie zwar nicht aneckte, aber auch nicht zu dem kam, was sie wollte.

Wie bei den Beispielen von Britta oder dem von Beatrix und Christine erleben wir oft mehrmals täglich, wie eigene Gefühle und Bedürfnisse negiert werden, um dann an anderer, längst nicht mehr ursächlicher Stelle hochzukommen – und unnötigen Frust zu erzeugen. Wird schwelender Frust zu laut geäußertem Unmut, entstehen Konflikte und Nöte, die das gemeinsame Arbeiten deutlich stören – und wenig hilfreiche Kommentare mit sich bringen, wie eingangs erwähnt: „Nun bleiben Sie mal ganz sachlich hier."

Emotionale Intelligenz: Eine weibliche Domäne?

Wer effizient kommunizieren will, kommt nicht umhin, den Ursprung seiner Gefühle zu verstehen. Das gilt für Männer wie für Frauen, doch pflegen beide unterschiedliche

Umgangsformen mit dem Gefühl. Diese Unterschiedlichkeit prägt unsere Lebensweise und -planung nicht unerheblich.

Sehen wir uns den Geschlechteranteil in Berufen an, in welchen besonders viel emotionales Feingefühl gefragt ist. Dieser ist nicht nur in den schlechter bezahlten Pflegeberufen deutlich frauenlastig. Auch da, wo das Gehalt für Haupternährer(innen) ausreichend ist, ist der Frauenanteil deutlich höher als beim Lehramt, der Psychotherapie oder in der Medizin. Innerhalb der Medizin neigen wesentlich mehr Männer zu den „technischeren" Ausrichtungen wie z.B. Chirurgie, Unfallmedizin, Radiologie und Orthopädie. Kommunikationsintensive Disziplinen wie die Pädiatrie (Kinderheilkunde), Frauenheilkunde und Geburtshilfe, Dermatologie sowie Psychosomatik und psychotherapeutische Medizin sind dagegen wachsend von Frauen „besetzt". Egal, wo wir suchen: Auch in Ehrenämtern, bei denen Solidarität über das Handeln, Zupacken und körperlichen Einsatz geht (Technisches Hilfswerk, Feuerwehr, Berg- und Wasserwacht etc.), punkten die Männer mit der Überzahl. Bei Ämtern, die Einfühlungsvermögen, kommunikatives Geschick und Fürsorge erfordern, sind die Frauen in der Mehrzahl – auch wenn sich das in den letzten Jahren deutlich besser gemischt hat. Dennoch sprechen die Zahlen für sich.

Schon die Babybeobachtung hat festgestellt, dass Mädchen schneller auf Mimik reagieren, während Jungen sich häufig mehr für Bewegungen im Raum interessieren – noch bevor sie ein eigenes Geschlechtsbewusstsein entwickeln. Im Kleinkind- und Kindergartenalter nehmen Mädchen Gefühlsschwankungen anderer Kinder schneller wahr, kümmern sich mehr und sorgen für Ausgleich. Sie verhandeln öfter und sind zufrieden, wenn es „gerecht" abläuft. Sie spielen häufiger Rollenspiele und haben nicht nur eine größere Affinität zu sozialem Umgang, sondern üben ihn auch mehr. Jungen lieben den Wettbewerb, den Kampf, das Abenteuer und verkleiden sich gern als Sheriff, Ritter, Räuber und Indianer. Auch wenn sich im fortschreitenden Alter so manche Vorzeichen und Vorlieben verändern – in Summe sind es auch heute, gut hundert Jahre nach der Zeit der Suffragetten (erste Frauenrechtlerinnen), immer noch die Frauen, die viel häufiger emotional-kommunikative Themen besetzen als Männer. „Ja, aber ist das nicht alles bloß anerzogen?", fragen Sie sich vielleicht. Njein. Das wäre deutlich zu einseitig betrachtet. Lassen Sie sich überraschen, was Sie dazu im zweiten Teil des Buches lesen werden.

Bedeutet das nun, dass Mädchen/Frauen eine bessere oder höhere emotionale Intelligenz haben? Hier hören Sie von mir ein eindeutiges *Nein*. Ich sehe das nicht so, dass Frauen emotional intelligenter sind, sie sind allenfalls empfindsamer, feinfühliger. Der männliche Umgang mit Emotionalität ist nicht „dümmer", sondern einfach nur: anders. Und – ganz ehrlich – in manchen Situationen sehr klug. Männliche Solidarität beispielsweise, über die Sie später noch lesen werden, ist eine emotionale Intelligenzleistung, die unserer Gesellschaft bisweilen sehr zugutekommt. Manchmal trägt sie allerdings auch zur massenhaften Unterordnung bei, z.B. wenn sie – unsäglich unangenehm – in grölenden, gewalttätigen Gruppen auftritt. Andererseits ist die höhere Empfindungsfähigkeit von Frauen unstrittig wundervoll. Als Überempfindlichkeit kann sie jedoch viel Unheil in menschliche Beziehungen bringen. Der entscheidende Unterschied liegt darin, dass die sozialen Interessen der Männer anders ausgerichtet sind als jene der Frauen und andere Ausdrucksformen haben. Mir ist es ein Anliegen, gerade in puncto Emotionalität zu betonen, dass Frauen und Männer bei aller Ungleichheit unzweifelhaft gleichwertig sind. Die „emotionale Intelligenz" der Frauen ist von der Einfühlsamkeit, der Sensibilität und dem leichteren Zugang zu Gefühlen geprägt. Ihr Zugang zu anderen beinhaltet viel Kommunikation und Sprechen. Sie fühlen sich in das Gegenüber ein, nehmen auf mehreren Ebenen wahr und richten ihr eigenes Handeln oft am Bedarf des anderen aus. Die „emotionale Intelligenz" der Männer richtet sich darauf, pragmatische Lösungen zu finden: erkennen, was eine Situation erfordert, „einstehen" für den anderen oder ein gemeinsames Projekt, Bewältigung von Gefahren- oder Krisensituationen, fokussiertes Handeln – bei Bedarf auch mit hohem, körperlichem Einsatz.

Ein weiterer großer Unterschied liegt darin, dass die weibliche Emotionalität sozusagen im Dauereinsatz ist, während es beim Mann eher so etwas wie ein „ganz oder gar nicht" gibt. Dessen größere Selbstfürsorge auf der einen Seite und der bisweilen extreme Einsatz bis hin zur Selbstgefährdung auf der anderen Seite ist bestimmt nicht schlechter als die weibliche Konstanz in der Sorge um andere.

Empfindsam oder empfindlich?

Frauen sind also die sensibleren Wesen. Doch ist diese Sensibilität immer hilfreich? Der Übergang von Feinfühligkeit zu Empfindlichkeit ist oft fließend. Nicht selten stehen sich die Frauen damit selbst im Weg. Bei unangenehmen Gefühlen fragen sich z.B. Frauen deutlich schneller als Männer, was sie selbst falsch gemacht haben. Männer hingegen sind viel rascher damit zur Hand, den Verursacher im Außen zu suchen. Keines ist für sich genommen grundlegend verkehrt, schwierig ist es aber, wenn ich *nur* bei mir oder *nur* beim anderen suche.

Durch die Neigung der Frauen, den Fehler bei sich zu suchen und sich dadurch auszubremsen, fühlen sie sich bei gleichzeitigen Angriffen von außen zusätzlich ausgegrenzt und *persönlich* abgelehnt. Unbewusst warten sie auf die verbale „Handreichung", um wieder das Gefühl zu haben, dazuzugehören und angenommen zu sein. Sichtbar ist dies am Beispiel von Lisbeth, Teilnehmerin einer Supervisionsgruppe.

Lisbeth wurde von ihrem Kollegen Bert engagiert, um ein Change-Projekt gemeinsam zu gestalten. Ein halbes Jahr nach Ende des recht erfolgreich gelaufenen Prozesses kontaktiert der Kunde Lisbeth direkt, um sie für einen Folgeauftrag zu gewinnen. Sie sagt freudig zu und erfährt, dass der Kunde dezidiert nur sie haben möchte, nicht aber Bert. Auf ihre Nachfrage hin druckst der Kunde herum, ohne sich klar zu positionieren. Er ist aber einverstanden, dass Lisbeth darüber offen mit Bert spricht, zumal er für das vorige Projekt ihr direkter Auftraggeber war. Bert ist überrascht und lässt seinen Ärger über den Kunden gegenüber Lisbeth raus, schließlich habe dieser noch nicht mal den Feedbackbogen geschickt. Lisbeth ahnt, dass hinter Berts Wut viel Enttäuschung steckt und fühlt sich in der Zwickmühle. Einerseits schätzt sie Bert sehr und will ihn nicht verletzen, andererseits respektiert sie die Entscheidung des Kunden und hat auch Lust auf die weitere Kooperation. Als Bert ihr aufträgt, den Kunden darauf hinzuweisen, dass er noch den Feedbackbogen erwarte und darauf bestehe, dass er für diesen Auftrag weiter Provision von ihr beziehe, bekommt das Ganze für Lisbeth eine schwierige Wendung: Sie weiß, dass Berts Verhalten nicht angemessen ist, sieht aber kaum mehr die Chance, da ohne Konflikt herauszukommen. Sie erklärt sich zur Zahlung der Provision einverstanden und wird den Kunden zumindest darüber in Kenntnis setzen, dass Bert gern das Gespräch gehabt hätte und noch offen sei, es zu führen. Sie werde sich aber dann aus allem Weiteren, was die beiden miteinander beträfe, heraushalten. Dass Bert sich damit zufriedengibt, lässt sie sichtbar aufatmen.

Wenn Frauen spüren, dass sich jemand unwohl und abgelehnt fühlt, sorgen sie schnell dafür, dass wieder „Harmonie" einkehrt – manchmal gar um den Preis des eigenen Nachteils.

Die männlichen Teilnehmer der Supervisionsgruppe reagieren verständnislos auf Lisbeths „Rumgeeiere", wie sie es nennen. Der Kunde sei doch nicht Eigentum des Coachees, wie sie denn dazu käme, sich überhaupt für Bert so in die Bresche zu werfen? Vertrieb sei immer eine „Abstimmung mit Füßen", diese Kröte habe gerade ein Profi wie Bert zu schlucken.

Für die Männer der Truppe ging es um einen Wettbewerb mit Gewinnern und Verlierern, dem sich der Verlierer nun mal zu stellen hatte. Für sie war die Kundenreaktion ganz normal und nachvollziehbar und hätte allenfalls eine Information an Bert gebraucht. (Was nicht alle als wichtig erachteten.)

Die meisten der weiblichen Kolleginnen in der Runde können Lisbeths Nöte gut nachvollziehen und finden es – auch im Sinne weiterer möglicher Kooperation mit Bert – mehr als „sauber", wie Lisbeth sich verhalten hatte. Man wisse ja nie. Berts Verhalten beurteilen auch sie als fragwürdig. Sie sahen vor allem, dass eine Kränkung der Grund für sein Verhalten gewesen war. Sie sind sich einig, dass Lisbeth zumindest dafür gesorgt habe, dass Bert ihren Respekt ihm gegenüber sehen kann. Dies sei eine gute Grundlage für weitere offene Gespräche, um auch noch den Rest zu klären. Überdies seien es die zehn Prozent doch allemal wert, die Beziehung nicht zu belasten.

Frauen erwarten gegenseitige Rücksichtnahme mehr oder weniger unbewusst sogar voneinander. Das ungeschriebene Gesetz des „wie du mir, so ich dir" lässt mancherorts mehr Rücksicht walten, als es vordergründig verständlich erscheint. Nehmen, ohne zu geben, kommt nicht gut an. Frauen, die weniger fürsorglich sind, werden ihrerseits von den anderen Frauen gern „weggebissen". Allseits bekannt als „Zickenkrieg". Und ich gebe zu, dass wir Frauen uns da gegenseitig oft wenig Toleranz entgegenbringen.

Ich selbst habe die negative Seite dieses Spiels mehrfach zu spüren bekommen. *Die Tatsache, dass ich nicht nur vier bezaubernde Töchter habe, die schon früh sehr selbstbewusst und zielstrebig ihren Weg einschlugen, sondern ich „nebenher" auch noch beruflich erfolgreicher war als Frauen mit gleicher Ausbildung, erzeugte vor allem unter den „betroffenen" Geschlechtsgenossinnen (Kolleginnen und nicht berufstätige Mütter) viel Neid. Mein Kontakt mit ihnen wurde spärlich, das Gerede habe ich irgendwann beschlossen zu ignorieren. Als meine Ehe scheiterte, habe ich von guten Freundinnen unendlich viel Unterstützung, von mir weniger verbundenen Frauen aus unserem Bekanntenkreis viel Häme bekommen.*

Die positive Seite weiblicher Solidarität durfte ich ebenso in Fülle erleben: *In dieser Zeit, in der ich sehr am Boden war, waren meine Freundinnen und befreundete Kolleginnen in tiefer Verbundenheit für mich da. Sie haben mich emotional und in vielen Gesprächen aufgefangen, wann immer ich sie brauchte. Mit großer Selbstverständlichkeit haben sie all das übernommen, zu dem ich in dieser Zeit nicht in der Lage war. Sie haben mir zugehört, mir Mut zugesprochen und sich um meine Kinder bzw. um meine Praxis gekümmert.*

Gleichmütig oder gleichgültig?

Mit Männern hatte ich hingegen weder auf der beruflichen noch auf der privaten Schiene je ähnliche Schwierigkeiten wie Neid. Zwar musste ich mir bei Kunden und Auftraggebern meinen Respekt mit viel „Rückgrat" erarbeiten, hatte sich dieser Respekt jedoch erst einmal eingestellt, war die „Sache klar". Beruflich erlebte ich sie als verlässliche und berechenbare Geschäftspartner, privat als zuverlässige Gefährten, die zwar nicht unbedingt aktiv nachfragten, aber mir immer zur Hand gingen, wenn ich sie brauchte. Für gute Lösungen waren sie stets parat. Sie waren nicht so schnell aus der Bahn zu werfen, urteilten weniger, aber ließen sich auch nicht so schnell in Diskussionen um irgendwelche Beziehungskisten ein.

Dort, wo die „Fronten" geklärt waren und Erotik ausgeschlossen war, erlebte ich auch, was es heißt, ohne große Worte Zuwendung und emotionale Unterstützung zu bekommen.

Mitten in meiner Krisenzeit, in der ich arg zweifelte, ob ich je wieder würde vertrauen können, blickte mich mein sehr einfühlsamer Hausarzt ernsthaft an und meinte: „Aber ja doch." Als ich ihn fragte, wie er sich da so sicher sein könne, antwortete er ohne Umschweife: „Das wissen Sie doch selbst, dass Sie ein gutes Gespür haben, Sie müssen nur auch darauf vertrauen." Das saß. Und es hat mir fortan unendlich den Rücken gestärkt, um im Leben wieder Fuß zu fassen.

Als ich in dieser Zeit auch noch durch eine Fußverletzung eingeschränkt war, nahm sich mein beruflich sehr eingespannter Bruder Zeit für mich, lud mich in sein Auto und verfrachtete mich in die Berge. Wir fuhren mit der Seilbahn nach oben, suchten uns ein schönes Fleckchen mit Ausblick und saßen einfach nur da. Er wusste, wie wichtig mir die Berge sind und dass ich dort am meisten zur Ruhe komme und Kraft tanken kann. Als mir die Tränen liefen, nahm er schweigend meine Hand und hielt sie ganz lange ganz fest. Mehr hätte er nicht mit vielen Worten für mich tun können.

Diese männliche Emotionalität, die sich oft mehr durch das „Sein" als durch viele „Worte" zeigt, habe ich nicht nur mehrfach am eigenen Leibe erlebt, sondern vielfach beobachtet und schätzen gelernt. Doch sind auch hier die Grenzen zur Ignoranz – zur „Nicht-Wahrnehmung" fließend.

Jan, Mitbegründer und einer der Geschäftsführer eines Start-up-Unternehmens in der IT-Medienbranche,

sieht sich in der Hektik des Betriebes als ruhenden Pol.
Ihn bringt nichts so schnell aus der Ruhe. Er versteht es,
hitzige Gemüter im Zweifelsfall zu beruhigen und hat
meist schnell eine gute Lösung parat. Erfolgsbedingt ist
die Zahl der Mitarbeiter sprunghaft gewachsen und die
Räumlichkeiten platzen aus allen Nähten. Man entschließt
sich, weitere Räume in der Nähe anzumieten, bevor man
einen kompletten Standortwechsel vornimmt. Dies bedeutet, dass ein Teil der alten Mitarbeiter umziehen muss,
worüber diese wenig begeistert sind. Technisch sind alle
Kommunikationsprobleme akribisch gelöst worden – man
ist ja quasi vom Fach. Die Stimmung der Crew in den ange-
mieteten Büroräumen ist von Beginn an deutlich schlechter
als im Stammhaus. Innerhalb des Unternehmens nennt man
sie scherzhaft die „outlaws“. Eines Tages flattert eine massive Beschwerde eines Kunden ins Haus, und schnell macht
man die „outlaws“ als Urheber des Missgeschicks aus. Als
Jan sie zu sich zitiert, bricht ein Sturm der Entrüstung aus.
Jan ist von der Massivität der Frustwelle völlig überrascht
und irritiert. Es gelingt ihm zwar, die ersten Wogen zu
glätten, doch vertagt er das Meeting und schickt seine be-
schwichtigten Mitarbeiter erst einmal ergebnislos zurück an
ihre Schreibtische, um sich einen Überblick zu verschaffen.

Was war geschehen? Als Jan die Mitarbeiter einzeln und
unter vier Augen spricht, wird ihm erst bewusst, wie sehr
sich die Atmosphäre im Stammhaus von der der „outlaws“
unterscheidet. Sein Bild von den „wie am Schnürchen laufenden“ Projekten dort bricht in sich zusammen, als er erfährt, wie intrigant und sozial problematisch der Umgang
miteinander ist. Er wundert sich, dass er davon nichts gewusst hat.

Menschlich großzügige Chefs wie Jan haben lange Zeit
wenige Schwierigkeiten, weil sie als angenehme Vorgesetzte
viel Toleranz von ihren Mitarbeitern bekommen. Solange
sie sich in seinem Umfeld bewegen und von ihm genügend

persönliche Nähe und Anerkennung bekommen, sehen sie über manches problematische Geschehen hinweg. Doch wo die Nähe fehlt, fehlt auch der menschliche Puffer. Bei genauerem Hinsehen hatte Jan nicht weniger Schwierigkeiten als andere Chefs, er sah nur weniger. Die Mitarbeiter, die umziehen mussten, waren vor vollendete Tatsachen gestellt worden. Sie erlebten dies als Abschiebung und fühlten sich Jan gegenüber als weniger wichtig. In diesem Frust häuften sich nicht nur zunehmend Fehler, sondern sie machten sich auch noch gegenseitig das Leben schwer. Es hatte dort schon lange rumort. Jan hatte nichts von den Problemen und Frustrationen gewusst, weil er, von der Überzeugung geprägt, „es gibt keine Probleme, außer man macht sich welche", nicht genau hingehört und hingesehen hatte. Seine „prompten" Lösungsvorschläge waren jeweils schneller gekommen, als er die Not an sich erfasst hatte. Sein „ruhiges und beruhigendes Gemüt" bestand zu einem Gutteil aus einer dicken Haut, durch die er sich vor allzu viel Ungemach schützte – und genau dadurch erntete, was er zu verhindert suchte: einen beunruhigenden Aufruhr in seiner Belegschaft.

Nicht Gegensatz, sondern Ergänzung
Emotionale Intelligenz ist wie die davon geprägte Kommunikation weniger eine Frage des Geschlechts als eine Frage der unterschiedlichen Qualitäten, der jeweiligen Situationen und dessen, was es gerade bedarf. Die Unterschiedlichkeit macht viel Sinn. Je nach Kontext braucht es mal mehr Einfühlsamkeit und mal mehr Gleichmütigkeit und oft genug auch eine Kombination aus beidem. Bewusstheit und Akzeptanz dieser Unterschiedlichkeit sind wesentliche Voraussetzungen für ein gelingendes Miteinander in Partnerschaft und Teams.

5. Die „gläserne Decke" der Kommunikation

Wird von der „gläsernen Decke" gesprochen, die es Frauen schwer macht, in Unternehmen Karriere zu machen, werden die Ursachen üblicherweise im Wesentlichen in den drei Punkten gesehen:

- Machtspiele und Seilschaften der Männer, die es den Frauen schwer machen,
- mangelnde oder unangebrachte Aggressivität der Frauen,
- die „K"-Frage (Kind oder Karriere) und die damit verbundenen Betreuungsmöglichkeiten.

Wie ich im 2. Kapitel zu „Karrierefalle Kommunikation" schon erwähnte, wird dabei dem Thema „Gender Communication" selten bis gar nicht Aufmerksamkeit geschenkt. Im Gegensatz dazu steht nicht nur die Reaktion meiner Gesprächspartner, sondern vor allem auch von Coachees oder Trainees, sobald ich das Thema nur anschneide: Sie steigen sofort intensiv in die Diskussion ein, wollen mehr wissen und lernen, bringen Beispiele und beginnen sofort, verstehend Bezug zu ihrem Alltag herzustellen.

Ein klassisches Beispiel dafür, wie die „gläserne Decke" aus der geschlechtsspezifischen Kommunikationsform heraus geboren wird, habe ich Ihnen, verehrte Leserinnen und Leser, in der Einleitung vorgestellt. Lassen Sie uns nun gemeinsam einen tieferen Blick auf das Beispiel von Johannes und Sonja werfen.

Nochmal kurz zur Erinnerung: *Sonjas und Johannes' Abteilungsleiter suchte nach einem Mitarbeiter, der eine Sonderaufgabe zu lösen hatte. Johannes bekam die Aufgabe, lange bevor Sonja ihr Interesse erkennen ließ. Johannes hatte sofort zugeschlagen, um dann zu überlegen, ob er alles kann und hat, um die Aufgabe zu erfüllen, und sich dabei Unterstützung bei Sonja geholt. Sonja hatte zuerst gründ-*

lich überprüft, ob sie sich der reizvollen Aufgabe gewach-
sen fühlte, bevor sie ihrem Chef eine positive Rückmeldung
gegeben hatte. Der Chef hatte Sonjas Zögern als mangelnde
Begeisterung interpretiert und Johannes die Aufgabe über-
tragen, weil ihn dessen sofort gezeigtes Engagement über-
zeugt hatte.

Diese Begebenheit zeigt sehr eindrücklich ein paar der
tieferliegenden, klassisch weiblichen bzw. klassisch männlichen, meist unbewussten Verhaltens- und Denkmuster, die
für das wiederkehrende und häufig zitierte Scheitern an der
sogenannten „gläsernen Decke" ursächlich sind.

Tue Gutes und rede darüber?

Beim Thema Leistung geht es darum, wie Frauen und
Männer ihren Erfolg „an den Mann" bzw. „an die Frau"
bringen. Nicht selten fällt es Männern deutlich leichter, über ihre Kompetenzen zu sprechen und entsprechende Anerkennung wie selbstverständlich einzufordern. Ich
kenne jedenfalls deutlich mehr Männer als Frauen, die dabei
auch mal „auf den Putz" hauen und ihre Leistung verbal wie
körpersprachlich als tolle Leistung anpreisen. Damit haben
sie häufig Erfolg und ernten viel Bewunderung. Andere erinnern sich später ihrer und kommen bei Bedarf auf sie als
„Spezialisten" zum Thema zurück.

Der Chef muss doch sehen, was ich leiste!

Im Gegensatz dazu ist Paulinas Klage kein Einzelfall aus der Riege meiner Kundinnen. Die Teilnehmerinnen und Teilnehmer eines „high potential"-Karriere-Workshops hatten im Laufe des Tages ihre persönlichen Kompetenzen herausgearbeitet, sollten diese nun visualisieren und Ziele mit den dazu erforderlichen nächsten Schritten formulieren. Dann kam Paulina an die Reihe, Absolventin einer englischen Elite-Universität und seit 3 ½ Jahren als Physikerin in einem anspruchsvollen Konzern tätig. Bei ihr hatte sich über die Zeit einiges an Ärger aufgestaut, und sie war froh, ihm Luft machen zu können. Sie schimpfte:

„Seit Längerem habe ich das Gefühl, förmlich auf der Stelle zu treten und karrieretechnisch einfach nicht voranzukommen. Doch meine männlichen Kollegen werden mir mit Leichtigkeit vorgezogen, nur weil die sich ständig mit ihrem Tun ‚brüsten' und vor Hinz und Kunz darüber prahlen. Jede Kleinigkeit behandeln die, als ob sie ein Riesending gewuppt hätten! In Schule und Uni war ich immer sehr gut und habe entsprechende Noten dafür bekommen. Jetzt bringe ich ebenso gute Ergebnisse, kann mich aber anstrengen, wie ich will – es merkt keiner, außer ich posaune es laut umher! Ich kann und will einfach nicht akzeptieren, dass mein Chef das nicht von sich aus sieht. Es kann doch nicht sein, dass ich ihm alles extra nochmal unter die Nase reiben muss, was ich wie toll gemacht habe. Dazu ist er doch mein Chef, dass er sieht, was ich alles leiste?!"

Paulina stellte gar die Gesellschaft in Frage, in der man Ellenbogen brauche und in der man quasi mit Hauen und Stechen eher vorankäme als mit konstant guter Leistung. Daraufhin brach eine rege Diskussion los, in der wieder einmal sichtbar wurde, dass Frauen deutlich mehr Hemmungen überwinden müssen, wenn sie über ihr Tun reden sollen oder wollen. Einige der erfahreneren Frauen sagten, ebenso wie die meisten Männer in der Runde, klipp und klar, wie wichtig es sei, von sich zu erzählen, um in die Riege der „high potentials" aufgenommen zu werden. Die Frauen beschrieben dabei aber auch, dass das für sie ein „echter Lernprozess gewesen sei". Am hilfreichsten sei dabei die Erkenntnis gewesen, dass der Chef einfach darauf angewiesen sei, dass ihm die Mitarbeiter auch hierin „zuarbeiten" und ihm sagen, was sie leisten. Er habe ja genug damit zu tun, das Gesamtprojekt und seine Vorgesetzten im Auge zu haben, wodurch er das Einzelne schon mal aus dem Blick verliere.

„Erkennen" kommt von „kennen"
Caroline, Führungskraft im Marketing eines Industrieunternehmens und Hauptverdienerin ihrer Familie, war bei mir im Coaching, um ihre Seniorität zu verbessern. Sie hatte gemerkt, wie sie trotz ihrer gehobenen Position von Menschen, die sie nicht gut kannten, häufig unterschätzt und nicht ernst genommen wurde. Sie kam in den letzten Wochen vor der Geburt ihres zweiten Kindes zu mir, da sie sich die Zeit für das Coaching im Mutterschutz gut einteilen konnte. Auf gleiche Art und Weise regelte sie in den wenigen Wochen vor der Geburt noch gewissenhaft die wichtigsten Dinge, damit die Abteilung nahtlos weiterarbeiten konnte. Das war besonders wichtig, da sie bald nach ihrer Rückkehr aus dem Mutterschutz die konzernweite Gesamtverantwortung des Marketings übernehmen sollte. Wenige Wochen vor Beginn des Mutterschutzes bekam sie einen Anruf vom Betriebsarzt, dass „er mit ihr ja laut Gesetz ein Gespräch zu führen habe, wann sie denn dafür Zeit habe". Caroline schmunzelte über das offensichtlich zur Schau getragene motivationsarme Pflichtgefühl und vereinbarte einen Termin. Der Arzt betrat ihr großzügiges Büro und nahm den von Caroline angebotenen Platz in der

Gesprächsecke des Raumes ein. Dann begann er ihr zu erklären, dass sie zu ihrem eigenen Schutz im Mutterschutz vom Intranet der Firma abgekoppelt werden würde, das hieße, sie würde dann völlig frei von E-Mails die erste Zeit als Mutter genießen können. Sie könne dann nach dem Mutterschutz ganz entspannt wieder zur Firma zurückkehren. Caroline war entsetzt! Sie fragte sich insgeheim, wie das gehen solle, den Transfer zu schaffen, wenn sie keinen Zugriff auf die E-Mails hatte. Sie wusste, dass es für sie wesentlich entspannter sein würde, während der Mutterschutzzeit täglich eine Stunde konzentriert zu arbeiten, um die wichtigsten Angelegenheiten am Laufen zu halten! Ob Männer, wenn sie Elternzeit nehmen würden, ebenfalls völlig abgekoppelt würden, fragte sie den Arzt. Nein, versicherte dieser, das sei ja auch etwas ganz anderes. Weiter erläuterte er ihr, dass sie das Recht auf Ruhezeiten habe und sich dafür gerne in seinem Arztzimmer hinlegen könne, sie müsse dafür auch nicht ausstempeln. Caroline begann zu verstehen. Da sie ja schon beim ersten Kind miteinander gesprochen hatten, müsste er vermutlich wissen, dass sie längst außertariflich war und nicht mehr stempelte? Außerdem, fand sie, müsse ja das Ambiente ihres Büros für sich sprechen! Aber das alles schien nicht bei ihm anzukommen – ob er überhaupt wusste, wen er da vor sich hatte?

Wie kam das? Nun, ich konnte mir nur zu gut vorstellen, wie Caroline, äußerlich eine zierliche, junge Frau mit lockigem Haar, mit ihren großen Augen und ihrem zarten Stimmchen hochschwanger vor dem Arzt saß, der, offensichtlich ohne zuvor genau in die Personalakte geblickt zu haben, in ihr nur das „Mädchen" sah, für das er väterlich-fürsorglich da sein wollte. Selbst das große Büro hatte in ihm nicht den Verdacht geweckt, dass es das ihre sein könnte, weil sie in gehobener Position darauf Anspruch hatte, und sie daher auch in der Vorbereitung auf den

Mutterschutz Anspruch auf einen anderen Umgang mit dem Thema gehabt hätte.

Caroline war es immerhin gut gelungen, in ihrem engeren Umfeld ihre Expertise sichtbar zu machen. Ihr nächster Vorgesetzter, der sie über die Jahre gut kennenlernen konnte, war längst im Bilde und wusste, was er an ihr hatte. Er hatte sie daher konstant gefordert und gefördert, sodass sie bereits mit ihren jungen Jahren eine erstaunliche Karriere vorzeigen konnte. Ihr mädchenhaftes Erscheinungsbild war lediglich dort ein Hemmnis, wo „mann" sie nicht kannte. Sie brauchte tatsächlich immer viel Energie und Geduld, bis z.B. den Kunden klar wurde, wer sie war, weswegen sie sich für das Coaching entschlossen hatte. Selbst innerhalb der Firma war sie trotz ihrer Position bei einigen Abteilungen nicht ausreichend bekannt. Sie hatte vor allem darauf hin gearbeitet, sich allein durch ihre Leistung „hochzuarbeiten" und Anerkennung zu bekommen.

Karrieretrainerin Barbara Schneider ist überzeugt davon, dass Frauen zu wenig Marketing in eigener Sache machen, wodurch sie für ihr Umfeld zu wenig erkennbar sind. Was Frauen dazu tun können, sich in ihrem neuen Job erkennbarer zu präsentieren, lesen sie im dritten Teil des Buches im Kapitel „Hören und gehört werden".

Weibliche versus männliche Solidarität

Neben der eben beschriebenen Einstellung, dass man Leistung doch sehen müsse, gibt es noch eine weitere relevante Ursache für die weibliche „Beißhemmung", sich mit Leistung „hervorzutun": der Frauen eigene Wunsch nach Gemeinschaftlichkeit durch Gleichheit und (gefühlter)

Ebenbürtigkeit. Diese sehr weibliche Solidarität ist in vielen Variationen erkennbar.

Weibliche Solidarität

Meine Tochter Felicitas, eine kommunikative Frohnatur, hat kein Problem, sich im Familienkontext der vier Schwestern zu behaupten. Sie berichtete mir neulich stolz, dass ihre Kommilitonin Bettina sie zum Bouldern mitgenommen hatte. Felicitas hatte bisher nur geklettert, nicht aber gebouldert. Bettina hingegen war schon einige Male dort gewesen. Dennoch stellte sich schnell heraus, dass Felicitas Routen schaffte, an denen Bettina sich erfolglos abmühte. Felicitas beschrieb, dass sie dann bewusst andere Routen gewählt hatte, damit Bettina nicht bemerkte, dass sie, die Anfängerin, besser sei als sie. Als ich Felicitas fragte, warum sie nicht wolle, dass Bettina das bemerkt, antwortete sie nur irritiert: „Na, was glaubst du, wie die sich gefühlt hätte, wenn sie sieht, dass ich das besser kann, obwohl sie schon eine Weile geübt hatte? Das wäre doch frustrierend für sie gewesen!"

Felicitas' Rücksichtnahme könnte typischer kaum sein: Denn „unter Mädels" ist es undenkbar, der Freundin das Gefühl zu geben, sie sei schwächer, langsamer, schlechter als man selbst. Selbst, wenn das offensichtlich so ist, „frau" will auf keinen Fall, dass die andere sich deswegen schlecht fühlt. Unter Frauen gibt es, wenn einem die anderen wichtig sind, eine Form von Solidarität, in der jede darauf bedacht ist, dass sich alle zugehörig und „gleich" fühlen.

Antonella, junge und engagierte Mitarbeiterin in einem Verlag, hat klare Vorstellungen, in ihrer Firma Karriere zu machen. Eingestellt wurde sie von Daniela, einer Kollegin, die ihre Vorgesetzte war, der sie aber mittlerweile gleich-

gestellt ist. Die beiden verstehen sich gut und arbeiten gut Hand in Hand. Sie vertreten sich jeweils, wo es nötig ist, und decken andererseits auch jeweilige Spezialbereiche ab, die die andere nicht so mag. Eine Art „Dreamteam" wie Antonella es nennt. Daniela ist ca. 15 Jahre älter, genießt ihren Job, so wie er ist, und will auf keinen Fall irgendeine Art von Veränderung. Sie ahnen vermutlich schon den Konflikt? Ihr beider Chef hatte Antonella bereits eine attraktive Beförderung avisiert. Als Antonella zu mir kam, steckte sie in einem großen Zwiespalt: Einerseits reizte sie die angebotene Stelle ungemein, da sie genau ihren Vorstellungen entsprach und sie sich mit ihrem Engagement und Kompetenzen sehr „gesehen" fühlte. Andererseits quälte sie die Vorstellung, Daniela dann nicht nur im Stich zu lassen, sondern sie auch noch „zu überholen". Wo diese sie damals doch ausgesucht hatte, wofür sie ihr heute noch sehr dankbar war. Wie Felicitas kommt auch Antonella nicht mal auf die Idee (oder scheut es?), die Freundin/Kollegin damit zu konfrontieren und mit ihr darüber zu sprechen. Zu groß sind die Bedenken, dass „die andere" sich schlecht fühlen könnte. Lieber fühlt man sich selber schlecht?

Unter Frauen ist Zugehörigkeit eng mit dem Gefühl verknüpft, „gleich" zu sein. Frauen, die sich „hervortun", haben unter Frauen oft einen schlechten Stand. Eine Wesensart, die der männlichen sehr konträr gegenübersteht!

Männliche Solidarität

Die Anzahl der Männer, die eine solche unausgesprochene Rücksicht üben, ist eher gering. Im Gegenteil: Viele Männer haben für die in ihren Augen „falsche Rücksicht" kein Verständnis und nur Kopfschütteln übrig. Wettbewerb stachelt doch gegenseitig an? Daniela ist selbst schuld, dass der

Chef sie nicht auswählt, wenn sie nicht die „performance" wie Antonella zeigt! Außerdem kann sie nur stolz sein, mit Antonella offensichtlich „die Richtige gewählt" zu haben, wenn sie schon selbst nicht Karriere machen will? Tja, unter Männern ist das tatsächlich etwas ganz anderes.

Männer – auch und gerade wenn sie sich „solidarisch" fühlen – müssen tatsächlich nicht die Sorge haben, dass andere (Männer) durch den Erfolg eines anderen persönlich betroffen sein könnten. Für sie gehört der Wettbewerb vielmehr zum guten Ton, zum Spiel, ja sogar zur Orientierung und dem Gefühl zu wissen, „wo man hingehört", und schaffen damit klare Beziehungen. Wo Männer zusammenkommen, stellt sich schnell ein gegenseitiges Messen und Abschätzen ein – sobald die Hierarchie klar ist, herrscht eine Ordnung, die „man(n)" erst mal akzeptiert. Ihre gegenseitige Solidarität entsteht dadurch, dass sie sich gegenseitig lassen, akzeptieren und gegebenenfalls in Schutz nehmen.

Ich denke dabei gern an den Witz, der dieses männliche Solidaritätsprinzip nur zu gut beschreibt: Eine Frau kommt nachts nicht nach Hause. Am nächsten Morgen fragt ihr Mann, wo sie denn geblieben sei. Sie antwortet knapp: „Bei meiner besten Freundin." Heimlich durchforstet ihr Mann ihr Adressbuch und ruft die zehn besten Freundinnen an, um zu fragen, ob sie dort wirklich gewesen sei: Alle Frauen erteilen ihm eine Absage: „Nein, bei mir ist sie nicht gewesen." Anderntags kommt „er" nachts nicht heim. Dasselbe Spiel: Sie fragt ihn, wo er gewesen sei – er antwortet knapp: „Bei meinem besten Freund." Sie durchforstet später sein Adressbuch und ruft seine zehn besten Freunde an. Neun der zehn Freunde bejahen: „Ja, doch, er ist die ganze Nacht bei mir gewesen." Der Zehnte sagt: „Ja klar, er ist immer noch da." Noch Fragen?

Nochmal zurück zu Sonja und Johannes, denen Abteilungsleiter Simmich eine Aufgabe angeboten hatte. Sonja und Johannes wissen voneinander und auch davon, dass den anderen diese Aufgabe sicherlich sehr reizen würde. Im Sinne der weiblichen Solidarität bzw. des männlichen „Kämpfergeistes" werden auch hier unterschiedliche Gefühle ins Spiel kommen und ihre Wirkung haben: Männer wie Johannes werden sich in dieser Konkurrenzsituation wohl erst recht ins Zeug legen wollen, um ihre Eignung „an den Mann" zu bringen. Er wird sich inspiriert fühlen, sich zu beweisen und, wenn er „gewonnen" hat, sich in dem Gefühl der größeren Kompetenz für diese Aufgabe bestätigt sehen – schließlich hat er den Job ja bekommen und nicht sie.

Frauen wie Sonja hingegen machen sich neben der Lust auf diese Tätigkeit womöglich Gedanken, was denn mit Johannes sein wird, wenn sie den Job bekäme und nicht er. Diese Gedanken werden Sonja zusätzlich daran hindern, sich „vorzudrängeln" oder besonders hervorzutun. Lieber soll der Chef entscheiden. Er wird schon wissen, wer der/ die Geeignetere sein wird. Verliert sie, werden sie neben dem Gefühl von Ungerechtigkeit vermutlich auch gewisse Selbstzweifel quälen, ob sie womöglich nicht gut genug sei? Das wiederum wird nicht gerade dazu beitragen, sich beim nächsten Mal umso stärker und deutlicher zu zeigen …

Und so wundern bis ärgern sich Frauen darüber, dass Männer so „rücksichtslos" sind und sich immer gleich „nach vorne drängen". Sie stempeln es als „Männerwirtschaft" ab, dass wieder keine Frau zum Zug gekommen ist. Und Männer? Sie erkennen nicht, dass Frauen wie Sonja überhaupt den Willen zur Karriere haben. Sie schütteln nur den Kopf über das Label der „Männerwirtschaft" in der Überzeugung, den Frauen doch nichts in den Weg zu stellen?

Die „gläserne Decke" ist, neben einigen anderen Faktoren, also vielmehr Folge eines nicht erkannten Missverstehens als nur die Folge männlichen Agierens. Sie ist auch Ergebnis der unerkannten und unverstandenen geschlechtsspezifischen Solidarität, die sich unmittelbar in der Kommunikation niederschlägt.

Fehlerkultur – vom Umgang mit Fehlern und (möglichem) Scheitern

Eine Karikatur, in der sich viele Männer und Frauen schmunzelnd wiederfinden, zeigt einen Mann und eine Frau in einem Geschäft bei der Anprobe einer Hose. Während der Mann sich fragt, *„Ob mir diese Hose wohl passt?"*, schaut die Frau zweifelnd auf das begehrte Kleidungsstück und fragt sich: *„Ob ich da wohl hineinpasse?"*

So lustig diese Karikatur ist, so sehr regt sie zum Nachdenken an. Gerade weil viele Männer und Frauen bestätigen, dass es ihnen genauso geht. Und raten Sie, wer sich mit dem eigenen Bild besser fühlt. Die ständige Sorge, etwas falsch gemacht zu haben, ist bei Frauen eine häufige Grundhaltung. Kritik nehmen sie daher leicht persönlich. Für Männer ist einerseits nicht nachvollziehbar, warum die Frauen so empfindlich reagieren. Andererseits ist es für sie sehr bequem, denn so ist es leicht, den Schuldigen bzw. „die" Schuldige auszumachen.

Die beiden folgenden Ausschnitte aus meiner Arbeit sind zwei klassische Beispiele dafür, wie sie sich in vielen Varianten laufend abspielen.

Ferdinand ist total genervt. Gabriele, seine Chefin, steht massiv unter Druck, weil ihr Projekt sehr hoch „aufgehängt" und sensibel ist. Die Präsentation muss absolut fehlerfrei sein. Daher überprüft sie alles mehrfach, bevor sie es rausgibt. So hat Ferdinand zum dritten Mal hintereinander wichtige Rückmeldungen von ihr so spät bekommen, dass er Arbeit mit ins Wochenende nehmen muss. Am Montag kommt er schlecht gelaunt ins Büro. Als Gabriele ihn nach dem Stand der Dinge fragt, fährt er sie an, warum sie unangemeldet reinplatzt und ob sie nichts Besseres zu tun habe, als ihn ständig zu kontrollieren. Gabriele erschrickt und beginnt sich zu rechtfertigen, dass sie ihn nicht habe kontrollieren wollen, sondern einfach nur nachfragen woll-

te ... Schon entzündet sich eine Diskussion, Gabrieles Ton wird lauter, Ferdinand wirft Gabriele vor, sie möge sachlich bleiben ... Am Ende sind beide nur noch wütend aufeinander, was der dringenden Arbeit nicht gerade den nötigen Schwung verleiht.

Da zwischen den beiden solche Situationen mehrfach auftraten, entschlossen sie sich zu einem unterstützten Klärungsgespräch.

Ferdinand berichtet, dass er hochallergisch gegen jegliche Form von übermäßiger Kontrolle ist. Er kennt im Grunde diese Schwäche, aber unter Druck sieht er nur rot. In solchen Momenten erinnert ihn Gabriele an seine Mutter, die ständig jeden und alles kontrolliert hat. Bei ihm steht dann sofort alles auf Abwehr. Gabriele ist irritiert, weil sie einfach nur das Beste will und tut, was sie kann, damit auch er am Ende gut dastehen wird. Dass sie die Daten lieber spät als fehlerhaft rausgibt, dass sie Montag morgens als Erstes zu ihm geht, obwohl ihr eigener Schreibtisch überquillt, sind alles Zeichen dafür, wie sehr sie sich um ihn bemüht. Aber es sei so oft dasselbe, sie wolle das Beste für ihn und er trete nur auf ihr rum. Nach einer Weile gibt sie zu, dass sie tatsächlich Sorge hat, „es" könne nicht gut genug sein. Sie täte sich gerade in dieser prekären Situation schwer zu vertrauen, aus Angst, sie beide könnten sich vor dem Kunden blamieren. Sie erkennt die eigene angstgesteuerte Überlastung, in der sie wiederum ausgeblendet hatte, wie qualitativ gut sie im Grunde bisher zusammengearbeitet hatten.

Dadurch, dass beide ihre „Trigger" erkannt hatten, konnten sie einander in deutlich anderem Licht sehen und zunehmend gegenseitig sogar unterstützen, wo ähnliche Szenarien auftauchten oder zumindest schneller aus dem Konflikt aussteigen. Aus Sicht der Gender Communication war an dem Verlauf dieses Konflikts nicht untypisch, dass Ferdinand den Angriff gewählt hatte, während Gabriele in die Rechtfertigung gegangen war. Trotz der klaren

Rollenverteilung war eine Situation entstanden, in welcher Ferdinand durch Vorwürfe dominierte und Gabriele auf die gefühlt ungerechtfertigte Anklage zunächst mit Schuldgefühlen, später mit Trotz reagierte.

Konstantin hat den Jour fixe seiner Abteilung aus wichtigen Gründen von Dienstag auf Montagnachmittag vorverlegt. Als Konstantin beginnen will, bemerkt er, dass Anne fehlt. Sie ist weder per E-Mail noch Telefon erreichbar. Ungeduldig und genervt fragt er in die Runde: „Weiß jemand, was mit ihr ist? Ich habe doch noch am Vormittag mit ihr gesprochen!" Helmut, Theo und Max schütteln den Kopf bzw. schweigen. Elena, Birgit und Yvonne beginnen zu diskutieren, wer mit ihr zuletzt gesprochen haben und was der Grund für ihr Fehlen sein könnte. Sie kommen zu dem Schluss, dass Anne letzte Woche krank war und womöglich die Nachricht von der Vorverlegung nicht gelesen hatte. So war sie wohl, um sich noch zu schonen, heute früher gegangen. Konstantin kontert sogleich: „Und warum habt ihr sie dann nicht noch davon in Kenntnis gesetzt?" Alle drei entschuldigen oder rechtfertigen sich, warum das nicht passiert ist. Davon, dass er Anne selbst genauso gut hätte darauf aufmerksam machen können, wo es ihm doch so wichtig war, war nicht die Rede.

Ich frage an dieser Stelle erst einmal nicht, ob es anerzogen oder angeboren ist, denn wie es auch sei, es ist wirklich auffällig, wie unterschiedlich Männer und Frauen reagieren, wenn Fehler auftauchen bzw. etwas nicht gelingt, nicht klappt. Und wie häufig sich Männer und Frauen da untereinander ähneln.

Ein anderes sehr passendes Beispiel, das ich auf einer meiner Reisen erlebte, möchte ich Ihnen nicht vorenthalten. In der Handyzone eines ICEs war ein Geschäftsmann intensiv am Diskutieren seines Projekts. Ich saß ihm gegenüber, den Bildschirm offen, sichtbar konzentriert an diesem Buch schreibend. Auf einmal schnappte ich folgende Bemerkung auf: *„In diesem Feld ist meine operationale Kompetenz limitiert."* Allein diese Umschreibung dafür, dass man etwas nicht kann, fand ich bemerkenswert veredelt und vom eigenen Unvermögen distanziert. Doch es kam noch besser: *„Aber ich habe ja daheim eine Exekutionsmaschine sitzen, die habe ich das für mich erledigen lassen."* Im ersten Moment blieb mir die Spucke weg, wenn ich mir vorstellte, dass diese „Exekutionsmaschine" womöglich seine Frau oder Sekretärin ist. Ich hatte sofort tiefstes Bedauern für diese derart technokratisch verstümmelte Person. Im zweiten Moment öffnete ich ein neues Dokument auf meinem Computer, um diesen Satz gleich schriftlich festzuhalten. Als Beweisstück für eine rein männliche Kommunikation. Denn keine Frau würde jemals in dieser Wortwahl ausdrücken, dass sie etwas nicht kann und daher eine Assistentin oder einen Partner bemühen musste.

Fehltritte und Rücktritte

Auch auf politischer Ebene erleben wir eine geschlechtsspezifische Fehlerkultur. Beeindruckendes Beispiel für einen weiblichen Umgang mit Fehltritt und Rücktritt war für mich das Verhalten von Margot Käßmann, Landesbischöfin der evangelisch-lutherischen Landeskirche in Hannover (1999–2010) und Ratsvorsitzende der evangelischen Kirche Deutschlands (2009–2010). Im Februar 2010 fuhr sie unter erheblichem Alkoholeinfluss bei Rot über eine Ampelkreuzung und wurde von einer Polizei gestoppt. Drei Tage später wurde diese Straftat in den Medien bekannt, woraufhin sie bereits am Folgetag unter großem Bedauern für ihr verkehrsgefährdendes Verhalten von beiden Ämtern zurücktrat. Die Liste der Männer, die nach quälend langem Hin und Her erst dann zurücktreten, wenn es auch unter

Aufbietung aller Möglichkeiten und Unmöglichkeiten wie Verstrickung in Widersprüche, plötzliches Vergessen etc. wirklich nicht mehr anders geht, ist ebenso elend lang wie die Liste ihrer Strategien, sich bloß irgendwie im Amt zu halten. Selbst wenn man Anette Schavan (Plagiatsvorwürfe) mit aufzählt, die sich ebenfalls gewiss keine Blumen für einen schnellen Rücktritt verdient hat, so bleibt die Zahl der Männer, die sich einem Schuldeingeständnis lange verweigern, statt schnelle Konsequenzen zu ziehen, eklatant höher.

Angriff ist die beste Verteidigung?

Im „Kleinen" wie im „Großen" beobachte ich den unterschiedlichen Umgang von Frauen und Männern mit Fehlern und Schuldgefühlen. Während Frauen sehr schnell verunsichert sind, ob bzw. wo sie (Mit-)Schuld an einem Problem haben und sich bisweilen schneller als nötig entschuldigen, weisen viele Männer die Schuld am Problem erst mal von sich bzw. suchen oder bestimmen den Schuldigen gleich im Außen. In nicht wenigen Meetings habe ich es erlebt, dass bei der Diskussion von entdeckten Fehlern einige Frauen sehr still werden oder sich unentwegt rechtfertigen. Viele Männer hingegen entlarven dann schnell eine(n) offensichtlich Schuldige(n), etwa durch eine sehr zielgerichtete Fragetechnik, die den Fragenden in die Position des Stärkeren versetzt, dem Befragten aber nur wenig Spielraum lässt („Wer fragt, der führt"). Die Rhetorik bei Schuldfragen hat somit auch eine geschlechtsspezifische Note.

Doch halten Männer es nur sehr schwer aus, wenn ihre Fehler unwiderruflich offenbar werden. Wo Frauen „nicht enttäuschen wollen" und Angst vor Ablehnung haben, wenn sie etwas falsch machen, befürchten Männer nicht nur völlige Ausgrenzung, sondern stellen selbst ihre eigene Identität in Frage. Schwäche zu erleben oder gar zu zeigen, ist für viele Männer ungleich schwerer als für Frauen, was erklärbar macht, warum sie so lange alles daran setzen, dass es nicht zu einem (sichtbaren) Scheitern kommt. Ihre geringe Toleranz bei drohendem, nachhaltigem Scheitern zeigt sich in dramatischer Weise auch in der Selbstmordrate, die bei Männern um ein Vielfaches höher liegt als bei Frauen.

Hahnenkämpfe …

Wo „kämpferische" Männer aufeinandertreffen, fliegen schon mal die kommunikativen Fetzen in einem Ausmaß, das viele Frauen nur schlecht aushalten oder mit ansehen können. Sind allerdings unter diesen Männern die Fronten geklärt, so können sie das berühmte „Glasl Bier" danach ganz friedlich miteinander trinken gehen. Ich denke, nicht wenige von uns Frauen sind darob gleichermaßen irritiert, wie sie es bewundern. Da durch dieses Kräftemessen die gegenseitige Anerkennung meist sogar wächst, kann sich dies im beruflichen Fortkommen niederschlagen: Ein kommunikativ ausgetragener „Stellungskampf" ist zugleich ein „Sich-Zeigen" und macht damit eindeutig erkennbar, was man(n) kann.

Dieses „Stellung-Behaupten" ist nonverbal in vielerlei Varianten im Alltag sichtbar. Mich amüsieren Situationen wie die, wenn man z.B. auf einer Straße ohne Gehweg mit dem Auto fährt, auf der ein Pärchen zu Fuß unterwegs ist: Fast immer weicht zuerst die Frau aus und zieht ihren Partner noch zur Seite, der dies eher unwillig mit sich machen lässt. Auch ich hatte mit meinem Mann in einer solchen Situation so manche Diskussion darüber, ob und wenn überhaupt, wie schnell man als Fußgänger von sich aus reagieren soll.

… und Kampfhennen?

Frauen haben eine andere Konfliktkultur. Sie sind nicht nur untereinander recht lange nachsichtig. Nicht wenige Frauen beißen sich lange auf die Zunge, bevor sie, wenn überhaupt, andere auf einen Fehler aufmerksam machen. Sie scheuen sich, der anderen ein ungutes Gefühl zu geben und versuchen es eher mit vorsichtig umschreibenden Formulierungen, aus denen man schließen kann, aber nicht muss, dass da ein Problem ist.

Eine Formulierung wie *„Was meinen Sie, wäre es möglich, dass Sie nochmal in Spalte 4 schauen könnten, ob da alles stimmt, mir kommt es vor, als widersprächen sich da einige Angaben"* hat allerdings nicht nur bei männlichen Kollegen eine deutlich geringere Wirkung als: *„In Spalte 4 stimmt etwas nicht, da stecken Widersprüche drin, das müssen Sie nochmal überprüfen."* Frauen fällt die erste Version deutlich leichter, auch wenn sie nicht selten zur Folge hat, dass der oder die Betroffene die Dringlichkeit dieser Aussage nicht erkennt und nicht gleich reagiert. Dennoch sind sie, wie schon erwähnt, dann darüber oft erstaunt, denn sie sind sich sicher, sie hätten „es doch deutlich gesagt, dass da was falsch ist und geändert werden muss"!

Eine weitere Seite „geschlechtsdifferenter Konfliktkultur" ist, dass die Themen, weswegen Frauen in Konflikt geraten, ganz andere sind als jene der Männer. Frauen sind hochempfindlich bei Ungerechtigkeit, Respektlosigkeit, Missachtung, Arroganz etc., also bei Themen zwischenmenschlicher Natur. Dabei muss die Ungerechtigkeit gar nicht unbedingt sie selbst betreffen, sondern kann auch gegenüber jemandem stattfinden, den bzw. die sie sehr schätzen. Frauen können sehr lange aufgebracht darüber diskutieren, dass z.B. der Chef die geschätzte Kollegin so schlecht behandelt hat! Männer reagieren schneller bei Themen, die sie selbst betreffen, also wenn man ihre Freiheit beraubt, ihnen etwas wegnimmt oder sie sonst wie direkt „bedroht". Fehdehandschuh,

Duelle und Bandenkriege zeigen deutlich, dass der Kampf um die „Ehre" vielen Kulturen zu eigen ist!

Vor einiger Zeit wurde ich Zeugin einer Auseinandersetzung zwischen einem anerkannten Chefarzt und einem Besucher der Klinik. Dieser hatte sein Auto auf dem Parkplatz des Chefarztes abgestellt, weil er nur schnell etwas an der Pforte abgeben wollte. Just in diesen wenigen Minuten kam der Chefarzt heraus und polterte so stimmgewaltig los, dass ich nicht umhin kam, das Gespräch mit anzuhören. Aus Gründen des Anstandes werde ich diese Diskussion hier nicht wiedergeben, aber Sie dürfen sich gerne vorstellen, dass ich so etwas wie „Fremdschämen" verspürte und zwar nicht für den Besucher.

Umgang mit Unsicherheit

Ziel und Streben der Menschheit ist es, Schutz und Sicherheit gegen Unwägbarkeiten und Unberechenbarkeiten zu finden. Das Bauen von Hütten und Häusern bot Schutz vor Wind und Wetter; Werkzeug half und hilft dem Menschen sich zu ernähren, wo die Natur allein nicht „verlässlich" genug ist. Es war also schon immer eine der größten Herausforderungen, mit Unsicherheiten umgehen zu lernen. Die großen Errungenschaften der Industrialisierung ließen uns allerdings stellenweise vergessen, dass wir Unsicherheiten letztlich nicht vermeiden können, sondern machte uns glauben, wir könnten und sollten diese eliminieren. Anstelle von Kompetenz mit Unsicherheiten im Leben entwickelte sich eine für westliche Gesellschaften sehr typische Eigenart im Umgang mit Unsicherheit und Risiko, bei der sich wiederum geschlechtsdiverse Tendenzen zeigen, die ich anhand des Umgangs mit Risiken beschreiben möchte.

Diversität im Risikoverhalten

Stellen wir eine Gruppe von Männern und Frauen zusammen, so finden wir unter den Männern eine deutlich höhere Risikofreude als bei den Frauen! Auch in den Familien sind es öfter die Väter, die mit den Kindern auf Abenteuer aus sind, während die Mütter öfter dafür sorgen, dass das entsprechende Equipment inklusive der Ersatzwäsche etc. mit dabei ist und die Väter schon mal in ihrem Eifer bremsen, manchmal sinnvollerweise, manchmal mehr als nötig. Nicht, dass ich nicht auch viele abenteuerlustige Frauen und besonders vorsichtige und gewissenhafte Männer kennen würde: Doch in Summe zeigt sich die höhere Risikofreude der Gesamtheit der Männer nicht nur in den Unfallzahlen der Verkehrsstatistik.

Interessanterweise bewegen sich Männer vor allem in Unternehmen dabei oft in „Extremen": Der Gabe, Gefahren (und damit Ängste) auszublenden, steht dort, wo das Ausblenden nicht möglich ist, bisweilen ein extremes Kontrollbedürfnis gegenüber. Da wird dann versucht, alles hieb- und stichfest zu machen, als ob es möglich wäre, alle Sicherheitslücken zu schließen. In der Gruppe der Frauen wird das Verhalten einerseits durch die Vorstellung geprägt, dass durch größtmögliche Korrektheit die wenigsten Fehler passieren, was in einem ständigen Hinterfragen der Sache und der eigenen Person mündet. Anderen gegenüber sind sie bisweilen erstaunlich nachgiebig und großzügig oder handeln intuitiv anders, als sie es aus ihrem Sicherheitsbedürfnis heraus tun würden, und gelten dabei nicht selten bei Männern als nicht berechenbar.

Worin liegt der Unterschied? Zum einen in der Extremität der Schwankungen. Männer sind klarer positioniert und können auch schneller mal die Position wechseln, ohne dass ihnen das irgendwie seltsam vorkäme. Bei Frauen sind die Übergänge meist sanfter – auch im Sinne von graduellen „Entwicklungen". In der Regel liegen die Meinungspole von

Frauen nicht so weit auseinander oder haben eine zumindest für sie selbst logische Verbindung. Auch wenn Sie, verehrte Männer, das womöglich nicht immer nachvollziehen können, seien Sie sich gewiss: Wir Frauen haben da definitiv unsere Logik!

Der nächste gravierende Unterschied liegt zum anderen darin, worauf sich das Risiko bezieht. Geht es um Sachthemen, steht bei Frauen in der Regel „Genauigkeit" im Vordergrund bzw. der Wunsch, sich an Regeln zu halten und dadurch Gefahren zu vermeiden. Geht es aber um eine oder mehrere für diese Frau wichtige Person bzw. deren Wohlbefinden, tun Frauen sich wesentlich leichter, sich von Regeln zu lösen und treffen dann intuitive oder empathische Entscheidungen. Vor allem, wenn es um andere Bedürfnisse, also nicht unbedingt ums eigene Bedürfnis geht, sind Frauen eher bereit, ein Risiko einzugehen als für eine Sache oder für sich selbst. Für Schutzbedürftige wie eigene Kinder und nicht selten auch für ihre Partner riskieren Frauen manchmal sogar sehr viel und mehr als für sie gut ist!

Große Gewissenhaftigkeit bis hin zu starker Kontrolle üben Männer gern da aus, wo sie ihre Macht gegenüber anderen behaupten müssen oder wollen und stark und klar positionieren wollen. Im nicht immer gesunden Extremfall führt es dazu, dass alles getan wird, um die Herrschaft zu behalten; notfalls mit massiven Grenzziehungen und drakonischen Strafregelungen – es wird versucht, jegliches Risiko auszuschalten. Das verschafft das erwünschte Gefühl von Sicherheit. Geht es hingegen um „die Sache", die „Ehre" oder den „Corps-Geist" treten nicht wenige Männer uneigennützig in den Dienst der Sache oder der Gemeinschaft, bereit, dafür vieles bis hin zum eigenen Leben zu riskieren. Ein gutes Beispiel dafür ist das Engagement der Männer im Katastrophenschutz und Rettungsdienst. Hier sind insbesondere Männer auf bewundernswert selbstlose Art und Weise bereit, sich selbst in große Gefahr zu bringen, um die Rettung gelingen zu lassen. Natürlich geht es ihnen dabei in erster Linie um Menschen, dank der Gabe innerer Abspaltung von Gefühlen wie Angst und individueller Liebe, aber eben nicht um die persönliche Beziehung zu denselben. Enge persönliche Beziehungen wie die eigene Familie daheim treten mit dem Selbst in den Hintergrund.

Bei der Rettung des in 1000 Metern Tiefe verunglückten Höhlenforschers Johann Westhauser z.B., der im Juni 2014 in einer beispiellosen Aktion aus der Riesendinghöhle bei Salzburg geborgen wurde, haben sich mehrere Menschen selbst in höchste Gefahr begeben, Bedürfnisse aus eigenen Beziehungen und Familien hintan und alles in den Dienst des Gelingens gestellt. Die weitaus größte Zahl der direkt an der Rettung beteiligten Helfer waren Männer. Helferinnen wirkten vorwiegend mit all den unzähligen im Hintergrund Engagierten, ohne die der öffentlichkeitswirksame Rettungserfolg in der Höhle nicht möglich gewesen wäre.

Auch unter Extremsportlern oder Extrempionieren gibt es deutlich mehr Männer als Frauen. Auf eine Tour wie Stephan Günter, der sich auf die Reise zum Mars vorbereitet – eine Reise ohne Rückkehr, bei der er seine Familie bewusst für immer zurücklässt – würden sich wohl nur wenige Frauen einlassen.

Ein befreundeter Herzchirurg, mit dem ich einst über geschlechtsspezifisches Risikoverhalten in seiner Berufsgruppe diskutierte, meinte recht trocken: „Für mich persönlich ist das eindeutig. Sollte ich je selbst operiert werden müssen, so wüsste ich mich schnell zu entscheiden, ob von einem Mann oder von einer Frau. Wenn ich sichergehen wollte, dass die Operation fehlerfrei, mit großer Genauigkeit und fundiert ausgeführt werden soll und es mir genügt, dass das Ergebnis leicht überdurchschnittlich ist, so würde ich mich definitiv lieber von einer Frau operieren lassen. Sollte ich aber aufgrund welcher Umstände auch immer darauf hof-

fen, womöglich einen sensationellen, herausragenden oder sonst wie außergewöhnlichen Operationserfolg zu haben, und bereit sein, dafür auch vollständiges Scheitern in Kauf zu nehmen, so würde ich immer einen Mann als Operateur wählen."

Diese Einschätzung deckt sich mit den Forschungen zur menschlichen Intelligenz: In Summe ist der Durchschnitt der Männer in etwa gleich intelligent wie der Durchschnitt der Frauen, doch teilen sich die einzelnen Bereiche unterschiedlich auf: Im Feld der leicht überdurchschnittlich intelligenten Menschen tummeln sich deutlich mehr Frauen als Männer. Im Bereich der extremen Hochbegabungen finden wir hingegen eindeutig mehr Männer als Frauen – ebenso wie bei den extremen Minderbegabungen. Wenn ich auf die Notenverteilung in den Abiturabschlussklassen meiner Töchter blicke, meine ich, eine ähnliche Tendenz zu erkennen.

Gender Communication im Risikoverhalten

Wo es um Ungewissheiten, Unwägbarkeiten, Risiken und dergleichen geht, sehen Frauen in größtmöglicher und bestmöglicher Orientierung an Notwendigem und an Regeln den sichersten Weg, um Schäden, so gut es geht, zu vermeiden. Sie stellen dort, wo ihnen andere Menschen wichtig sind, sich und ihr Bedürfnis problemlos hintenan und können dann bei Gefahr im Verzug auch sprachlich und stimmlich recht kämpferisch werden. In der Verteidigung der Sache sind sie bisweilen gar extrem gesetzestreu und rigide. Damit machen sie sich leider häufig nicht sehr beliebt. Zumindest geraten sie damit nicht ins Rampenlicht.

Wo es Frauen um das allgemeine Wohlbefinden geht, sind sie zurückhaltender. Sie argumentieren vorsichtiger, flexibler und empathisch-einfühlsam, wollen kein Risiko eingehen. Die Wortwahl wird sanfter, Konjunktive treten hervor. Die Stimme wird zarter, melodischer; sie ernten zwar damit die Zuneigung ihrer Kollegen und Vorgesetzten, aber nicht unbedingt größte Anerkennung.

Hingegen neigen (vor allem „Alpha"-)Männer gerade dann, wenn es um die „Sache", das „große Ziel", ihre „hohen Werte" geht, zu aggressiver, mutiger, forscher und die Gefahren klein redender Argumentation. Zugunsten sichtbarer persönlicher Positionierung und auch persönlichen Erfolgs im Tun scheuen sie wenig. Aus weiblicher Sicht klingt das schon mal großspurig – und ist es oft auch. Um große, also sichtbare Spuren zu hinterlassen, wird viel in Kauf genommen. In der Kommunikation nutzen diese Männer große Worte und bedienen sich manchmal kriegerischen Vokabulars. Ihre Stimme ist voluminös, kräftig, manchmal gar laut und wenig melodiös. Sie „bestimmen" die Szene im wahrsten Sinne des Wortes.

Bei Gefahr im Verzug spiegelt die Argumentation die Kontrolle wider. Sie ist entschieden und lässt wenig Spielraum zu. Die Stimme klingt dann schneidend und scharf, der „Befehlston" beherrscht den Umgang. An solche Klänge haben wir nicht nur gute Erinnerungen. In Katastrophensituationen ist das dennoch manchmal eine sinnvolle Überlebensstrategie. Wehe, wenn niemand da ist, der sagt „wo's lang geht" und zum Schutze der Allgemeinheit bereit ist, einzelne Opfer zu bringen. Es kommt halt immer wieder darauf an.

TEIL II

Angeboren oder erlernt?

Bei all den bisherigen Betrachtungen zur geschlechtsspezi-fischen Kommunikation bin ich vom „IST"-Zustand aus-gegangen, also dem, was derzeit beobachtbar und damit wirksam ist. Auch in einer Beratung, einer Empfehlung oder einem Coaching kann ich nur auf dem aufbauen, „was ist", nicht auf dem, was „sein soll" oder was wünschens-wert wäre. Womöglich wäre vieles einfacher, gäbe es diese Unterschiede nicht. Ob es auch gut wäre? Immerhin ginge das auf Kosten einer bereichernden Vielfalt. So habe ich die Überlegungen, ob es anders besser wäre, hier vollständig ig-noriert, aus meiner Sicht stellt sich diese Frage nicht.

Wollen wir aber erreichen, dass durch diese Unterschiede keine Ungerechtigkeiten entstehen, kommen wir nicht umhin zu überlegen, wie mit diesen Unterschieden umzugehen ist. Das wird zunehmend relevant, wenn wir wollen, dass der „Gender-Change-Prozess" konstruktiv verläuft. Dafür ist das Wissen darüber, welches die Unterschiede sind, un-endlich wertvoll. Alles was Sie, verehrte Leserinnen und Leser, im ersten Teil dieses Buches bereits gelesen haben, diente dazu, ebendieses Wissen zu erlangen. Im Folgenden können Sie zumindest eine Idee davon bekommen, was die Hintergründe für diese Unterschiede sind, wie es zu Ihnen kommt und wie sie sich (weiter-)entwickelt haben.

Die Auseinandersetzung mit den diversen Ursachen die-ser Unterschiede fand ich unglaublich spannend. Je mehr ich darüber erfuhr, desto klarer wurde mir, dass wir nur ver-suchen können zu verstehen und dass jegliche Beobachtung aus einem anderen Blickwinkel immer auch zu anderen Einschätzungen führt. Dass die Standpunkte sich zum Teil überschneiden oder widersprechen, liegt in der Natur der Sache. Denn zum einen ist die Forschung noch nicht am Ende ihres Lateins – zum anderen spielten über die Jahre auch sehr politische Aspekte eine Rolle. Nicht zuletzt ist und bleibt es ein „Reizthema", an dem sich die Gemüter schnell erhitzen, das polarisiert und gern auch polemisiert wird.

Ich erhebe daher auch in der Zusammenstellung meiner Erkenntnisse keinesfalls den Anspruch auf Vollständigkeit oder „endgültige Wahrheit". Durch das Zusammentragen der diversen Sichtweisen möchte ich Ihnen vielmehr ermöglichen, sich einen eigenen Standpunkt zu bilden, da es auf der Suche nach dem förderlichen Umgang mit der geschlechtsspezifischen Kommunikation im Grunde kein „Richtig" oder „Falsch" gibt, sondern lediglich einen Lernprozess im Umgang mit Ambivalenzen. Ich freue mich, wenn ich Ihnen mit diesem Buch darin Unterstützung leiste.

6. Die Geschlechterfrage: vom Klischee zur political correctness

Viele Jahre lang hat die Geschlechterfrage in der wissenschaftlichen Forschung auf vielen Ebenen ein Schattendasein geführt. Das hatte im Wesentlichen politisch-gesellschaftliche Gründe. In der Zeit der wachsenden Emanzipation der 1970er-Jahre landete alles in der Schmuddelecke, was auch nur annähernd auf bestehende Unterschiede jenseits biologischer Geschlechtsspezifikation hinwies. Folglich wurden beispielsweise selbst in der Medizin – abgesehen von der Gynäkologie – Geschlechterdifferenzen nur stiefmütterlich in der Statistik von Krankheitsbildern beachtet. Dass Frauen z.B. Medikamente anders verarbeiten, stand kaum zur Debatte. Auch in der Psychologie gab es wenig Forschung darüber, ob Frauen und Männer unterschiedliche Behandlungsformen bräuchten. Das Bild der Gleichheit von Männern und Frauen war unter allen Umständen weiterzuverbreiten, um endlich einen Schlussstrich unter das Bild der Minderwertigkeit von Frauen zu setzen.

In vielerlei Hinsicht war diese vehemente Verteidigung der Gleichheit sehr hilfreich. Kein Wissenschaftler zweifelt heutzutage mehr an, dass Frauen weniger „klug" wären als Männer. Auch in den meisten westlichen Gesellschaften steht die Gleichwertigkeit von Frauen und Männern nicht mehr ernsthaft zur Diskussion; sie ist nicht nur in Deutschland fest im Grundgesetz verankert. Dass die Gleichwertigkeit noch immer nicht durchgängig gelebt wird, steht leider ebenfalls nicht zur Debatte. Die oben beschriebene Vehemenz hat allerdings womöglich ebenfalls ihren Beitrag dazu geleistet: Die unselige Vermischung von gleich und gleichwertig hat viel Widerstand auf beiden Seiten, auf der der Männer wie auf jener der Frauen erzeugt. Frauen, die ihre Weiblichkeit gern auch und gerade in der Unterschiedlichkeit zum männlichen Auftreten lebten, fühlten sich diskriminiert, weil sie als „zu weiblich", zickig, sich zierend und damit nicht ernst zu nehmen galten. Sie fühlten sich von der brachialen Emanzipation nicht vertreten und zogen sich umso mehr in ihre „Weiblichkeit" zurück. Männer schufen für Frauen, die sich dergestalt für den Feminismus einsetzten, aggressive Begriffe wie „Kampflesben" und nahmen diese Frauen nicht ernst. In den Führungsriegen nahmen die Frauen eher männliche Verhaltensweisen an oder „toppten" diese – während sich die Männer darauf weiter ausruhten, dass „die meisten Damen ihnen nicht wirklich gefährlich werden würden". Dies auch deshalb, weil sie sahen, wie Frauen es sich auf dem Weg nach oben zusätzlich gegenseitig schwer machten.

Es gibt viele Gründe, warum der Feminismus der 1970er- und 1980er-Jahre ein solches Negativimage bekommen hat, das bis heute nachwirkt. Dazu haben viele Aspekte beigetragen, nicht zuletzt auch eine politisch-gesellschaftliche Tendenz, die vielen anderen Disziplinen eine Art Maulkorb auferlegt hatte, wo es um einen offenen, konstruktiven Umgang mit Unterschieden gebraucht hätte.

Dort, wo die Wissenschaft einen wichtigen Beitrag zu einem die Geschlechtsdifferenz beachtenden und ausgeglichen fördernden Bildungssystem und Geschäftsleben hätte leisten können, durften die Forscher sich mit ihren Erkenntnissen nicht „ans Tageslicht" wagen – sie hätten Schlimmstes zu befürchten gehabt. An dieser Stelle blieb die Wissenschaft viele Jahre in einer Stagnation verharrt, die sich erst in den letzten wenigen Jahren allmählich und denkbar vorsichtig aufzulösen beginnt.

Warum Frauen anders reden als Männer

In ihrem wunderbaren Buch „Gott 9.0" setzen sich die Theologen Küstenmacher und Haberer mit dem spirituellen Wachstum der Gesellschaft auf der Grundlage der Spiraldynamik auseinander. Darin beschreiben sie, dass das erste Entstehen eines „Wir-Gefühls" aus der Erkenntnis der Notwendigkeit zwischenmenschlicher Bindungspflege entstand. Dieser wesentliche Schritt in der Menschheitsentwicklung ergab sich aus der Erfahrung, dass man innerhalb einer Gruppe bessere Überlebenschancen hatte denn als Einzelkämpfer. Das sich daraus entwickelnde Bindungsverhalten brachte es mit sich, dass sich die dafür erforderliche Kommunikation entwickelte. Denkbar, dass die Frauen und Männer es auch damals schon in ihrer Unterschiedlichkeit im Miteinander nicht ganz leicht hatten. Was aber dadurch nicht so problematisch war, dass die Geschlechter im Erwachsenenalter häufiger untereinander blieben, als sich mischten.

Für die Sprachentwicklung bedeutsam ist dabei vor allem die damals klassische Rollenteilung, in der Männer und Frauen jeweils deutlich mehr Zeit unter sich verbrachten als in der Begegnung mit dem anderen Geschlecht. Die dabei jeweils unterschiedlichen Bedingungen erforderten unterschiedliche Kommunikationsformen.

Ein Mann, ein Wort?

Der Steinzeit-Mann, der als Jäger oft tagelang einsam auf der Pirsch war, brauchte nicht viel zu sprechen. Wäre es ihm ein grundlegend großes Bedürfnis gewesen, sich konstant kommunikativ auszutauschen, hätte er vermutlich diese einzelkämpferische Leistung so nicht erbringen können. Für diese oft lebensgefährlichen Aktionen war es wichtig und überlebensnotwendig, dass ein Mann wenige Bedenken hatte in dem, was er beabsichtigte. Hätte er beim Auftauchen einer Bärin überlegt, dass deren Jungen verhungern würden, wenn er sie tötete, ist es fraglich, ob er die Zeit gehabt hätte, diesen Gedanken zu Ende zu denken. Auch durfte er nicht daran zweifeln, dass er selbst große Risiken bewältigen konnte. Wer je angstvoll vor einer körperlichen Herausforderung stand, weiß, wie hinderlich die damit verbundene innere Anspannung bei der Bewältigung ist.

Waren Männer gemeinsam auf der Jagd, waren sie darauf angewiesen, sich mit möglichst wenigen Geräuschen eindeutig verständlich zu machen, die in der Natur so unauffällig wie möglich klangen. Kurze knappe Rufe machten die potenzielle Beute weniger argwöhnisch, als es ein differenzierter und ausführlicher Austausch zur Folge gehabt hätte. Je ähnlicher die Sprachklänge den Tiergeräuschen waren, desto wahrscheinlicher, dass sich das Jagdobjekt durch die Kommunikation nicht irritieren ließ.

Dann allerdings, wenn die Männer daheim bzw. in der Gruppe beieinander saßen, war eine ausführlichere Kommunikation sinnvoll. Im Grunde galt es drei Ziele zu verfolgen: Aufbau und Festigung der zwischenmenschlichen Bindungen (v.a. Männerfreundschaften), die eigene Positionierung innerhalb der Gruppe und natürlich die Sicherung des eigenen Erbguts. Für diese Männerfreundschaften waren die Verlässlichkeit und das füreinander Einstehen die relevantesten Grundlagen. Im miteinander Handeln und im gemeinsamen Reden über dieses Handeln entstand das für die spätere gemeinsame, erfolgreiche Jagd erforderliche Gemeinschaftsgefühl. Eng verbunden damit war, dass die Hierarchie abgesteckt wurde – es musste schon vor Beginn der Jagd diskussionslos klar sein, wer den Ton angeben wird. Die dafür außerhalb der Handlung stattfindende Kommunikation brauchte, dort wo es nicht mehr nur um ein körperliches Kräftemessen ging, also dringend ein verbales Kräftemessen: Ein Reden „über" die eigene Stärke, das eigene Können. Wer da lang zögerte oder zu viel begründete und rechtfertigte, war schnell der, der es „nötig" hatte, und prompt nach hinten gestellt wurde. Der Lauteste wurde als der Kräftigste eingestuft und bekam dann unangefochten den größten Respekt.

Zur Sicherung des Fortbestands der eigenen Rasse brauchte und braucht es schlichtweg das allen Lebewesen zu eigene Grundbedürfnis der Sexualität. Für die „Erfüllung" dieses starken Triebs braucht man zugegebenermaßen nicht zwangsläufig Kommunikation – wohl aber für den Weg dorthin. Für die Attraktivität der Männer für das andere Geschlecht waren und sind zwar körperliche Attribute nach wie vor von großer Bedeutung. Doch schon auf körpersprachlicher Ebene haben jene Männer beim anderen Geschlecht größere Chancen, die sich eher auf weibliche Kommunikationsbedürfnisse einstellen können. Die meisten Frauen werden durch zartes Berühren eher zu verführen sein als durch einen handfesten Schlag auf den Rücken! Ein Mann, der zuhören kann und mit der Dame seines Herzens ins Gespräch kommt, wird es viel leichter haben, das Herz der Angebeteten zu erobern und auch zu halten, als jemand, der nur gelegentlich vor sich hingrunzt. Das Erledigen von handwerklichen Tätigkeiten in der Lebensgemeinschaft geschieht dann eher für die Frau als mit ihr, wohingegen gemeinschaftliches Erleben und gemeinsame Ziele vielfach die Grundlage für die Kommunikation miteinander und damit für die Beziehung bilden.

Übertragen auf das berufliche Miteinander bedeutet dies, dass Männer, die bereit sind, sich einer weiblichen Kommunikationsform zu öffnen, viel eher eine konstruktive Kooperation schaffen als Männer, die sich weiterhin durch ein Kräftemessen behaupten wollen.

Eine Frau, ein Wörterbuch?

Schon die Steinzeitfrau war vor allem durch die Vielfalt an Anforderungen an sie gefordert, ständig mit den anderen im Clan im Austausch zu sein. Einige Aufgaben wurden entweder gemeinsam erledigt oder untereinander aufgeteilt, sodass Absprachen irgendwelcher Form getroffen werden mussten. Eine hohe Verantwortung hatten die Frauen für das Wohlbefinden des Clans, vor allem für die Schwächeren unter ihnen, den Kindern und Alten. Das bedeutete die Versorgung der Sippe mit Nahrung, Kleidung, Schutz vor Wind und Wetter, Erste Hilfe bei Krankheiten und vor allen Dingen mit Zuwendung. Niemand konnte ohne Zuwendung überleben.

Es musste dafür gesorgt werden, dass genug Essbares verfügbar war, auch dann, wenn die Männer noch auf der Jagd waren oder gar mit leeren Händen heimkamen. In Abwesenheit der Männer mussten auch schwere körperliche Tätigkeiten verrichtet werden, während gleichzeitig niemand emotional vernachlässigt werden durfte. Überlebensnotwendige Dinge zu beschaffen, zu bevorraten, herzustellen und zu verarbeiten war so aufwändig, dass es dafür viele Hände brauchte. Wo viele Hände zugange sind, braucht es Koordination, Koordination passiert über Kommunikation – die Sprache wurde immer notwendiger. Zudem war es wichtig, die Beziehung zu den Nachbarn zu pflegen, sodass man im Fall des Falles auch mal füreinander einspringen und sich gegenseitig aushelfen konnte. Diese Kontaktpflege bedurfte ebenso nicht nur körpersprachlicher Ausdrucksweise, nein, die Sprache als solche rückte gar in den Mittelpunkt der Beziehungen. Innerhalb und zwischen den Familien wurde geredet, gesungen, gelacht. Es wurde getröstet, ermuntert, getuschelt, es wurden Konflikte ausgetragen und es wurde sich versöhnt.

In den langen Nächten und kalten Wintermonaten, wenn es „draußen" wenig zu tun gab und der Hunger den Bewegungsdrang ebenfalls eher dämpfte, halfen Worte, half Sprache über die zähen Stunden hinweg. Worte wurden kultiviert und Sprache weiterentwickelt. Die in dieser Zeit ebenfalls „häuslicheren" Männer mögen sich daran zunehmend beteiligt und begonnen haben, dem Sprechen Bilder und eine Schrift zu geben.

Unter Stress

Betrachten wir die geschlechtsdifferente Kommunikation aus dem Blickwinkel der Evolution, lassen sich einige Strategien aus dem archaischen Umgang mit Stress ableiten. Als Stress bezeichne ich Notsituationen oder Krisen, die unsere Vorfahren zu bewältigen hatten.

Für Gefahrensituationen, in denen der Mensch keine oder nur wenig Zeit hat zu überlegen, was zu tun ist, hat die Natur ihn mit Reflexen ausgestattet, die im Bedarfsfall schneller und zuverlässiger anspringen, als dem Menschen eine Lösung einfällt. Diese Reflexe sind bekannt als Angriffsreflex, Fluchtreflex und Totstellreflex.

Fight

Beim Angriffsreflex wird die Atmung von Ruhe- bzw. Sprechatmung auf Hochatmung umgestellt, da diese dem Körper schneller große Mengen an Sauerstoff zur Verfügung stellt. Herz und Muskulatur werden intensiv versorgt, um extremste Leistung und Kraftaufwand zu ermöglichen. Obendrein sind alle Wahrnehmungsorgane auf maximalen Empfang geschaltet. Wenn Kommunikation eine Rolle spielt, dann ausschließlich zum Abschrecken des Feindes oder für die knappen Zurufe zwischen gemeinsam bedrohten „Jägern". Wesentlichstes Sprachorgan ist dabei die Stimme, die für möglichst laute, kräftige und eindeutige Äußerungen zur Verfügung steht. Dieser Stressreflex steht bevorzugt Männern zur Verfügung, die sich in der Lage sehen, den Feind zu besiegen.

Flight

Der Fluchtreflex läuft weitgehend ähnlich ab: Atmung und Muskelspannung brauchen den gleichen Modus. Die Wahrnehmung richtet sich jedoch vom Feind weg, dafür spielt die Orientierungsfähigkeit eine große Rolle, um sich bei der Flucht nicht zu verlaufen. Sprache oder Stimme braucht es während der Flucht in noch geringerem Maße als beim Angriff, die Energie wird noch mehr auf die Fluchtbewegung fokussiert. Er setzt ein, wenn das System erkennt, dass der Angreifer zu stark ist, um niedergeschlagen zu werden, sich das Kämpfen nicht lohnt. Dieser Reflex wird von Männern bevorzugt, die die Einsicht haben, dass Kämpfen für sie zwecklos ist, sei es, weil der Feind ist zu übermächtig, sei es, dass er unterlegen ist oder sei es, dass ihm die Flucht die Möglichkeit bietet, Zeit für überlegteres Agieren herauszuschinden. Ebenso dient er Frauen, die sich stark und schnell genug fühlen, dem Feind zu entkommen, um anschließend andere „höhere" Formen des Widerstands zu finden.

Fright

Der Totstellreflex dient dem Überleben, wenn weder Angriff noch Flucht zur Rettung der eigenen Existenz Erfolgsaussichten haben. Er hat mit den beiden anderen Reflexen zunächst nur den ersten intensiven Atemzug gleich: Dieser stellt dem Körper in minimaler Zeit so viel Sauerstoff wie nur irgend möglich zur Verfügung, damit er die Atmung einstellen kann – um dann reglos bleiben zu können. Die Muskulatur ist in vollkommener Starre, also in maximaler Anspannung. Muss der Angegriffene dann weiteratmen, so wird er das so flach wie möglich tun. Nichts, aber auch gar nichts, nicht einmal eine Atembewegung soll verraten, dass der Betroffene noch lebt. Ein totes Opfer ist ein uninteressantes Opfer und hat die besten Chancen, dass der Angreifer das Interesse verliert und sich trollt. In dieser Zeit braucht der Bedrohte nicht nur eine minimale Atmung (wer sich nicht bewegt, braucht nicht viel Sauerstoff), sondern natürlich auch keine Kommunikation, weder stimmlich noch verbal. Im Gegenteil, es ist alles zu vermeiden, was auf ihn aufmerksam machen könnte. Dieser Stressreflex ist vor allem der von Frauen bevorzugte Reflex, die sich weder in der Lage sehen, kämpfen noch schnell genug wegrennen zu können.

Natürlich sieht man alle drei Reflexe sowohl bei Frauen als auch bei Männern, meine Zuordnung bezieht sich hier wieder lediglich auf die am häufigsten vorkommenden Varianten.

Gesunder Stressrhythmus

Allen drei Reflexen sind zwei Dinge gemein. Zum Ersten ist das gesamte körperliche System einer maximalen Belastung ausgesetzt, die sich definitiv nicht für eine Dauerbeanspruchung eignet. Zum Zweiten spielen Stimme und Sprechen eine untergeordnete bis gar keine Rolle. Daher nimmt die Natur in diesen Abläufen ebenfalls keine Rücksicht auf das, was es zur Kommunikation braucht, sondern stellt alles, was es braucht, der körperlichen Leistungsfähigkeit zur Verfügung.

Sobald eine Stresssituation vorüber ist, stellt der Körper üblicherweise wieder auf Normalmodus um, der insgesamt deutlich weniger Energie verbraucht. In dieser „Normal-Zeit" kann der Körper sich erholen und sich für den Fall neuer Gefahrensituationen rüsten. Für einen solchen „gesunden Stressrhythmus" hat uns die Natur entsprechend gut ausgestattet.

Stress im heutigen Kontext

Was bedeutet das dann für die heutige Kommunikation und die Gender Communication insbesondere? Da diese Reflexe archaischer Natur tief im Wesen des Menschen verankert sind, laufen diese auch heute noch ab, sobald der Mensch in Stress gerät. Die Stressoren, also die Art der Gefahrensituationen haben sich jedoch deutlich gewandelt. Wir schauen nicht mehr wilden Tieren oder Herden ins Auge, sondern wütenden Menschen, die massiv unter Druck sind. Statt herunterstürzender Felsen bringen uns abstürzende Computersysteme oder den Dienst versagende Mobiltelefone in Bedrängnis.

Dauerstress

Die existenzielle Bedrohungsqualität der Stresssituationen ist deutlich geringer geworden. Die Gefahr heutiger Stresssituationen liegt vielmehr darin, dass sie kein Ende mehr nehmen. Entweder gibt es kein „Gefahr vorüber" oder es reiht sich unmittelbar Stress an Stress. Wenn nun der Körper unter Daueranspannung ist, schlägt sich das körperlich nieder. Verspannungen, Nervosität und Stresskrankheiten sind die Folge. Im schlimmsten Fall kann Dauerstress zum Burnout-Syndrom führen.

Sind wir fortgesetzt solchem mehr oder weniger latenten Stress ausgesetzt, kommen wir nicht mehr ohne Kommunikation aus. Wie oben beschrieben ist der Stressmodus jedoch für den physiologischen Sprechablauf denkbar ungeeignet. Für die Stimmproduktion ist die Atmung zu flach bzw. zu hoch und einatmungsorientiert. Für Stimmbildung, Resonanz (Klangentwicklung) und Artikulation ist die Muskulatur deutlich zu angespannt. Da wir heutzutage *nicht* die Möglichkeit haben, den Stressreflex körperlich auszuagieren, schlägt er sich direkt in der Kommunikation nieder. Die Kommunikationsform „hängt" dementsprechend verstärkt im Stressmuster fest.

Stresskommunikation

Woran merken Sie, dass Sie „im Stress" sind? Vermutlich spüren Sie, wie Ihr Puls hochgeht, die innere Anspannung schlägt sich auf Ihr Wohlbefinden. Augenschmerzen, Kopfweh, ein angespannter Nacken, ein verkrampfter Magen, ein zugeschnürter Hals … Vieles, was im Körper abläuft, erinnert Sie eindeutig daran, dass die Situation gerade „stressig" ist. Und im Außen? Ist Ihr Stress für Ihr Gegenüber sichtbar? Woran erkennen Sie, dass Ihr Gegenüber „im Stress" ist? Richtig:

An der Art, wie er oder sie sich bewegt, und noch mehr an der Art, wie er oder sie redet. Auch hier ist die Liste der Symptome lang! Doch nicht jeder und jede Gestresste hat die identischen Symptommuster. Je nach „Stressmodus" wirkt sich dieser auf die Kommunikation aus: Beim Angriffsreflex wird die Stimme laut und hart, die Satzform ist knapp und schlagwortartig, die Ungeduld ist hörbar – Äußerungen sind dementsprechend recht aggressiv, verletzend oder vorlaut.

Der Fluchtreflex wird beim Sprechen vor allem durch eine dünne Stimme und hohe Sprechgeschwindigkeit hörbar. Eine eingeschränkte Stimmmelodie, pausenloses Sprechen, schnelles, flüchtiges, eher vernuscheltes Artikulieren und fahrige, umständliche Äußerungen oder unfertige Sätze, die sich aneinanderreihen, sind einige der Merkmale, an denen wir geradezu „hören", dass der Sprechende am liebsten wegrennen möchte. In diesem Modus haben Sprechende die Tendenz, in ihren Beschreibungen „flüchtig" oder fahrig zu sein. Es kommen so sehr viele Gedankensplitter mit herein, dass es nicht mehr so leicht auszumachen ist, was der „Kern der Sache" ist. Sie werfen quasi verbale Nebelraketen, mit welchen sie den „potenziellen Angreifer" in die Irre führen. „Sich nicht genau festlegen" schützt vor Angreifbarkeit vor konkreten Äußerungen. Zahllose Vorträge, in denen der Sprecher/die Sprecherin unbewusst „auf der Flucht" ist, sind von dieser Sprechweise geprägt.

Vor allem der Totstellreflex wirkt sich negativ auf die Stimme aus. Mit nur geringem Atemvolumen und minimaler Öffnung der Stimmbänder (maximale Anspannung) wird die Stimme leise, dünn, hoch und gepresst. Wenn der Sprecher bzw. die Sprecherin die Muskelspannung nicht mehr halten kann, sich aber weiter „versteckt", wird die Stimme überhaucht und nur noch schwer hörbar. Das Sprechen geschieht auch hier, wenn überhaupt, eher reduziert, das heißt, eine Sprecherin oder ein Sprecher im Totstellreflex beteiligt sich nur dann an Gesprächen, wenn es sein muss, äußert sich eher kurz und wenig, vor allem wenig prägnant. Der Bedarf nach Präsenz widerspricht den Möglichkeiten des in der Starre befindlichen Sprechers vollends. Wird dies vom Betreffenden jedoch erwartet, erhöht sich der Stresspegel einem Teufelskreismodus ähnlich selbst.

Aufmerksamen Leserinnen und Lesern ist womöglich der Zusammenhang mit der geschlechtsspezifischen Kommunikation bereits ins Auge gesprungen.

Wer grundsätzlich gute Erfahrung gemacht hat, sich mit wenig gut gesetzten „Schlägen" Respekt oder zumindest Ruhe zu verschaffen, neigt bei „Gefahr" zur Angriffskommunikation. Dabei geht es unbewusst weniger um die sachlich richtige Aussage als vor allem darum, womit der Angreifer am besten zu verletzen, niederzustrecken oder zumindest lahmzulegen ist. Dieser „Technik" bedienen sich entsprechend den obigen Ausführungen deutlich mehr Männer als Frauen.

Einige Frauen und Männer, denen es wichtig ist, verbal „dran zu bleiben", während sie innerlich auf Rückzug gehen, versuchen über ihr enormes Wissen intellektuell zu punkten und damit den Angreifer „auf Abstand" zu halten: Ein schönes Beispiel ist Scheherazade, die ihren Angreifer durch Märchenerzählen aus 1001 Nacht davon ablenkt, dass sie sich einen Fluchtweg baut. Fluchtkommunikation hat im Feedback oft den Hinweis zur Folge, man solle lernen, fokussiert zu formulieren, „top down" statt „bottom up". Der Betreffende soll aufhören, um den heißen Brei zureden, soll priorisieren statt überschütten und sich in Details verlieren. In Summe sind es mehr Frauen, die dazu neigen, sich dieser „Fluchtsprache" zu bedienen.

Sich möglichst gar nicht, nicht mal verbal groß bemerkbar zu machen, wird vor allem von Menschen bevorzugt, die sich wenig Hoffnung auf Anerkennung machen und entweder niemanden verletzen oder selbst auf jeden Fall unangreifbar bleiben wollen. Es sind vor allem Frauen, die unter Anspannung aufmerksam jedes Gespräch verfolgen und sich dabei als „aktiv teilnehmend" erleben, auch wenn sie kein einziges Wort sagen. Von außen ist es nicht gerade leicht zu unterscheiden, ob sie sich für eine hörbarere Kommunikationsform zu unsicher fühlen oder einfach extrem höfliche und zuvorkommende Zeitgenossen sind. Kein Betrachter käme auf die Idee, dass diese Totstellkommunikation anstrengend ist.

Wenn nun Menschen mit ihren spezifischen Formen von Stresskommunikation aufeinandertreffen, verstärken diese sich sogar gegenseitig in ihrem Stress und damit auch im Stressmuster. Das rechtzeitige Erkennen von Stresskommunikation bei sich und dem Gegenüber wäre eine gute Grundlage, um innezuhalten und sich zu besinnen – und konstruktivere Wege der Begegnung zu finden.

Alles nur Erziehung?

Bevor ich Kinder hatte, war ich felsenfest überzeugt, dass alle Verhaltensunterschiede zwischen Mädchen und Jungen ausschließlich auf Erziehung zurückzuführen seien. Ich bot meinen Töchtern daher sowohl klassisches „Mädchenspielzeug" an wie Puppen und alles, was dazu gehört, als auch klassisches „Jungenspielzeug" wie Konstruktionsspielzeug (Bauklötze) und Autos. Darunter war „mein" ganzer Stolz ein dem Original nachgebauter Fendt-Traktor. Meine Töchter ließen diesen wunderschönen Traktor völlig desinteressiert links liegen. Dafür spielten sie mit großer Hingabe mit den Puppen oder widmeten sich kreativen Rollenspielen. Das Baumhaus, das ihr Vater mit ihnen gebaut hatte, war dabei Zentrum ihres Vater-Mutter-Kind-

Spiels. Das Konstruktionsspielzeug fand auch durchaus ihr Interesse: Aus den Duplosteinen und Holzbausteinen bauten sie: Puppenhäuser, Zoos, Flughäfen etc. – alles so, dass sie oder die Puppen darin Rollenspiele nachspielen konnten. Gern spielten sie auch Schule, wobei unsere älteste Tochter selbstverständlich die Lehrerin war.

Sobald wir (zugegebenermaßen bei dieser Frauenübermacht nicht ganz so häufigen) Besuch von Jungen hatten, war der Traktor sofort im Zentrum jeglicher Aufmerksamkeit. Egal in welcher Ecke dieser gerade sein traurig-vernachlässigtes Dasein fristete, die Jungen entdeckten ihn mit schlafwandlerischer Sicherheit sofort. Dem Schule-Spielen der Mädels ordneten sie sich nur ungern unter. Sie waren die Ersten, die rausstürmten, wenn ich zur „Pause" klingelte, um die Bagage in den Garten zu locken. Zum Leidwesen der Mädels tobten sie, was sie konnten, stiegen aufs Baumhaus, um es umgehend gegen feindliche Bedrohung zu verteidigen, suchten sich passende Stöckchen, um zu fechten oder zu schießen. Gelegentlich verdrückten sie sich auch in eine Ecke des Gartens, um zu messen, wer weiter pieseln könnte – etwas, das ich weder aus eigener Erfahrung noch von meinen Töchtern kenne. Ich gebe zu, nach einigen Jahren vielfältiger Erfahrung dieser Art habe ich meine Überzeugung von der „reinen Erziehung zum Geschlecht" revidiert. Der Großteil der Eltern wird der Beobachtung zustimmen, dass Mädchen und Jungen in der Grundrichtung eine sehr unterschiedliche Art haben, sich zu geben, zu spielen – und damit auch zu kommunizieren. Dennoch hat die Erziehung immer noch einen bedeutenden Einfluss.

Jeder auf seine Art

Als Mutter wie als Pädagogin habe ich gelernt, dass es Sinn macht, Kindern Mut zu machen, sie die Möglichkeiten, die ihnen gegeben sind, ausschöpfen zu lassen und wo immer möglich ihnen die Freiheit zu lassen, „wohin" sie sich entwickeln möchten. So ist es möglich, den diversen Unterschiedlichkeiten und auch deren „Ausnahmen" genügend Raum zu geben. Das bezieht sich auf ihre allgemeine Entwicklung, ebenso auf die geschlechtliche Entfaltung im Verhalten und der Kommunikation. Kinder auf „Teufel komm raus" in irgendeine Richtung zu drängen, verursacht in allen Fällen Traumata, mit denen sie später zu kämpfen haben. Das gilt sowohl für die einseitige Festlegung auf „Mädchen" oder „Junge" als auch für die krampfhafte Leugnung einer natürlichen geschlechtlichen Diversität.

Ben Wyatt kam im Alter von fünf Jahren mit einer kindlichen Dysphonie zu mir (Stimmstörung). Seine Stimme war extrem heiser, Stimmbandknötchen erschwerten die Stimmbildung. Er baute einen unglaublichen Druck auf, um sprechen zu können. Allgemein war er ein ausgesprochen lebendiger und auch musikalischer Knabe, der sich ebenso gern bewegte wie sang. Leider war ihm derzeit das Singen aufgrund der Knötchen nur eingeschränkt möglich. Sein großer Bewegungsdrang machte der Mutter oft zu schaffen, da sie durch ihr Neugeborenes oft an die Wohnung gebunden war, in der die Kinder nicht zu laut werden durften. Seine große Schwester Helen, ein kluges und eloquentes Mädchen, hatte es leichter, damit klarzukommen, da sie sich gern mit Rollenspielen beschäftigte, die nicht so bewegungs- und lautstärkeintensiv waren. Sie bemühte sich sehr, die Mutter darin zu unterstützen, indem sie versuchte, Ben im Zaum zu halten, was der sich natürlich nicht so ohne weiteres gefallen ließ. Es war schnell zu sehen, dass Ben seine Energie so bündeln musste, dass es ihm im Versuch, einerseits leise zu sein und sich andererseits doch gegen Helen durchzusetzen, nachgerade seine „Kehle zuschnürte". Die „Power", die dennoch aus der Tiefe seiner Jungenseele kam, blieb ihm so sehr im Halse stecken, dass sich die Knötchen gebildet hatten. Mir war schnell klar, dass er unbedingt regelmäßig Bewegungsspielraum brauchte, am besten irgendeinen Sport, damit er sich da auch mit anderen Kindern messen konnte. Seine liebevolle und sehr aufgeschlossene Mutter, die sich viele gute Gedanken um die Erziehung ihrer Kinder machte, hatte die Idee, Ben im Ballett anzumelden, da er ja sowohl die Musik als auch die Bewegung so liebte. Als Helen das hörte, war sie im Gegensatz zu ihrem Bruder Feuer und Flamme und bettelte so sehr darum, unbedingt auch ins Ballett mit zu wollen, dass ihre Mutter gerne nachgab, obwohl sie doch schon im Chor so aktiv war. Ben sank sichtbar immer mehr in sich zusammen, als er dies hörte. Wieder allein bei mir in der Stunde empörte er sich, dass er tausendmal lieber Fußball spielen wolle, als im weißen Kleid rumzutanzen. Selbst als ich ihn beschwichtigte, dass er ganz bestimmt kein weißes Röckchen würde anziehen müssen, ließ er nicht locker: „Ich will aber lieber rennen und kämpfen als tanzen!" Als er das, durch mich ermuntert, seiner Mutter sagte, fiel sie aus allen Wolken: „Aber ich wollte eigentlich meinen Sohn nicht einfach nur wie ,typisch' Jungens erziehen. Und er ist doch auch sonst nicht der Typ, der mit anderen Jungen rauft? Was ist denn dann mit seiner musischen Seite?" Ben ließ aber nicht mehr locker und einigte sich mit seiner Mutter nicht nur auf den Platz im Fußballteam, sondern auch in einer Schlagzeugertruppe. Es dauerte nicht mehr sehr lange, bis die Stimmbandknötchen weg waren. Einige Zeit später traf ich seine Mutter, die mir strahlend berichtete, dass Ben zu Hause viel ruhiger geworden sei und nicht mehr so viel mit Helen streiten würde. Er würde sich sogar liebevoll um seinen kleinen Bruder kümmern und versuche ihm, der gerade zu laufen begonnen hatte, mit großem Spaß Fußball beizubringen! Ben hatte seine Rolle als Junge in der Familie gefunden und füllte diese frei und ohne Druck aus.

Im gleichen Maße wie bei der Erziehung von Kindern macht es auch unter uns Erwachsenen Sinn, uns die Unterschiedlichkeiten zuzugestehen, die uns als Mann und als Frau ausmachen. Dort, wo sich diese Unterscheide in der Kommunikation niederschlagen, verdienen sie einen respektvollen Umgang, der dadurch entsteht, dass wir ihnen genügend Raum und Bedeutung geben.

Die Eltern als Modell?

Ein Kind, das von seinen Eltern immer wieder hört, wie wichtig es ist zu lesen, seine Eltern aber nie lesen sieht, wird vermutlich Zweifel an ihrer Aussage bekommen. Wenn die Kinder ermahnt werden, sich ja nicht zu streiten, sie aber erleben, wie sich die Eltern dauernd streiten, werden wohl kaum friedvoll mit ihren Geschwistern leben. Wenn ein Sohn hört, dass er genau wie seine Schwester und alle Frauen im Haushalt zu helfen habe, aber seinen Vater nie einen Handschlag im Haushalt tun sieht, wird sich von diesem schnell abgucken, wie man es schafft, sich darum zu drücken. Denn in den meisten Fällen zählt viel mehr das, was wir Kindern vorleben, als das, was wir ihnen sagen. Wir müssen uns bewusst sein: Töchter und Söhne kopieren geschlechtsspezifisches Verhalten und geschlechtsspezifische Kommunikation.

Was geschlechtsspezifisches Verhalten betrifft, können wir dies bereits in einem Stadium beobachten, in dem das Kind selbst noch keine differenzierte Bewusstheit über das eigene Geschlecht hat. Die Stuttgarter Psychologieprofessorin Doris Bischof-Köhler weist in ihrem hervorragenden Buch „Von Natur aus anders" darauf hin, dass schon im

Mutterleib männliche Föten aktiver sind als weibliche. Sie erwähnt weiterhin, dass sich weibliche Säuglinge deutlich mehr für die Gesichter anderer Babys interessieren als männliche. Männliche Babys hingegen blicken deutlich häufiger als weibliche Babys auf Spielzeug (also unbelebte, technische Dinge). Ihr Blick richtet sich vor allem auf bewegende Objekte. Diese Eigenarten bleiben bestehen, wenn im Laufe des dritten Lebensjahres Geschlechtsbewusstheit einsetzt. Auch die geschlechtliche Trennung im Spiel ist schon vorher beobachtbar: Mädchen spielen lieber mit Mädchen, Jungen mit Jungen. Kinder fühlen sich lange Zeit viel mehr zum eigenen Geschlecht als zur eigenen Altersgruppe hingezogen. Die meisten Mädchen spielen häufig lieber mit einem älteren oder jüngeren Mädchen als mit gleichaltrigen Jungen und umgekehrt. Laut Bischof-Köhler liegt das an den Spielinteressen, die Kinder eher mit dem eigenen Geschlecht teilen.

Im Kindergartenalter spielen Mädchen weitaus häufiger Rollenspiele, in denen die Fürsorge eine große Rolle spielt. Sie verhandeln, reden, diskutieren dabei unentwegt miteinander, während Jungen sich deutlich lieber körperlich austoben und messen. Jungen sind auch viel häufiger an Baumaterialien interessiert, mit welchen sie am liebsten das höchste, beste und tollste Gebilde bauen. Hören Sie nur mal zu, wenn so eine Truppe vollauf beschäftigter Jungs beieinander ist – und eine Clique ins Rollenspiel vertiefter Mädchen! Die Burschen übertreffen sich gern mit Superlativen, als ob sie selbst kurz davor wären, auf den Mond zu fliegen. Die Mädels hingegen verhandeln stundenlang in unendlich vielen Variationen, wie sie was spielen könnten. Im „so tun als ob"-Diskutieren blühen die kleinen Damen regelrecht auf.

Selbst in den klassischen Kinderläden, in denen die 68er-Generation ihre Kinder gezielt auf „Gleichheit" bzw. auf Ablehnung jeglicher Aggression hin erzogen hat, haben sich die spezifischen kommunikativen Eigenheiten nicht nur nicht nivelliert, sondern sogar verstärkt.

Viele Söhne, deren Väter für strikte Gewaltfreiheit sind und die nie ein Gewehr oder eine Pistole haben durften, haben sich ersatzweise Stöcke aus dem Wald geholt und voller Elan und Überzeugung um sich geschossen.

Laut verschiedener Beobachtung in Familien, in welchen die Eltern aufgrund eigener individueller Ausprägung eher geschlechtsuntypische Verhaltensweisen zeigen, ist die Wahrscheinlichkeit, dass die Kinder „klassisch" weibliche bzw. männliche Verhaltens- und Kommunikationsmuster annehmen, höher, als dass sie das Verhalten des geschlechtsgleichen Elternteils nachahmen. Auch Kinder mit gleichgeschlechtlichen Eltern entwickeln mit großer Wahrscheinlichkeit eine „klassisch" jungen- bzw. mädchenhafte Kommunikationsweise!

Ganz Frau – ganz Mann und doch nicht ganz?
Auch dort, wo Kinder die klassischen Rollen nicht durchgängig vorgelebt bekommen, entwickeln sie häufig die typischen geschlechtsspezifischen Eigenarten.

Aufgrund meiner eigenen Geschichte war ich meinen Töchtern in vielen Bereichen alles andere als ein klassisch-mädchenhaftes Vorbild: Ich schminkte mich nur selten und sparsam, trug meist eher praktische als stylische Kleidung, hatte selten eine Tasche, außer jeweils der fürs Büro, Einkaufen oder für den Transport der Kinderutensilien, und kein einziges Paar Schuhe mehr als nötig. Wozu auch? Nichtsdestotrotz waren alle vier Töchter sehr früh sehr wählerisch in der Wahl ihrer Kleidung – da hatte ich bald nichts mitzureden. Die Themen Schminke, Style, Taschen, Schuhe, Shopping sind schnell wichtige Bestandteile

ihres Lebens geworden, während sie gleichzeitig mit gro-
ßem Geschick in der Lage sind, mathematisch-technische
Probleme zu lösen – eine Begabung, die sie definitiv nicht
von mir, sondern von ihrem Vater (einem Physiker) haben.
Völlig unabhängig von dem Vorbild, das ich ihnen gab,
haben sie sich zu „echten Damen" entwickelt. Sie haben
es sogar geschafft, mich mit ihrer Freude an schickem
Äußeren anzustecken – nur, wenn sie mich zum „Shoppen"
mitnehmen wollen, lehne ich nach wie vor lieber dankend
ab. Uns allen fünf Frauen ist, wie früher schon erwähnt,
dabei die Liebe zur Kommunikation sehr gemein. Bei aller
Unterschiedlichkeit, die die vier haben – sie reden alle gern,
viel und ausführlich. Sie hören auch gern anderen zu und
sind vielseitig interessiert. Aber sie bevorzugen alle Themen
rund um Beziehungen, Menschen, Liebe, Klamotten etc.
und schalten schon mal ab, wenn es zu lange um Sport oder
Autos geht.

Ähnlich wie in diesem Beispiel „vom eigenen Leib" erlebe
ich bei einigen Familien, die wie wir nicht in allen Bereichen
eine klassische Aufteilung haben, dass sich „geschlechtsspezifische" Neigungen auch dann durchsetzen, wenn die
Eltern es nicht klassisch vorleben. Offensichtlich ist das
„Erziehungsvorbild" nicht über jede „geschlechtliche"
Anlage erhaben. Kinder finden ihr Verhalten wohl aus einem
guten Mix von unbewusstem Vorbild, bewusster Erziehung
und innerer Veranlagung. Geschlechtsspezifische Neigungen
und Tendenzen, wie sie seit Beginn der Menschheit zu beobachten sind, kristallisieren sich nach wie vor mit einer gewissen Menge an Überschneidungen und Ausnahmen heraus.

Wir werden weder Kindern noch Erwachsenen, weder
Mädchen und Jungen noch Frauen und Männern ge-
recht, wenn wir die Unterschiede kleinreden oder wegdis-
kutieren. Im Gegenteil, dort, wo das Verständnis für die
Unterschiede fehlt oder gar sinkt, wird die Kluft eher größer.
Gleichberechtigung entsteht nicht durch Gleichmacherei, son-

dern nur aus ebenbürtiger und gegenseitiger Wertschätzung im Anderssein. Ein konstruktives Miteinander kann sich ausschließlich aus der Würdigung und Beachtung dieser geschlechtsspezifischen Eigenheiten entwickeln!

7. Die Biologie hinter den Geschlechterrollen

Die von der Natur vorgegebenen Unterschiede dürfen und können niemals die Gleichwertigkeit von Männern und Frauen in Frage stellen. Die Unterschiede zu benennen soll und darf nicht zu irgendwelchen Benachteiligungen führen, sondern lediglich für gegenseitiges Verständnis sorgen. Es steht ohnehin außerhalb jeglicher Diskussion, dass sich die genetischen und biologischen Geschlechtsunterschiede, ob sichtbar oder nicht, auch künftig nicht ändern werden. *„Genetische Anlagen ändern sich ständig durch Mutation!"*, mag der eine oder andere einwenden. Das stimmt, doch sind die dafür erforderlichen Zeitläufe wesentlich zu groß! Die Entwicklungen unserer ca. 5000 Jahre alten Hochkultur machen sich in den etwa fünf Millionen Jahren Menschheitsentwicklung kaum bemerkbar. Da ist es alles andere als wahrscheinlich, dass in für uns absehbarer Zeit gravierende Veränderungen in den derzeitig bekannten biologischen Unterschieden geschehen werden. Alles, was wir im geschlechtsspezifischen Verhalten verändern möchten, können wir ausschließlich dank unserer intellektuellen Lernfähigkeit – der auf physischer Ebene klare Grenzen gesetzt werden.

In ihrem Novemberheft 2014 widmet sich die Zeitschrift „Bergsteiger" der Geschlechterfrage und berichtet über Frauen wie Alix van de Melle, die mit sechs „Achttausender-Gipfeln" ebenso viele Achttausender bestiegen hat wie ihr Mann Luis Stitzinger. Die Autorin beschreibt anhand solcher

Ausnahmetalente, dass die Frauen den Männern am Berg in nichts nachstehen, der Unterschied sei lediglich „im Kopf", also psychologischer Natur. Als begeisterte Bergsteigerin, die ich, wie viele meiner Kameradinnen, bei unseren gemeinsamen Touren sehr wohl auf die Geduld meines eindeutig kräftigeren Mannes angewiesen bin, kann ich nur den Kopf schütteln: Durch die Anführung von extremen Ausnahmen grundsätzliche gegebene Eigenschaften der Mehrheit in Abrede zu stellen, grenzt schon an Mutwilligkeit, die vergessen lässt, dass es um den Respekt geht, den man diesen Ausnahmetalenten zollen möchte. Mit einer solchen Zwanghaftigkeit die Gleichheit der Geschlechter herbeireden zu wollen, ist schlichtweg einfältig. Der Dienst, der damit der Genderthematik geleistet wird, ist mehr als fragwürdig.

Ich bleibe weiterhin bei der Überzeugung, dass es für ein konstruktives Miteinander deutlich hilfreicher ist, die Unterschiede, die weitaus mehrheitlich gegeben sind, zu benennen.

Einige dieser biologischen Unterschiede wirken sich unmittelbar auf unser spontanes Verhalten und damit einhergehend auf die Kommunikation aus.

Ein Hormoncocktail mischt mit

Eine nicht unwesentliche Rolle für unser Verhalten spielen die Hormone. Glückshormone wie z.B. Serotonin oder gar Endorphine sorgen dafür, dass wir uns gut fühlen, Freude empfinden und uns entsprechend frohgemut an unser Tun machen. Sie kennen das sicherlich: Ausgestattet mit einem ausreichenden Cocktail an solchen Stoffen blicken wir vertrauensvoll und zuversichtlich auf unser Tun und gehen mit einer gewissen Leichtigkeit an die Arbeit, die uns auch dann gut gelingt, wenn sie anspruchsvoll und viel ist. Unsere Gespräche verlaufen dementsprechend leicht und positiv.

Sinkt der Spiegel dieser „Stimmungsstabilisatoren" bzw. Stimmungsaufheller, sinkt auch die Laune, wir werden eher antriebslos, pessimistisch oder resigniert. In diesem Zustand gehen die meisten Menschen auf Rückzug, verkriechen sich und halten kaum Kontakt, man glaubt nicht, dass es etwas bringt, mit anderen zu reden. Ich kann mich selbst gut erinnern, wie ich in Zeiten einer davon geprägten Depression fest der Überzeugung war, ich sei für andere eh nur Ballast – und ich weiß, dass es den meisten Menschen mit Depressionen oder depressiven Verstimmungen so geht. Vielleicht haben Sie auch selbst schon erlebt, wie zäh eine Unterhaltung mit jemandem sein kann, der überzeugt ist, er sei eine Zumutung für die Menschheit.

Adrenalin

In Momenten großen Schrecks und drohender Gefahr sorgt das Hormon Adrenalin für enorme körperliche Leistungsfähigkeit. Die Atmung richtet sich auf hohen Sauerstoffverbrauch und stellt Atemmodus und Durchblutung so um, dass der Körper maximal mit Sauerstoff versorgt wird und das Kohlendioxid, also der verbrauchte Sauerstoff entsprechend gut entsorgt wird. Dadurch steigt die Leistungsfähigkeit der Muskulatur und der wesentlichen grundlegenden Hirnfunktionen. Die Empfindungsfähigkeit für Schmerz und Erschöpfung wird gesenkt. Das Denken fokussiert sich auf Bewältigung der Gefahr, jeder „Handgriff" sitzt. In solchen Situationen wachsen wir schon mal über uns hinaus.

Während einer Gefahrensituation sind die Worte, die gewechselt werden, auf das Nötigste beschränkt. Nach dem Überstehen einer dramatischen Situation ist es zur Verarbeitung der Geschehnisse allerdings von hoher Dringlichkeit, darüber mehrfach und in großer Detailliertheit zu berichten. Wird z. B. nach schweren Traumata den Betroffenen keine Möglichkeit gegeben, darüber zu sprechen, ist die Gefahr einer posttraumatischen Belastungsdepression enorm hoch. Die Kommunikation über die Ereignisse wirkt ihrerseits balancierend und stabilisierend auf den Hormoncocktail, der die vitalen Körperprozesse entscheidend reguliert.

Dieser Hormoncocktail ist bei Frauen und Männern naturgegeben unterschiedlich und auch schwankend. Mit diesen Schwankungen korreliert auch die Kommunikation.

Testosteron – der Katalysator für männliche Energie

Das männliche Energie stimulierende Testosteron geht mit Aggression einher: Je mehr Testosteron aktiv ist, desto stärker zeigt sich aggressives Verhalten. In den jungen Jahren eines Mannes ist der Testosteronspiegel am höchsten und schwächt sich jeweils kurzfristig durch ausgelebte Sexualität ab. Sobald sich Nachwuchs einstellt, für den er sich verantwortlich fühlt, sinkt der Testosteronspiegel messbar und für längere Zeit ab. Mit zunehmender Selbstständigkeit der Nachkommenschaft steigt der Spiegel wieder deutlich an, um im Laufe des Alterns allmählich, aber konstant abzunehmen. Diese Entwicklung lässt sich aus vielen Statistiken ableiten, die zeigen, dass junge ungebundene Männer besonders abenteuerlustig wie risikofreudig und damit unfallgefährdet sind.

Der Höhepunkt der Testosterondurchflutung ist bei jungen Männern nicht nur an ihrer sehr tiefen, manchmal vielleicht noch etwas ungesteuerten Stimmmodulation zu erkennen. Auch ihre Kommunikationsform hat vor allem dann, wenn die „Kampfhähne" beieinander stehen, stellenweise etwas „Bellendes", kurze Worthülsen werden einander entgegengeschleudert, kraftvolles Lachen wechselt sich mit kampfeslustigen Parolen. Bisweilen ist es frappierend, wie schnell die Stimmung dabei kippt – vom Frotzeln zum angsteinflößenden Gebaren, um sich dann nach erfolgter Klärung wieder in fröhliches gemeinsames Johlen zu verwandeln.

Androgen

Das für die Entwicklung männlicher Ausprägung entscheidende Hormon ist das Androgen, welches bereits ab der achten Schwangerschaftswoche in den Hoden männlicher Embryonen produziert wird. Es bewirkt die Ausbildung von inneren und äußeren Geschlechtsmerkmalen sowie von geschlechtsspezifischen neuronalen Strukturen, auf die ich später noch im Detail zu sprechen kommen werde. Einige dieser Strukturen sind ursächlich für bestimmte geschlechtsspezifische Verhaltensweisen, die ab frühester kindlicher Entwicklung erkennbar sind – lange, bevor Kinder eine Bewusstheit über Geschlechterdifferenz und das eigene Geschlecht entwickeln. Vergleichen wir weibliche und männliche Neugeborene und Kleinstkinder, so sehen wir, dass Jungen in der Regel reizbarer und schwerer zu beruhigen sind. Sie sind grobmotorisch aktiver als Mädchen, impulsiver und oft problematischer in ihrem Verhalten. Damit sichern sie sich von vornherein eine deutlich größere Aufmerksamkeit. Neugeborene Mädchen hingegen sind aufgrund höherer neuronaler Reife emotional deutlich stabiler und daher gerade in den ersten Monaten meist „leichter zu haben". Jungen haben eine höhere Erkundungsbereitschaft, was sich nicht selten z.B. in einem frühen Auseinandernehmen von Spielzeug äußert, ohne dass schon die Kompetenz entwickelt ist, dieses auch wieder zusammenzusetzen. Technisches, unbelebtes Spielzeug weckt mehr ihr Interesse als die vom Vater angebotene Puppe. Im Alter von sechs Monaten ist bereits beobachtbar, dass Jungen sich stärker durchsetzen als Mädchen. Sie nehmen anderen das Spielzeug schnell mal weg, wohingegen Mädchen sehr früh schon nonverbal in Verhandlung gehen. Auch legen Jungen früher und häufiger als Mädchen riskantes Verhalten an den Tag, probieren verbotene Dinge aus und gehen mit kommunizierten Ge- bzw. Verboten anders um. Sie überschreiten stärker gesetzte Grenzen. Während Mädchen oft noch lange und ausdauernd miteinander oder mit dem Erwachsenen argumentieren, finden sich Jungen mit klarer Dominanz des Rivalen oder sehr deutlich gezeigten Grenzen des Erwachsenen schneller ab und ordnen sich unter. Nicht selten reagieren provozierende Mädchen zwar schnell auf Argumente, argumentieren aber auch nach Einstellen des unerwünschten Verhaltens noch eine ganze lange Weile weiter. Jungen hingegen schalten bei so mancher Androhung von Konsequenzen auf Durchzug, halten aber bei einem klaren und eindeutig dominanten „Basta" inne. Sie akzeptieren das Verbot, vielleicht nicht ohne Murren, aber ohne weitere Diskussion.

Neben dem größeren Forschergeist und dem Dominanzverhalten gibt es noch ein drittes früh erkennbares Merkmal männlichen Verhaltens: das „Imponiergehabe". Schon früh brüsten sich Jungen nicht nur ihrer Taten, sondern überschätzen sich und ihre Fähigkeiten leicht. Sie melden sich voller Begeisterung zu Wettbewerben und Konkurrenzkämpfen, bei denen ihre Favoritenrolle eher fraglich ist, haben aber dennoch das erklärte Ziel und die unbeirrte Hoffnung zu gewinnen. Mädchen scheuen sich deutlich länger davor mitzu„bieten", vor allem dann, wenn sie die Mitbewerber als besser einstufen. Dieser größere Mut und die höhere

Selbstüberschätzung der Jungen gehen mit einer deutlich höheren Frustrationstoleranz einher. Jungen geben nach einem Scheitern noch lange nicht auf, sondern wiederholen den Versuch gern und ausdauernd noch ein paarmal, stets in unumstößlicher Gewinnabsicht. Mädchen geben schneller auf und nach. Auch dieses Verhalten ist sowohl frühkindlich als auch beim Heranwachsenden beobachtbar – und zwar relativ unabhängig von der Erziehungskultur der Eltern. Ich vermute, dass nicht wenige meiner Leserinnen und Leser sich auch als Erwachsene in diesem Verhalten wiedererkennen.

Mittlerweile bin ich sicher, dass diese Unterschiedlichkeit ein großer Gewinn für das Zusammensein von Männern und Frauen ist, auch wenn es hier und da schon mal kracht und raucht.

Östrogen

Das weibliche Hormon Östrogen hat ebenfalls neben der Ausbildung weiblicher Geschlechtsorgane und später der Steuerung des weiblichen Zyklus Auswirkungen auf das Verhalten von weiblichen Neugeborenen.

Östrogen ist eng an das Interesse für Zwischenmenschliches gekoppelt, was sich gut am Zyklus der Frau ablesen lässt: An Tagen mit erhöhtem Östrogenspiegel (rund um den Eisprung) ist das Interesse an anderen Menschen höher als an Tagen mit hohem Gestagen-Spiegel, an denen die Frauen sich lieber zurückziehen. Im frühen Alter interessieren sich Mädchen deutlich mehr für andere Kinder und sorgen vor allem auch gern für jüngere Kinder beiderlei Geschlechts. Jungen fühlen sich, wenn dann eher zu älteren Jungen hingezogen und müssen dann oft lange und unermüdlich um deren Aufmerksamkeit und Akzeptanz buhlen.

Östrogen beeinflusst darüber hinaus essenziell, wie wir

auf Geräusche reagieren und sie speichern. Später ist es ebenso mitverantwortlich für das Speichern von Gedächtnisinhalten, vor allem derjenigen, die auditiv aufgenommen wurden. Nach der Menopause verschlechtert die Abnahme des Hormons gar das Hörvermögen. Und auch während des weiblichen Zyklus schwanken die Fähigkeiten der Frau in der kommunikationsrelevanten Signalverarbeitung.

Interessante Beobachtungen hat man bei Mädchen gemacht, die in der Schwangerschaft dem Androgen stärker als üblich ausgesetzt waren. Dies geschah eine Zeitlang bei der Gabe von künstlichen Hormonen für die Mutter, um einen frühen Abgang zu verhindern, ohne dass man deren androgene Wirkung kannte. Auch eine bestimmte Fehlfunktion der Nebennierenrinde des Fötus löst bei diesem eine höhere Androgen-Produktion aus. Die davon betroffenen Mädchen zeigen in ihrem Verhalten später Eigenschaften, die typischerweise bei Jungen zu sehen sind. Sie raufen gern, lieben Wettkampfsportarten, bevorzugen technisches Spielzeug und haben ein besseres Orientierungsvermögen als ihre Geschlechtsgenossinnen. Nicht selten bezeichnet man sie im Mädchenalter liebe- oder zumindest respektvoll als „Wildfang". Im Erwachsenenalter fällt es ihnen deutlich leichter, sich im Zweifelsfall eher für die Karriere als für die Familie zu entscheiden. Häufig haben es solche Mädchen auch einfacher als Führende und später als Führungskraft akzeptiert zu werden als andere.

Das schon früh bevorzugte Spielverhalten von Mädchen für alles, was irgendeine Art von pflegerischer Aktivität erfordert, ist ein weiteres Zeichen von tief veranlagtem Interesse für Kommunikation und Kontakt. Die höhere Empathiefähigkeit von Mädchen zeigt sich z.B. schon auf der Neugeborenen-Station: Wenn ein Neugeborenes schreit, sind es zumeist die anderen weiblichen Säuglinge, die schnell mit in das Geschrei einstimmen. Diese „soziale Sensibilität" sorgt dafür, dass sie sich schon in den ersten Lebenstagen leicht von Gefühlen „anstecken" lassen. Bei der Entwicklung von Mimik haben sie nicht nur höheres Interesse für die Mimik der Gesichter, in die sie blicken, sondern ahmen auch schneller und mehr nach. Sie ziehen beispielsweise schneller als Jungen die Augenbrauen hoch und bekunden somit sichtbar ihr Interesse. Auch die nonverbale Kommunikation setzt bei den Mädchen früher ein als bei ihren männlichen Geschlechtsgenossen.

In der Pubertät steigert sich diese Neigung zu ständigem Zusammenglucken. Allein und nicht mit dabei zu sein, ist für ein Mädchen zu dieser Zeit nur schwer erträglich. Die Mädels können pausenlos reden – für Außenstehende oft mühsam. In dieser Zeit steigert sich auch die für Frauen ohnehin typisch stärkere Stimmmelodie, ein Singsang bis in höchste Höhen ist keine Seltenheit.

Wenn Östrogen stärkeres Interesse für den zwischenmenschlichen Kontakt bedingt und sich auf Hör- und Gedächtnisvermögen auswirkt – ist es nicht mehr als nachvollziehbar, dass Mädchen sich häufiger auditiv und damit auch sprachlich orientieren als Jungen, bei denen nicht nur der visuelle Sinn, sondern vor allem auch die Orientierungsfähigkeit besser ausgebildet ist?

Wenn wir bedenken, „dass ein erhöhter Testosteronspiegel mit der Verringerung sprachlicher und kommunikativer Fähigkeiten einhergeht, brauchen Sie als Eltern und Erzieher sich nicht zu wundern, warum die Knaben um so vieles wortkarger und einsilbiger sind als Mädels und warum beide füreinander in dieser Zeit nur mühsam Verständnis aufbringen, außer wenn das erwachende erotische Interesse füreinander die Oxytocin-Ausschüttung erhöht.

Oxytocin

Das auch als „Kuschelhormon" in aller Munde kursierende Oxytocin bewirkt ein höheres Interesse für Beziehung und Beziehungspflege. Versuche mit entsprechenden Nasensprays haben ergeben, dass man dem anderen sowohl mehr vertraut als auch ihm gegenüber vertrauensvoller agiert. Neben dem sexuell motivierten Werbeverhalten hat es für das Überleben der Säugetiere ganz wesentliche körperliche Funktionen: Es löst die Geburtswehen aus, regt den Stillvorgang an, wirkt einerseits beruhigend und macht andererseits wach – eine Mutter ist nach einer Geburt stundenlang weitgehend angstfrei und ruhig sowie hellwach und bei klarem Verstand. Nach wenigen Tagen fühlt sich die Mutter in das Neugeborene wie „verliebt", ein Zustand, der den hilflosen Geschöpfen das Überleben sichert.

Auch die Väter werden angesichts des zu versorgenden Säuglings und seinem Lächeln mit diesem Hormon durchflutet, werden vergleichsweise häuslich, fühlen sich zur Familie hingezogen und suchen und geben mehr körperliche Nähe als zuvor. Bis zu etwa einem Lebensalter des Kindes von vier Jahren hält bei Männern der erhöhte Oxytocinspiegel durchschnittlich an.

Aggression sichert das Überleben

Natürlich bestimmt nicht immer nur ein spezielles Hormon aktiv unser Verhalten, es ist vielmehr stets eine besondere Zusammensetzung der Hormone, die sich auf unsere Entwicklung und unser letztendliches Verhalten auswirken.

Fälschlicherweise wird dem Hormon Testosteron die Ursache für aggressives Verhalten zugeschrieben, was so nicht richtig ist. Denn Aggression kommt beileibe nicht nur bei Männern vor, sondern durchaus auch bei Frauen – eben nur in einer anderen Art und Weise. Eine Frau ist bestimmt nicht deswegen aggressiv, weil sie gerade einen Testosteronschub hat. Testosteron treibt die Risikobereitschaft hoch, schürt Dominanzgehabe und Imponierverhalten und hebt zugleich Selbstüberschätzung und Frustrationstoleranz. Es sind immer bestimmte Hormoncocktails, die bei den jeweiligen Aggressionsformen aktiv sind. Aggression, in unserer Gesellschaft häufig nur negativ verstanden, ist primär beileibe nicht nur negativ, sondern trägt entscheidend zur Sicherung unseres Bestandes bei. Da Aggression viel mit Beziehung zu tun hat, tritt sie in der Kommunikation am sichtbarsten zu Tage.

Aggression teilen wir im Wesentlichen in drei Typen ein: die assertive Aggression, die impulsive Aggression und die Beziehungsaggression.

Assertive Aggression

Die assertive Aggression (assertiv = durchsetzungsfähig) ist eine im wesentlichen männliche Aggressionsform, bei der es primär nicht darum geht, den Gegner zu verletzen oder zu vernichten, sondern ausschließlich darum, die Dominanz unter Beweis zu stellen. Das spielerische Raufen der meist männlichen Jungen ist nichts anderes als der Wunsch herauszufinden, wer der Stärkere ist. Diese Aggressionsform, mit der Frauen und leider auch Mütter meist wenig anfangen können, zieht sich durch das Leben eines Jungen und späteren Mannes. Bei erwachsenen Männern hat sie den einfachen Zweck, für die Weitergabe des eigenen genetischen Materials zu sorgen, sich also den „Platz bei der Schönsten" zu sichern.

Die Tendenz, durch Abwertungen und Verbote in der Erziehung den Jungen diese assertive Aggression zu nehmen, sind in etwa dem Versuch gleichzusetzen, die sexuelle Energie des Menschen zu unterbinden. Wie immer mündet das Verbot und Versagen einer solch natürlichen Energie zwangsläufig in hochkreative und energetische Formen, das Untersagte mehr oder weniger heimlich durchzusetzen. Sinnvoll und unbedingt notwendig ist es vielmehr, gerade in einer Zeit, in der die Erziehungszeiten vorwiegend frauendominiert sind, Mittel, Wege und Räume zu finden, in denen die Jungen lernen können, konstruktiv mit dieser eigentlich positiv-kreativen Energie umzugehen. Damit es definitiv dabei bleibt, den Gegner nicht zu vernichten oder nicht ernsthaft zu verletzen.

Sprachlich spiegelt sich diese Aggressionsform in einem uns bekannten Phänomen erkennbar wieder. Begrüßen sich Kumpel untereinander, fallen selten Begriffe, die aus weiblicher Sicht massive Abwertungen sind. „Hey alter Sack, lässt du auch mal wieder deine versoffene Fratze blicken?", bedeutet übersetzt so viel wie: „Ich freu mich riesig, dass du wieder mal mit von der Partie bist, komm nur her und fühl dich wohl!" Eine solche Begrüßungsformel kommt dabei durchaus nicht nur in den sozialen Randgruppen vor. Im Businessumfeld mag es sprachlich dabei etwas „gewählter" zugehen, doch sind etwa (für uns Frauen zweifelhafte) Komplimente durchaus an der Tagesordnung.

Impulsive Aggression

Von dieser assertiven Aggression ist die impulsive bzw. Frustrationsaggression deutlich zu unterscheiden, da sie sich immer auf einen konkreten Auslöser bezieht. Bei Jungen und Männern ist sie meist körperlich-impulsiv und kann zerstörerische Ausmaße annehmen. Frustration in der assertiven Aggression kann in diese impulsive Aggression münden, ist dann davon nicht so leicht unterscheidbar.

Schlimme Ausmaße nehmen die Auswirkungen der chronischen Unterforderungsfrustration an, wie sie etwa unbeschäftigte Asylbewerber, Arbeitslose und Männer ohne die Möglichkeit zu verlässlichem Ausleben ihrer sexuellen Energie erleiden. Gerade bei den testosterondurchfluteten Jugendlichen kennen wir die katastrophalen Folgen nur zu gut.

Sprachlich läuft impulsive Aggression deutlich lauter ab. Die Wortwahl ist um ein Vielfaches schärfer und schneidender, Worte sollen gezielt verletzen und massiv erniedrigen. Auch die Körpersprache zeigt wesentlich deutlichere Zeichen von Dominanz als die eher lässige assertive Aggression. Handfeste und körperbetonte Drohgebärden sind dabei nicht selten. Ruhe gibt der impulsive Aggressive erst, wenn der andere „am Boden liegt", sich total klein fühlt, sprachlos ist und (kommunikativ) vollständig kampfunfähig. Es verschafft Erleichterung und Ruhe auf Seiten des Aggressors, wenn der Gegner zusammenbricht. Diese Aggressionsform begegnet uns im wirtschaftlichen Umfeld vor allem im Zerstörungsgrad durchgeführter Maßnahmen, die sich nicht mal unbedingt gegen den Auslöser, sondern in erster Linie gegen den nächsten Schwächeren richten, den man vernichten kann.

Eine Unterform der Frustrationsaggression ist die latente bzw. passive Aggression. Der Impuls läuft verdeckt ab und ist in seiner Wirkung umso fataler, wenn die Aggression nicht unmittelbar erkannt wird. Gegen etwas, das ich nicht sehe, kann ich mich nicht gut wehren. Jede Form von Manipulation beispielsweise ist latent-aggressiv. Es schaut nicht nach dem aus, was es ist, hinterlässt aber massive Verletzungen und Schäden, ohne dass der Aggressor dabei sofort ausgemacht werden kann. Latente Aggression ist körpersprachlich verschlossen, die Arme sind verschränkt, der Körper abgewandt. Sie strahlt Arroganz, Überheblichkeit und Abschätzigkeit aus.

Sprachlich gibt es zwei Ausprägungen, die beide zunächst harmloser aussehen als die offene impulsive Aggression, in ihrer Wirkung aber nicht minder bedrohlich sein können. Das eine sind zweideutige Botschaften (double binds), die sich an der Oberfläche freundlich anhören, in der beabsichtigten Wirkung nichts anderes als Bloßstellungen oder Manipulationen sind. *„Schön, dass du dich auch mal wieder meldest!"* – der massive Vorwurf, dass man sich viel zu lange um den anderen nicht gekümmert hat, steht mit einem freundlichen „schön" nachgerade in die Luft geschrieben. Jeder Versuch der Rechtfertigung läuft mit einem „Ich weiß gar nicht, was du hast, ich hab doch gesagt: ‚schön'!" ins Leere. Wer die Macht behält, ist klar. Extrem machtvoll ist auch das sogenannte „Schneiden" einer Person, bei dem diese „wie Luft" behandelt wird. Es drückt nonverbal aus: „Für mich existierst du nicht." Das kommt einer verbalen „Tötung" gleich. Nicht wenige Frauen und Männer agieren mit dieser Aggression und sind sich dabei „keiner Schuld bewusst". Passive Aggression ist kein Kräftemessen, sondern ein Instrument zur seelischen Vernichtung ohne die Gefahr direkter Strafverfolgung.

Beziehungsaggression

Eine weitere Form der Frustrationsaggression ist die „Beziehungsaggression", die eine eher für Mädchen und Frauen typische Aggressionsform ist. Diese kann sowohl offen als auch passiv, also latent ausgetragen werden.

Unter Mädchen und Frauen reguliert sich das Verhalten innerhalb der Gruppe anders als bei Jungen und Männern. Dort, wo die männlichen Vertreter durch Dominanzrituale die Ordnung schnell regeln und akzeptieren, begegnen sich Frauen zunächst offen, empathisch und verbindlich. Sie stellen erst einmal sicher, dass die andere sich wohlfühlt – gegebenenfalls mithilfe von prosozialer Dominanz – einer Mischung aus fürsorglichem Verhalten und Bevormundung, die zumindest subtil eine eigene Vormachtstellung signalisiert. Integrierendes Verhalten wird ebenso von allen anderen (Frauen) erwartet. Für andere zu sorgen, dient somit letztlich auch der Sicherung, selbst akzeptiert und willkommen zu sein. Eine Frau, die von vorneherein abweisend oder zurückhaltend auf andere zugeht, wird es langfristig schwer haben, Vertrauen zu bekommen und akzeptiert zu werden.

Es werden vor allem Frauen bewundert, die von anderen bewundert werden, selbst aber wenig Aufhebens um ihre Person machen. Im Gegenteil, Frauen, die sich mit ihren Leistungen, ihrem Besitz oder sonst wie herausstellen, werden als „unsozial" abgelehnt. Männer ernten mit ihrem Imponiergehabe bei Frauen zwar auch nicht uneingeschränkte Akzeptanz, bekommen aber dennoch die von ihnen erwünschte Aufmerksamkeit. Je selbstsicherer Männer ihre Kompetenzen herausstellen, desto mehr sind Frauen geneigt, ihnen zu glauben, da sie selbst nie mehr herausstellen würden, als real ist. Eine Frau vermeidet Übertreibungen in der Selbstdarstellung, da sie damit rechnen muss, sonst vollständig ausgegrenzt zu werden.

Diese Stutenbissigkeit ist die Kehrseite der intensiven Fürsorge: Eine Frau, ein Mädchen, die sich für etwas Besonderes hält, muss mit massiver Beziehungsaggression rechnen. Diese läuft vor allem verbal ab: Die anderen lästern, reden schlecht über sie und sorgen dafür, dass sie erst recht in schlechtem Licht da steht. Beziehungsaggression wird dabei viel häufiger „hinten herum" oder ganz verdeckt (durch ausgrenzendes Schweigen) ausagiert als offen. Echtes offenes Ankeifen ist meist Ausdruck einer späteren Eskalationsstufe. Auch die latente oder passive Beziehungsaggression ist für das Opfer folgenschwer und emotional bisweilen verheerend. Aus Angst vor dieser Aggression ist es für viele Frauen nicht nur undenkbar, sich hervorzutun, sondern sie vermeiden sogar tunlichst sich im rechten Licht darzustellen, wenn sie gut oder besser sind als andere. Das Herausstellen überlassen sie lieber den anderen, um damit akzeptiert zu werden – nicht ohne jegliches Kompliment dann sogleich wieder herunterzuspielen.

Schuldgefühle – ein unnützer Störfaktor?

Schuldgefühle drücken sich in der Kommunikation meist als Rechtfertigungen aus, die den Verlauf des Gesprächs in den seltensten Fällen günstig beeinflussen. Sie enden kaum je in einer spürbar gleichberechtigten Lösung. Alle Schuld von sich zu weisen, verschafft dem so Agierenden meist einen Wettbewerbsvorteil, dient aber nicht unbedingt der Zufriedenheit seiner sozialen Umgebung. Dass es meist Frauen sind, die sich rechtfertigen, und deutlich häufiger Männer sich nicht lange mit Schuldgefühlen herumplagen, bedarf wohl keiner langen Beweisführung. Doch warum ist das so?

Schuldgefühle und Abwehr von Strafen
Die landläufige Meinung dazu, warum dies so ist, lautet: „Alles Vorbild und Erziehung." Angesichts der Häufigkeit und Deutlichkeit dieses geschlechtsspezifischen Schuldgefühls hatte ich so meine Zweifel an dieser einseitigen These. Erst in dem schon mehrfach erwähnten Buch „Von Natur aus anders" fand ich dafür eine plausi-

ble Erklärung. Dieses Buch der Münchner Psychologie-Professorin Doris Bischof-Köhler ist für die Genderthematik ein herausragendes wissenschaftliches Werk. Bischof-Köhler bezieht sich auf amerikanische Studien, in denen bereits im frühen Kindesalter beobachtet wurde, dass Mädchen bei Übertretungen eher mit Schuldgefühlen, Jungen hingegen eher mit Angst vor Bestrafung reagieren. Interessant ist die Herleitung der Ursachen dafür: Die größere Empathie-Fähigkeit, die bereits bei kleinen Mädchen sichtbar wird, bedingt ein Mitgefühl mit dem, der leidet. Wir erinnern uns: Schon kleine Mädchen sind kontaktfreudiger und sehr gern fürsorglich jüngeren Kindern gegenüber. Mädchen und später Frauen können sich leichter in die Gefühlswelt des Gegenübers hineinversetzen als ihre männlichen Genossen. Selbst bildgebende Verfahren der neurologischen Forschung zeigen dafür geschlechtlich unterschiedliche Aktivierung entsprechender Hirnregionen, wie Sie im folgenden Kapitel noch genauer lesen werden. Spüren Mädchen, dass sie durch ihr Verhalten bei ihrem Gegenüber Missfallen oder Unwohlsein ausgelöst haben, fühlen sie mit diesen mit und sich daher schuldig, weil sie ja der Auslöser dafür waren. Jungen, denen Dominanzstrukturen ebenso wichtig sind wie die individuelle Freiheit und das Entdeckertum, kommen bei ihren Abenteuern gern mal in Konflikt mit den ihnen gesetzten Grenzen. Durch die entsprechenden Konsequenzen und Reaktionen lernen sie, ob die Grenzüberschreitung ein erfolgreicher Schritt zur Erweiterung ihres Handlungsspielraums war oder ein klarer Regelverstoß. Die Angst vor Bestrafung hilft ihnen, trotz Abenteuerlust das Verbotene besser nicht so schnell zu wiederholen.

Während Frauen sich bei Fehlern „bevorzugt" rechtfertigen, spielen Männer diese zunächst lässig herunter. Wenn die Fehler für den Mann ernsthafte und unausweichliche Konsequenzen nach sich ziehen könnten, wird gekämpft, er wird aggressiv und laut, bedroht dabei schon mal den „gefährlich gewordenen Gegner". Erst der wirklich verlorene Kampf macht ihn kleinlaut.

Sind Schuldgefühle biologisch sinnvoll?

In der frühen Menschheitsgeschichte konnte ein Fehlverhalten bei den pflegerischen Aufgaben der Frauen massive Konsequenzen für das Überleben des Nachwuchses haben. Die Frau schadete weniger sich selbst, sondern vor allem dem Wichtigsten, das es zu bewahren galt, den Nachkommen. Sie musste erleben, wie es denen, die ihr nahestanden, aufgrund ihres fehlerhaften Verhaltens schlecht ging. Selbst wenn dies auf von ihr nicht beeinflussbaren Gründen beruhte, wenn sie z.B. nicht genügend Milch zum Stillen hatte, fühlte sie sich schuldig, da das Neugeborene ja erst recht nichts dafür konnte, dass es hungern musste. Sie setzte alles in ihren Möglichkeiten Stehende in Gang, um „es dem Kind doch noch recht zu machen". Jegliches frühzeitige und vorsorgliche Handeln, um für das Wohlbefinden der ihr Schutzbefohlenen zu sorgen, ersparte ihr späteres Nachsehen und Schuldgefühle.

Der mit dem Gegner im Kampf befindliche Jäger hingegen litt durch eigenes Fehlverhalten in erster Linie selbst und hatte sich auch erstmal um die Versorgung der eigenen Wunden zu kümmern, vorrangig, um die eigene Kampffähigkeit wiederherzustellen. Ein Mitgefühl mit dem verletzten Tier oder Gegner war hingegen nicht nur nicht angebracht, sondern in keiner Weise zielführend und hinderlich. Misserfolge einstecken zu können, ohne lange darüber nachzudenken, war überlebensnotwendig, um in Folge die Familie versorgen zu können.

Ich nehme an, dass viele meiner Leser und Leserinnen sich in dieser Schilderung wiedererkannt haben, obgleich sie die Situation unserer Vorfahren beschreibt. Wie oft fühlen sich Frauen manchmal gar anstelle ihrer Männer unverständlicherweise in Situationen schuldig, für die sie gar nichts können? Aber gut, es dient dem Zusammenleben und ist für den Mann auf jeden Fall bequemer und weniger bedrohlich, als selbst unter dem Makel leiden zu müssen, einen Fehler begangen zu haben.

Das größere Schuldempfinden der Frauen ist demzufolge nicht nur anerzogen. Doch wird es für die weitere gelingende Zusammenarbeit von Männern und Frauen nicht unerheblich sein, im Umgang mit den Schuldgefühlen einen Weg zu finden, bei dem nicht von vornherein schon isolierter Gewinner und einfühlsamer Verlierer feststehen. Anregungen dazu, wie das umgesetzt werden kann, finden Sie im dritten Teil dieses Buches.

Neurologie: reine Nervensache – denken Frauen und Männer unterschiedlich?

In einer gemeinsamen Studie der Genderlehrstühle in Berlin und Bologna wurde die neurologische Verarbeitung von Information im Gehirn mittels der Magnetresonanztomografie (MRT) sichtbar gemacht. Gemessen wurde die Impulstätigkeit der Nervenzellen im Gehirn bei der Verarbeitung eines akustischen Reizes (Handlungsauftrag) bis zur Umsetzung in die entsprechende Reaktion (Handlungsimpuls). Man sieht darin, wie der akustische Reiz zunächst große Aktivität im Hörzentrum auslöst. Daraufhin werden weitere elektrische Ströme initiiert, die sich schlussendlich im Frontallappen sammeln, bis die Handlung vollzogen ist.

Vom Hören zum Handlungsimpuls – ins Bild gesetzt

In der Draufsicht wurden weibliche und männliche Gehirne und der jeweilige Verlauf dieser Hirnströme miteinander verglichen, um herauszufinden, ob Differenzen zu beobachten sind. Das Ergebnis war wohl selbst für die Forscher überraschend:

Bei Männern schaute das MRT so aus wie in Abbildung 2. Die Impulse gehen vom Hinterhaupt (Sitz des Hörzentrums) aus direkt in den Frontallappen (Initiation der Handlung) und werden dort in Handlung umgesetzt.

Bei Frauen sah das MRT hingegen etwa so aus wie in Abbildung 3: Der Impuls sendet vom Hinterhaupt (Sitz des Hörzentrums) aus zunächst Ströme in diverse Hirnregionen, um sich danach im Frontallappen (Initiation der Handlung) für die Handlungsdurchführung zu sammeln und die Handlung auszulösen. Das bedeutet: Während bei Männern nach Verarbeitung des gehörten Auftrags die Energie umgehend in eine Handlung mündet, geht bei Frauen erst einmal der große „Check up" los. Aus allen möglichen Hirnregionen werden Informationen gesammelt, mit dem Auftragsimpuls abgeglichen und verarbeitet. Der Auftragsimpuls gelangt somit, durch viele Informationen angereichert, aber deutlich langsamer, in den Frontallappen zur Umsetzung.

Ein ähnliches Experiment hat die Universität Ulm unter der Federführung von Manfred Spitzer, ärztlicher Direktor der Psychiatrischen Universitätsklinik in Ulm sowie Gründer und Leiter des dortigen Transferzentrums für Neurowissenschaften und Lernen durchgeführt. Dessen Studie untersuchte anhand einer Aufgabe, in der die Probandinnen und Probanden den Ausgang aus einem Irrgarten finden mussten, die Orientierungsfähigkeit von Frauen und Männern. Das Ergebnis zeigte deutlich, dass Frauen dafür nicht nur andere Gehirnregionen aktivieren als Männer, sondern auch wesentlich mehr. Sie brauchen für die Erledigung der Aufgabe zwar im Durchschnitt länger (Frauen 196 sec., Männer 142 sec.), haben am Ende aber mehr Informationen gesammelt. Interessanterweise kommt Spitzer dabei nicht zu dem Ergebnis, dass Männer sich grundsätzlich „besser" orientieren können, sondern schlichtweg „anders". Frauen verlassen sich auf „Landmarken" (optische Fixpunkte), Männer auf geometrische Einheiten (Winkel, Linien, Pfeile).

Interessant für die Gender Communication ist die Beobachtung, dass Frauen für ihre Form der Orientierung vor allem den rechten frontalen Kortex nutzen, die Gehirnregion, die auch für die Sprachverarbeitung zuständig ist. Weibliche Orientierung hat also unmittelbar etwas mit ihrer Sprachkompetenz zu tun. Sie nutzen bei der Orientierung dieselben komplexen kommunikativen Strukturen wie bei der Lösung von Problemen. Männer, die sich vorwiegend geometrisch orientieren, nutzen dafür den linken Hippocampus, eine Gehirnregion, die vor allem für das Denken in geometrischen Strukturen verantwortlich ist. Sie sind dadurch deutlich besser als Frauen in der

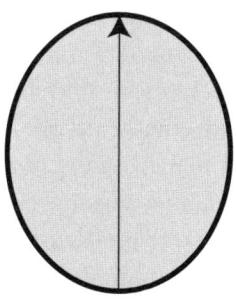

Abbildung 2

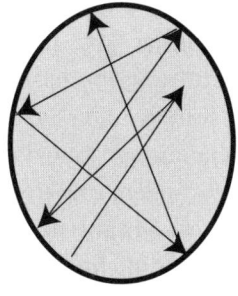

Abbildung 3

Lage, sich ohne weitere relevante Bezugsinformationen auch in großen Räumen zu orientieren. Jede weitere sprachliche Information wirkt sogar störend! Sowohl Jungen als auch erwachsene Männer bevorzugen es, sich ihren Raum eher einzelgängerisch-entdeckerisch zu erschließen, sind also darauf angewiesen, ihre oft großen Wege ohne Unterstützung durch andere zu bewältigen. Im Gegenteil, durch Ratschläge und Hinweise z.B. von Eltern, Ehefrau als Beifahrerin etc. fühlen sie sich viel eher gestört als unterstützt! Wer kennt nicht den klassischen Konflikt im Auto, wo „frau" einfach nicht verstehen kann und will, warum „mann" lieber selbst sucht, ohne genau zu wissen, wo es gerade langgeht, als jemanden draußen zu fragen, der einem vermutlich ganz sicher schnell weiterhelfen könnte! Nicht selten reagiert „mann" dabei sehr unwirsch bis aggressiv, dass „frau" ihn bei seiner Orientierungsarbeit derart stört!

Wir hatten uns mit unseren Freunden Anne und Paolo zum Tanzen in einer neuen Lokalität in der Umgebung verabredet. Als die beiden mehr als eine Stunde verspätet auftauchten, waren beide aufgebracht und sichtbar nicht in der Stimmung, einander körperlich so nahe zu sein, wie es das Tanzen erfordern würde. Jeder drückte sich in eine andere Ecke des Lokals. Als wir auf sie zukamen, platzte Anne beinahe vor Wut, und Paolo zog sich mit meinem Mann erst mal auf ein Bier an der Bar zurück. Was war geschehen? Sie hatten sich im Weg vertan. Paolo, der Fahrer, hatte unbeirrbar die Fährte aufgenommen und gesucht, während Anne darauf bestanden hatte, Passanten nach dem Weg zu fragen. Je länger Paolo fuhr, desto wütender wurde Anne, je wütender sie wurde, desto mehr schaltete Paolo auf Durchzug. Am Ende hatte er das Ziel zwar dennoch gefunden, seine Frau aber emotional erst mal „verloren". Es brauchte schon eine ganze Weile und gutes, verständnisvolles Zuhören, bis sie erstmal Lust bekamen, wenigstens „mixed" zu tanzen. Als es mir gelang, ihnen beiden in Ruhe die unterschied-

lichen Orientierungsbedürfnisse verständlich zu machen, konnten sie sogar lachen und gemeinsam tanzen.

Ich bin sicher, dass auch Ihnen sofort viele Beispiele zu dieser unterschiedlichen Art und Weise sich zu orientieren, zu planen und zu handeln einfallen, die so manche Gesprächsrunde über „Frauen und Männer" bereichern werden!

Diese spezifischen Orientierungskompetenzen sind in der Zusammenarbeit von Teams und Partnerschaften komplementär. Das Überblicken und Bewältigen großer Zusammenhänge wird durch die Beachtung und Verknüpfung verschiedenster Bezugspunkte und vielfältiger Erfordernisse ergänzt!

Es ist schon spannend, dass es selbst neurologisch erkennbar ist: das schnelle männliche Reagieren ohne große weitere Überprüfung auf der einen Seite und das zeitraubende vor- und umsichtige Blicken auf Umstände und Zusammenhänge auf der anderen, der weiblichen Seite. Es zeigt nicht, ob dies Folge oder Ursache für das Handeln ist – sondern schlichtweg, dass es abbildbar, also nicht Einbildung ist, dass sich darin der Großteil der Frauen vom Großteil der Männer unterscheidet.

Der bewusst provozierend gewählte Titel *„Eva talks – Adam walks"* (zu Deutsch: Eva spricht – Adam handelt) ist in der Hinsicht auch im EEG sichtbar, dass „frau" sich mehr Zeit nimmt abzuwägen, bevor sie handelt, „mann" es aber bevorzugt, ohne große Umschweife zur Tat zu schreiten, zu agieren. Das Abwägen der Frauen geschieht dabei gerne in Kommunikation mit anderen Betroffenen – unabhängig von deren Geschlecht.

Hier beginnt wohl eines der größten Probleme zwischengeschlechtlicher Kommunikation, denn wenn „frau" erwartet, dass „mann" sich an den Überlegungen in gleichem Maße beteiligt, riskiert sie viel Ungeduld. Wenn aber der Mann sich dem völlig entzieht und im Gegenteil erwartet, dass die Frau aufhört, „so lange rumzueiern", wird auch er auf Granit beißen.

Schneller Max und vorsichtige Anna

Der große Vorteil männlicher Handlungsimpulsivität ist eindeutig die Schnelligkeit. Die Spontaneität, das „nicht lange Fackeln" hat dabei eine hohe Attraktivität für das Umfeld. Jeder, der Hilfe braucht, freut sich, wenn er sie sofort bekommt und nicht lange warten muss. Natürlich gehe ich lieber zu jemandem, der ohne Umschweife ja sagt als zu dem- (oder der-)jenigen, die erstmal „wenn und aber" sagt. Lieber „zupackend" als zögerlich. Lieber handfest als wachsweich, lieber die „Taube in der Hand als den Spatz auf dem Dach".

Der große Vorteil weiblichen Überlegens im Handeln ist eindeutig die Vorsicht. Das umsichtige Abwägen ermöglicht eine passgenaue Herangehensweise. Nebenwirkungen, Seitenaspekte und auch Folgen, die nicht auf den ersten Blick erkennbar sind, werden bedacht und miteinbezogen, sodass dabei schon im Vorfeld für eine größtmögliche Zufriedenheit im Ergebnis gesorgt werden kann. Dies hat zwischenmenschliche Auswirkungen, derentwegen die Zusammenarbeit mit Frauen letzten Endes sehr geschätzt wird: lieber fürsorglich als überrumpelnd, lieber warmherzig als kaltschnäuzig ... ja, und: Vorsicht ist besser als Nachsicht. Die jeweiligen Nachteile liegen damit auch auf der Hand. Wer impulsiv handelt, übersieht so manches und riskiert eine hohe Fehlerquote. Wer lange überlegt, riskiert, dass zu viel Zeit vergeht, wo schnell gehandelt werden muss.

Doch das Problem liegt nicht darin, dass diese Verhaltensweisen „Nachteile" haben, sondern darin, dass jeweils kein Verständnis für die andere Vorgehensweise geübt wird. „Max" findet Anna umständlich, „sie kommt ja nicht in die Pötte". Anna findet Max leichtsinnig und gedankenlos. Dabei liegt es auf der Hand, dass beide Verhaltensweisen für sich genommen sehr viel Sinn machen! Es kommt auf den Kontext an, in welchem Handeln gefragt ist, und darauf, dass möglichst keiner der beiden Modi das Geschehen zu lange allein bestimmt. Nur in einem stimmig ineinandergreifenden Zusammenspiel können die Vorteile dieser beiden Handlungs-Charakteristika zur Geltung kommen. Ich finde, die Natur hat sich das schon hervorragend ausgedacht. Es macht also nicht nur aus biologischer Sicht Sinn, dass es Männlein und Weiblein gibt!

Ist „größer" gleich „gescheiter"?

Um mit einem Missverständnis oder Klischee aufzuräumen: Ja, Männergehirne sind im Durchschnitt größer als die der Frauen. Allerdings ausschließlich in dem Maße, wie es auch die durchschnittliche größere Körpergröße differiert. Wollte man unabhängig davon die Leistungsfähigkeit dennoch mit der Größe des Gehirns in Verbindung bringen, so kommt man spätestens dann in Erklärungsnot, wenn es um die Frage geht, wie leistungsfähig z.B. das Gehirn eines Elefanten oder eines Pottwals ist. Die Leistungsfähigkeit entscheidet sich definitiv nicht an der Größe! Dass Frauen die dickere Gehirnrinde besitzen und bei ihnen das Corpus Callosum (Balken) größer ist, welches die beiden Hirnhälften mit einander verbindet, ist ebenso wenig relevant für die durchschnittliche Leistungsfähigkeit. Auch die Tatsache, dass Frauen um elf Prozent mehr Neuronen haben, macht noch keinen Intelligenzunterschied.

Es ist vielmehr so, dass geschlechtsspezifische Unterschiede ausschließlich in der Aktivierung der diversen Hirnregionen Bedeutung haben. Sie haben Einfluss auf den qualitativen

Ablauf bestimmter Vorgänge und Verhaltensweisen, die beim einen oder anderen Geschlecht jeweils für bestimmte Situationen oder Grundbedingungen vorteilhaft sind. Diese unterschiedlichen Verhaltensweisen im Tun und in der Kommunikation zeigen sich also nicht in der Geometrie, wohl aber in der Nutzung des Gehirns. Die sich daraus ergebenden Unterschiede in Handlung und Kommunikation können jedoch keineswegs irgendeiner Bewertung unterzogen werden. Wir sollten froh sein, dass es diese Unterschiede gibt, und sind gut beraten, sie auf unsere Art und Weise – angepasst an aktuelle Erfordernisse – zu nutzen!

Das „Wie" ist entscheidend

Wenden wir uns daher der genaueren Betrachtung der geschlechtsspezifischen Nutzung des Gehirns und seiner Regionen zu. Frauen sind wohl aufgrund des größeren Corpus Callosum besser in der Lage, beide Hirnhälften zu nutzen. Wie auch in der Untersuchung von Manfred Spitzer beobachtet, vernetzen Frauen ihr Handeln daher stärker und häufiger mit Sprache. Dies geht meist auf Kosten der Geschwindigkeit, verringert aber das Fehlerrisiko. Beidhirniges Denken erleichtert und erfordert daher die Verknüpfung von Handlung mit Sprachfunktionen. Asymmetrisches – vorwiegend männliches – Denken erleichtert und erfordert Zielgerichtetheit und Fokussierung. Die größere kommunikative Kompetenz ist also für Frauen eine ebenso wesentliche Grundlage für ihr Handeln, so wie es die Fokussierung für die Männer ist.

Damit wir uns nicht missverstehen: Auch Männer können sprachlich sehr kompetent sein, und viele Frauen können sehr wohl fokussiert arbeiten. Wie schon mehrfach erwähnt, beschreibe ich lediglich die statistisch relevante Tendenz innerhalb einer altersmäßigen, sozial und kulturell gemischten Geschlechtergruppe. Die meisten meiner Leserinnen und Leser kennen und leben mit individuell angeborenen und später erworbenen Unterschieden, die all diese Kategorisierungen aufweichen. Auch angeborene Grundlagen sind keineswegs unveränderbar. Gerade das menschliche Gehirn hat die einzigartige Begabung zu lernen, wodurch wir unser Verhalten verändern und anpassen können. Doch dazu später im Teil III dieses Buches, dass Sie dazu motivieren soll.

Bisher unverändert und aus heutiger Sicht unveränderbar sind jedoch zwei Phänomene, die die Lebensqualität der Menschen entscheidend beeinflussen: Zum einen altern männliche Gehirne schneller und sind weniger regenerationsfähig. Das hat nicht nur zur Folge, dass Männer statistisch deutlich früher sterben als Frauen. Altersunabhängig erholen sich Männer auch nach Traumata wie z.B. einem Schlaganfall oder Schädel-Hirn-Trauma deutlich schlechter und langsamer als Frauen. Auch das ist wohlgemerkt kein grundsätzlicher Intelligenzunterschied, sondern lediglich ein Funktionsunterschied, von dem langfristig ausschließlich Frauen profitieren.

Dem gegenüber steht eine interessante unterschiedliche Begabungsverteilung über die Gesamtheit innerhalb eines Geschlechts: Männer und Frauen sind zwar im Schnitt gleich intelligent, doch gibt es bei Männern signifikant mehr Hochbegabungen und Minderbegabungen, während in der Gesamtheit der Frauen die Intelligenz sichtbar gleichmäßiger verteilt ist. Bei Männern sind beide Extreme wesentlich stärker ausgeprägt.

Sehen, riechen, schmecken

In den meisten Bereichen der Wahrnehmung schneiden die Frauen besser ab. Beim Tasten, Hören, Riechen und Schmecken und im räumlichen (beidäugigen) Sehen sind sie durchwegs besser als ihre männlichen Artgenossen, die hingegen schärfer sehen und Bewegungen schneller verarbeiten. Die Feinfühligkeit im Tasten ist für das Erkennen der Genießbarkeit von Lebensmitteln von ebenso großer Bedeutung wie das Tasten, Riechen und Schmecken. Auch die räumliche Zuordnungsfähigkeit diente dem Wiederauffinden von Lebensmitteln. In Spielen wie z.B. Memoryspiel sind Frauen daher zum Leidwesen der Männer diesen häufig überlegen.

Welche Frau hat nicht schon mal unverständlich den Kopf über so viel Ignoranz geschüttelt, weil ihr angeblich so scharf sehender Mann trotz Jagdinstinkt die Butter im Kühlschrank nicht findet, während sie diese vor seinen Augen mit zielsicherem Griff herausholt. Würde sich die Butter bewegen, wäre ihm das vermutlich leichter gefallen.

In Ortswahrnehmung sind Männer hingegen besser. Die eher bei Frauen vorkommende Blau-Gelb-Blindheit ist in derselben Hirnregion lokalisiert wie die Wahrnehmungsfähigkeit für Bewegung und Ort. Die hingegen bei Männern deutlich häufiger vorkommende Rot-Grün-Blindheit erschwert zwar die Differenzierung der natürlichen Lebensmittel in diesen Farbbereichen (Gemüse, Obst), erleichtert jedoch das Sehen in der Dunkelheit.

Des Weiteren sind Tasten, Hören, Schmecken und Riechen auch unerlässlich in der Pflege der Familie – auch heute noch riechen Frauen deutlich schneller als ihre Männer, wenn der Nachwuchs mal die Hosen voll hat. Auch Krankheiten lassen sich über diese Sinne viel differenzierter erfassen als nur über das Sehen.

Körpersprache und Mimik erkennen Frauen besser als Männer – diese Unterschiede fallen vor allem auf, wenn es darum geht, die Stimmungen beim jeweils anderen Geschlecht zu deuten.

Wer hören kann, ist klar im Vorteil

Eindeutig bevorteilt sind Frauen auch durch ihre bessere auditive Wahrnehmung. Damit ist nicht nur die Hörfähigkeit für Lautstärken bzw. leise Töne und Wiedererkennung derselben gemeint, sondern auch die Relation von Tönen zueinander, also Differenzierung von Geräuschqualitäten, Zeiteinheiten, Reihenfolgen und das Richtungshören. Der Preis, den die Frauen dafür zahlen, ist eine vielfach höhere auditive Ablenkbarkeit, nur wenige Frauen können bei Störgeräuschen so gut abschalten wie Männer. Der Vorteil liegt aber auf der Hand: Zum einen ist der Hörsinn durch die größere Reichweite wichtiger als der Sehsinn. Über das Gehör können wir auch bei Entfernung (nicht nur über das Telefon) viel leichter Kontakt halten als über das Sehen. Zum anderen ist der Hörsinn die Grundlage jedes Sprechen-Lernens. Wer nicht hören kann, lernt auch nicht sprechen. Wer besser hören kann, lernt leichter und besser sprechen.

Aufgrund dieser höheren auditiven Wahrnehmungs- und Differenzierungsfähigkeit erkennen Frauen Stimmen und Melodien leichter. So sind sie besser im Erkennen von Stimmungen anderer Menschen. Im „Gehört-Werden" sind demzufolge die Männer eindeutig im Vorteil.

Logisch?

„Das ist doch logisch!" Frauen wie Männer werfen einander oft genug vor, von Logik nichts zu verstehen. Das ist aber nicht unlogisch, sondern Folge davon, dass Frauen und Männer darunter etwas anderes verstehen und ihre Logik damit auch anders ausdrücken. Die lösungsorientierte Logik der Männer z.B. stempeln Frauen als gefühlskalt und berechnend ab und beschweren sich, dass die Männer sie nicht verstehen wollen. Ein Tretminenfeld für Missverständnisse!

Wieder liegt die Schwierigkeit nicht in der unterschiedlichen Logik, sondern in der Unwissenheit über diesen Unterschied und der daraus folgenden Abwertung des jeweils anderen.

Die männliche, vorwiegend linkshemisphärisch gesteuerte Logik folgt klar und fokussiert einem eindeutigen Prinzip von Ursache und Ergebnis. Sie ist deduktiv (schlussfolgernd), das heißt, sie basiert auf einer Systematik von klaren Wenn-Dann-Prinzipien. Auftauchende Paradoxien werden in der Regel negiert oder in die Bedeutungslosigkeit argumentiert, damit es zu einem Ergebnis kommen kann. Störende Teilaspekte werden zugunsten des eindeutigen Ergebnisses vernachlässigt. Liegt die klare Entscheidung, die klare Lösung auf dem Tisch, ist „mann" zufrieden und macht sich unmittelbar an die Umsetzung. Männliche Logik ist im Grunde eindrücklich und leicht zu verstehen. Ein nicht unwesentlicher Teil männlichen Erfolgs ist die Gabe, selbst komplexe Dinge vereinfacht und „logisch" darzustellen. Probleme haben die Männer mit der Logik selten untereinander, bei Meinungsverschiedenheiten wird eher ums Rechthaben gekämpft. Dabei sind die Argumente, mit denen die Positionen eingenommen werden, oft sehr bestechend und in sich stimmig, nicht selten auf beiden Seiten. Es wird hin und her gerechnet, Begründungen auf ihre Stichhaltigkeit geprüft und im Zweifelsfall am Ende klar und hart nach Sachlage oder Dominanz entschieden. „Ober sticht Unter" und damit wird Ordnung hergestellt. Beides hat seine Logik.

Mit dem Verständnis männlicher Logik tun Frauen sich auch nicht schwer. Eher schon mit deren Akzeptanz. Denn die Logik von Frauen bezieht alle bekannten Teilaspekte bisweilen unabhängig von ihrer Priorität mit ein. Hauptsache, es wird alles bedacht und nichts fällt durch den Rost. In der analog gesteuerten Logik der Frauen wird alles miteinander verknüpft. Paradoxien und widersprüchliche Gedanken können leichter akzeptiert werden als das Aus- und Weglassen von bekannten Aspekten. Frauen untereinander kämpfen dabei nicht so sehr ums Rechthaben, sondern feilschen lieber um die bestmögliche Lösung. Dieses Verhandeln, Argumentieren, Diskutieren kann sich endlos lang hinziehen und ist per se reinste Kontakt- und Beziehungspflege.

Wer je eine Gruppe Frauen dabei beobachtet hat, die gemeinsam etwas bewegen wollte, wird erlebt haben, dass kein Handgriff unkommentiert bleibt. Jede bringt ihre eigene Ansicht ein, notfalls, falls sie nicht gleich erhört wird, auch mehrfach. Dabei ist die Chance gehört zu werden, wenn „frau" sich nur richtig positioniert, gar nicht so schlecht. Bis es zu einer Entscheidung kommt, vergeht dabei viel Zeit, in der sich eventuell in der Minderzahl beteiligte Männer ausklinken, abschalten oder ungeduldig werden. Die endgültige Entscheidung dafür, wie man etwas angeht, ist dabei von einer großen Portion Intuition gesteuert. Allenfalls situativ übernimmt eine der Frauen vorübergehend das Kommando. Das ist mühsam, dient aber dem Gefühl der Frauen, eine logisch richtige Entscheidung zu finden. Steht die Entscheidung erst mal, hat sie in den meisten Fällen Hand und Fuß und jede ist der Meinung, dass sich der Aufwand gelohnt hat.

Bei einer der Sitzungen des Zontaclubs, einer internationalen Charity-Organisation für Frauen, befassten wir uns mit der hochaktuellen wie brisanten Thematik der syrischen Asylanten, die demnächst in unserem Wohnort aufgenommen werden sollten. Die Ideen, wie wir, die Clubpräsidentinnen, Flüchtlinge würden unterstützen können, prasselten mit derselben Geschwindigkeit und Intensität auf den Tisch wie die jeweiligen Bedenken dazu. Annemarie, die Vize-Präsidentin, nahm schließlich das Zepter an sich: Als geschulte Trainerin schlug sie vor, das Gespräch in Form eines „world cafe" zu strukturieren, eine Moderationsform, in der einzelne Fragen tischweise diskutiert und die Ideen dazu als Brainstorming gesammelt werden. Die Teilnehmer wechseln auf das Signal der Moderatorin hin den Tisch, sodass jede zu jeder Frage Stellung nehmen kann. Annemarie bat uns von eins bis vier durchzuzählen, da wir ja vier Tische hatten. Sofort erhob sich eine erneute Diskussion, dass das nicht stimmen könne, weil wir ja 25 Personen seien und 4 x 4 ja nur 16 … Es dauerte eine ganze lange Weile, bis Annemarie sich durchgesetzt und uns Damen davon überzeugt hatte, dass unsere Logik so nicht stimme, weil wir einfach von falschen Voraussetzungen ausgehen würden, nicht ohne selbst noch einmal kurz hinterfragt zu haben, ob sie wirklich richtig lag. Mancher Mann hätte unsere Argumentationen vermutlich als unlogisch und unsinnig abgetan, Annemarie aber erkannte, dass es eben nur eine andere Logik sei, was der Akzeptanz ihrer Logik dann sehr zum Vorteil diente.

In vielen Fällen ist eine Entscheidungsfindung nicht so klar, wie „man" es gerne hätte, weil es tatsächlich kein klares „Richtig" oder „Falsch" gibt. In solchen Fällen ist Intuition richtungsweisend und hat oft eine höhere Erfolgsquote als das kontrollierte Abwägen aller bekannten Parameter und ist somit zumindest eine wichtige Ergänzung zur deduktiven Logik der Männer!

Wertvoll ist es, Gefühl und Verstand, intuitive und sachliche Logik miteinander in Verbindung zu bringen. Optimale Entscheidungsfindung nutzt beides, analoge und deduktive Logik. Gleichberechtigte Anwendung von Diskussionsschleifen und zielgerichtetem Handeln ermöglicht eine bestmögliche situative Anpassung. Statt sich im Kampf Sturheit gegen Zickenkrieg aufzureiben, schafft die gleichwertige Akzeptanz bestmögliche Ergebnisse. Nicht „entweder oder", sondern „sowohl als auch".

Hohe Frauenstimme – tiefe Männerstimme: Laune der Natur oder Notwendigkeit?

Im ersten Teil des Buches haben Sie gelesen, dass sich Frauen- und Männerstimmen nicht nur in Höhe und Lautstärke, sondern auch in ihrer Melodieführung und Fähigkeit zur Betonung unterscheiden. Sie wissen seither, dass es dafür jeweils Vor- und Nachteile gibt: Die Männer werden durch ihre Stimmkraft besser gehört, die Frauen durch ihre Dynamik besser verstanden. Dass dies nicht nur eine Laune der Natur ist, sondern in der Natur der Sache liegt, überrascht Sie mittlerweile vermutlich nicht mehr.
Unbewusst fühlen sich schon Säuglinge zu Menschen mit hohen, singenden Stimmen mehr hingezogen und reagieren auf tiefe Stimmen mit mehr Respekt. Instinktiv sprechen daher selbst Männer zu diesen mit einer sanften Stimme. Dass sich diese neurologische Programmierung auch in unser Erwachsenenalter hineinzieht, ist womöglich Grund dafür, dass wir uns bei aller Emanzipation immer noch schwer tun, hohe und tiefe Stimmen spontan in gleicher Weise zu begegnen.

TEIL III

Wie das Miteinander gelingt

Nachdem Sie in diesem Buch herumgestöbert haben, sich haben inspirieren lassen oder es Kapitel um Kapitel aufmerksam gelesen haben, beschäftigt Sie vermutlich längst die Frage: „Und nun? Was mache ich jetzt damit? Wenn doch so viel naturgegeben scheint, kann man, kann ich denn da überhaupt etwas verändern? Sind wir nicht vielmehr unserem Missverstehen unwiderruflich ausgesetzt? Wenn überhaupt, was können wir, was kann ich dafür tun, dass wir, Frau und Mann uns besser verstehen? Wie kann denn das Miteinander nun besser gelingen?" Und im Geiste höre ich Sie schon fragen: Gibt es irgendwelche einfachen Tipps, Tricks, Rezepte?

Um es gleich vorneweg zu sagen: Ja, natürlich können wir etwas tun, jeder und jede Einzelne von uns. Jeder, der lernen kann, hat das Zeug dazu, auch in der Kommunikation mit dem anderen Geschlecht dazuzulernen und sich zu „verbessern". Und: Nein – es gibt keine Rezepte, keine Tricks, keine „Tools", wie es so schön neudeutsch heißt. Aber es gibt aus meiner Sicht drei wesentliche Schritte, die gegangen werden müssen, um die Kommunikation zwischen Männern und Frauen nachhaltig verbessern zu können: Bewusstheit, Akzeptanz und Offenheit.

Bewusstheit: Wer verstanden werden will, muss sich selbst verstehen. Wer sich selbst verstehen will, braucht Selbst-Kenntnis. Diese (Selbst-)Bewusstheit schafft die Voraussetzung dafür, Unterschiede zu erkennen. Wer sich der Unterschiede bewusst ist, wird sein Gegenüber mit anderen „Ohren" verstehen können.

Akzeptanz: Die Bewusstheit allein genügt aber nicht. Das Wesentliche ist, uns und den anderen mit unseren Eigenarten zu akzeptieren und zu respektieren. Es geht nicht darum, wer sich womit durchsetzt, sondern ausschließlich darum, wie wir mit der Unterschiedlichkeit zurechtkommen. Wer ständig in Bewertung und Abwertungen geht, sorgt durch diese Polarisierungen ständig für neues Konfliktpotenzial.

Wer in Kategorien von „falsch" und „richtig" denkt, verhindert jegliches Aufeinanderzugehen und bringt sich und andere damit um fruchtbare Bereicherung und Wachstum.

Offenheit: Aus der Bewusstheit und der gegenseitigen Akzeptanz heraus braucht es nun die Bereitschaft, auf den anderen zuzugehen und auch zu prüfen, inwieweit der andere diese Offenheit ebenso mitbringt. Ist diese Offenheit beiderseits gegeben, kann man in Verhandlung treten, an welcher Stelle wer wo wie auf wen zugeht. Dabei soll keiner seine Beziehungsform gegen eine andere austauschen, sondern beide müssen sich beiden Dimensionen stellen.

Auf dem Boden von Bewusstheit, Akzeptanz und Offenheit füreinander ist Gender Communication nicht nur möglich, sondern sogar spannend und bereichernd: Durch individuelles Lernen und Erleben, durch gegenseitiges Annähern, sich neu ausprobieren, sich entwickeln.

Dieses Buch soll die Grundlage dafür sein, dass Sie sich in dieser Thematik persönlich weiterentwickeln können. Statt starren „Kochrezepten" bekommen Sie vielmehr auf Basis dieser drei Schritte Ideen und Anregungen, etwas zu verändern.

8. (Selbst-)Erkenntnis ist der erste Schritt zur Besserung

Jede Veränderung beginnt bei der Bewusstheit. Der erste Schritt dazu ist die „Selbstkenntnis", also die Bewusstheit über die eigenen Muster und Wesensarten, sozusagen unsere Typologie. Für die Selbstkenntnis im Bereich der Gender Communication – unseren persönlichen „IST"-Zustand darin – müssen wir freilich weder ein Psychologiestudium absolvieren noch eine langjährige Therapie durchmachen.

Je nachdem, wie tief wir einsteigen wollen, genügt es, sich über Literatur und Gespräche unter Freunden und Kollegen damit zu befassen. Wer mehr will, wird dies in einem entsprechenden Coaching oder Training machen können. Vielleicht haben Sie beim Lesen dieses Buches schon ein wenig mehr über sich selbst verstanden? Haben die sprachlich versierte „Eva" oder den handelnden „Adam" schmunzelnd in sich erkannt? Womöglich haben Sie sogar das eine oder andere Missverständnis zwischen den Geschlechtern schon identifiziert und einen Konflikt schnell behoben? Sie können sich freuen: Je mehr Sie sich und ihre geschlechtsspezifischen Eigenarten kennen, desto öfter wird Ihnen das künftig gelingen!

Sehr wirksame Ansätze für die Verbesserung der Selbstkenntnis finden wir in der Psychologie. Dabei gehen die meisten Bestrebungen von einer individualistischen Betrachtungsweise aus, in der der Mensch, egal ob Frau oder Mann, zum größten Teil durch seine Ursprungsfamilie und der dort erlebten Erziehung geprägt ist.

In meiner Coachingarbeit ist es mir jenseits jeglicher Begeisterung für die Genderthematik allem voran wichtig, den Menschen vor mir zu sehen und zu erleben, unabhängig von der Herkunft, dem Bildungsgrad, dem Alter und vor allem auch unabhängig davon, ob Frau oder Mann. Ich bin überzeugt davon, dass ich dem Individuum nur hilfreich sein kann, wenn ich es als das betrachte, was es ist: nämlich einzigartig. Somit ist jede Coachingarbeit einzigartig und einzigartiges Erleben. Gute Coaches und Trainer setzen in ihrer Arbeit mit ihren Klientinnen und Klienten immer Kopf und Bauch zusammen ein. Intuition ist die Basis dafür, den Coachee in seiner Gefühlswelt zu erreichen. Psychologische Modelle und Konzepte helfen, das Erlebte zu verstehen. Wo beides ineinander greift, kann ein Coaching nachhaltige Veränderung bewirken. Eine starre Orientierung an noch so klugen Konzepten halte ich für so wenig hilfreich wie eine Begleitung, die einseitig auf dem Fühlen und Spüren aufbaut.

Selbiges gilt für gute Führungskräfte: Wollen sie ihre Teams erfolgreich führen, genügt es nicht, Konzepte zu verstehen, ebenso wenig, wie es ausreicht, einfach nur ein „netter und einfühlsamer Mensch" zu sein. Mit diesem Buch hoffe ich dazu beizutragen, dass (nicht nur) Führungskräfte ein Verständnis und ein Gefühl für das Wesen ihrer Mitarbeiter und Mitarbeiterinnen und Teams bekommen. Wachsendes Verständnis für die Gender Communication kann und wird dafür einen wichtigen Beitrag leisten.

In dem Erleben und Verstehen, das jede Arbeit mit Menschen prägt, ist und bleibt Kommunikation das zentrale Mittel zum Zweck. Die Sprache hilft, den Menschen kennenzulernen, und sie hilft ihm zu lernen. Wenn wir nun achtsam mit der Tatsache umgehen wollen, dass Männer und Frauen aus sowohl angeborenen als auch anerzogenen Gründen unterschiedlich kommunizieren, macht es Sinn, die psychologische Betrachtung in Beziehung zu Gender Communication zu setzen.

Aus der Menge an psychologischen Modellen, die helfen, die genderspezifischen Verhaltensweisen und Kommunikationsstrategien ein wenig zu verstehen, habe ich eine Theorie ausgewählt, die mir geeignet erscheint, entsprechende Phänomene zu erklären: die Transaktionsanalyse nach Eric Berne.

Die Transaktionsanalyse durch die Brille der Gender Communication

Die Transaktionsanalyse (TA) (Eric Berne) ist eine gängige Form psychologischer Diagnostik und wird im Businesskontext sehr gern angewendet. Sie erlaubt eine ausreichend hohe Differenziertheit der Betrachtung und bietet zugleich eine gut verständliche und damit schnelle und effektiv einsetzbare Struktur. Wesentliche Bausteine sind die „Ich-Zustände", O.K.-Positionen und die „Antreiber".

Die Ich-Zustände

Auf dem Freud'schen Modell von „Über-Ich", „Ich" und „Es" aufbauend beschreibt Berne die drei Ebenen des Ichs als Kind-Ich, Erwachsenen-Ich und Eltern-Ich.

- Eltern-Ich-Zustand: ist das Verhalten, Denken und Fühlen, das von Eltern und anderen Respektspersonen übernommen worden ist.
- Erwachsenen-Ich-Zustand: ist das Verhalten, Denken und Fühlen, das direkt auf das Hier und Jetzt reagiert.
- Kind-Ich-Zustand: ist das Verhalten und Fühlen, das aus der Kindheit herrührt und jetzt, hier und heute wieder abläuft.

In allen drei Ich-Zuständen nimmt die Transaktionsanalyse jeweils eine strukturelle und eine funktionelle Perspektive ein. Bei der Strukturanalyse wird die Perspektive des Betreffenden beschrieben, das heißt, aus welchem gefühlten Kontext die Handlungen und damit auch die Kommunikation entspringen. *„Was ist der Gefühlszustand, aus dem heraus jemand agiert?"* Mithilfe der Funktionsanalyse wird beschrieben, wie das Verhalten nach außen wirkt, also was beim Gegenüber ankommt. *„Welche Rolle nimmt er in seinem Verhalten und seinem Sprechen ein?"* Diese Unterscheidung ist wichtig, da Gefühlszustand und Verhalten sich aus verschiedenen innerlich miteinander „kommunizierenden" Positionen speisen können. Es kann z.B. sein, dass jemand viel kritisches Eltern-Ich in sich hat, im Verhalten dann aus dem angepassten Kind-Ich heraus agiert.

Was ist der jeweilige Gefühlszustand der einzelnen Positionen und wie äußern diese sich in der Kommunikation?

Kind-Ich: Im inneren Kind-Ich spiegeln sich all unsere kindlichen Gefühlswelten wie Liebe, Freude, Trauer, Wut, Angst etc. und Bedürfniswelten wie Nähe, Freiraum und Freiheit, Sicherheit, Zugehörigkeit, Anerkennung etc. Die Transaktionsanalyse unterscheidet zwischen zwei „Hauptrichtungen", dem „freien" und dem „angepassten" Kind.

Das freie Kind: Kann das innere Kind seine Gefühle ohne Angst ausleben, ist es *„frei"*. Das freie Kind in uns ist der kreative, mutige, abenteuerlustige Teil, der lustbetont und voller Neugierde an Dinge und Situationen herangeht. Es macht einen wichtigen Teil unserer Persönlichkeit aus, der unbedingt Raum und Freiheit braucht sich zu entfalten. Er trägt wesentlich zu unserer Zufriedenheit bei. Ein freies Kind, welches selbstzufrieden nur für sich lebt und sich nur nach den eigenen Vorstellungen und Wünschen richtet, wird es allerdings schwer haben, anschluss- und kontaktfähig zu bleiben. Wer sich um nichts schert, verursacht im Außen Scherereien und droht letztlich nicht gesellschaftsfähig zu sein; Einsamkeit ist vorprogrammiert.

Sprachlich erkennt man die Energie des freien Kindes in jemandem an einem lockeren Sprachstil, fantasievollen oder lustbetonten Äußerungen. Körpersprache und Mimik sind von freien, vitalen Bewegungen geprägt, die Stimme ist klangvoll und mitreißend.

Das angepasste Kind: Spürt das Kind in uns die Gefahr, den Kontakt zur Umwelt zu verlieren, wenn es sich nicht nach dem richtet, was von außen erwartet wird, geht es in die Anpassung. Anpassungsfähig zu sein, ist Voraussetzung für ein Leben in Gemeinschaft, denn wo Menschen zusammenleben, braucht es Regeln, „common agreements", an die es sich anzupassen lohnt. Diese Anpassung erfordert zugleich ein gewisses Maß an „Selbstaufgabe" durch Zurückstellen eigener Wünsche. Hat das Kind große Sorge, die Liebe zu verlieren, wenn es nicht tut, was es tun soll, verliert es ängstlich den Blick für ein gesundes Maß an Anpassung. Es tut nur noch das, wovon es meint, dass es „die anderen" so brauchen und erwarten, damit es von ihnen geliebt wird.

Die Stimme „verrät" das angepasste Kind durch einen zarten, hohen, eher dünnen oder fragenden-bittenden Tonfall, auch Mimik und Körpersprache wirken leicht unterwürfig, nervös oder schmollend. Rechtfertigende und Unsicherheit zeigende Sprechweise vervollständigen den Eindruck eines schwachen, anpassungswilligen Kindes.

Hat das angepasste Kind allerdings das Gefühl, all die Erwartungen, an die die Liebe geknüpft scheint, nicht erfüllen zu können oder zu wollen, geht es in die *Rebellion*. Im Gegensatz zum freien Kind hat das rebellische Kind nicht den Bezug zu dem, was es eigentlich will, sondern orientiert sich ebenso wie das angepasste Kind an den (echten oder vermeintlichen) Erwartungen – um sich dann dagegen zu wehren und gegebenenfalls genau das Gegenteil davon tun zu wollen. Auch wenn aus der Rebellion heraus die eigenen Bedürfnisse immer noch lange nicht den Raum bekommen, den sie brauchen, kann sie vorübergehend ein passender Rahmen oder eine gute Brücke sein, um sich von allzu rigider Anpassung frei zu machen. Doch kostet dies in der Regel allerdings viel Kraft und ist mit hohen Reibungsverlusten verbunden.

Zornige, trotzige oder freche Äußerungen, eine motzige oder lustlose Stimme, drohende oder bockige Körpersprache und verkrampfte Mimik verraten viel aktive „Rebellion" in einem Sprecher.

Eltern-Ich: Im Eltern-Ich sind all die Werte und Denkweisen verankert, die wir von unseren leiblichen Eltern gelernt und als „gültig" übernommen haben (Moral). Diese Werte und Erwartungen an uns sind (unbewusster) Teil unseres Lebens und Denkens geworden. Auch hier differenziert die Transaktionsanalyse wieder zwischen Struktur (der inneren Perspektive) und Funktion (der Wirkung nach außen).

Der fürsorgliche Elternteil: Unser innerer fürsorglicher Anteil ist verständnisvoll, hat zum Ziel, dass wir uns selbst gut versorgen, und stärkt uns in unserem eigenen Wertegefühl. Ihm ist es wichtig, dass es uns gut geht. Es motiviert uns, uns gut zu ernähren, Pausen einzulegen und wo nötig Hilfe zu holen. Es spricht uns Mut in Momenten zu, in denen wir Zuspruch brauchen können. Ein Zuviel an fürsorglichem Eltern-Ich ist wiederum eher hinderlich, wie es eben auch überfürsorgliche Eltern sind: Es hindert uns in unserer Eigenverantwortlichkeit, inneren Freiheit und Unabhängigkeit.

Dessen Kommunikation erkennt man an besorgtem Nachfragen oder liebevollem Aufmuntern. Die Stimme klingt melodiös und stimmungsvoll, Silben und Vokale sind eher gezogen. Körpersprache und Mimik sind entspannt, herzlich und spielerisch, bisweilen aber auch etwas überzogen herzlich.

Der *kritische Elternanteil* sieht das, was wir tun, kritisch, sieht auf die Probleme, die entstehen können und hat alles im Blick, was nicht gelingt, falsch ist etc. Ihm ist es z.B. wichtig, dass „nichts passiert". Das ist zunächst unterstützend, weil es uns davon abhält, Dinge zu tun, die uns oder anderen ernsthaft schaden könnten. Das kritische Eltern-Ich gibt klare Orientierung: Das freie Kind in uns hat vielleicht große

Lust, an heißen Sommertagen nackt in der Fußgängerzone herumzulaufen, das kritische Eltern-Ich sorgt dafür, dass wir dies nicht tun. Ein überkritisches Eltern-Ich hingegen macht ängstlich, zögerlich und frustriert, es hindert uns wie die kritische Lehrerin, die uns bei Prüfungen über die Schulter schaut, daran, selbst einfachste und routinierte Tätigkeiten souverän zu verrichten.

Ein kritisches Elternteil spricht fordernd und in Befehlen wie z.B. „du sollst" und „du musst" oder ständig kritischem Hinterfragen: „Meinst du nicht?", „Hast du schon (wieder)?" Der Ton ist vorwurfsvoll und streng, sarkastisch oder anklagend. Mimik und Körpersprache sind herablassend, abwertend und gereizt.

Erwachsenen-Ich: Wenn alle vier Anteile – freies und angepasstes Kind, fürsorgliches und kritisches Eltern-Ich – in uns in Balance und ausgewogener Abstimmung sind, können wir uns „erwachsen" verhalten und begegnen. Wir werden in der Kommunikation mit unserem Gegenüber aufrecht, selbstbewusst und gestaltungsfähig. Wir handeln und denken gesund kritisch und sind angemessen anpassungsfähig. Aus dem ausgewogenen Erwachsenen-Ich heraus entscheiden wir uns, die FKK an entsprechend geeignete Orte zu verlegen und in der Fußgängerzone mindestens das Sommerkleid anzuziehen. Es sorgt dafür, dass wir den Mut haben, unseren Chef auf die längst fällige Gehaltserhöhung anzusprechen und dafür nicht nur die passenden Worte, sondern auch einen günstigen Zeitpunkt zu wählen.

Aus dem Erwachsenen-Ich heraus überstehen wir das Lampenfieber am Beginn eines Vortrags und finden auch dann unsere Souveränität wieder und sprechen mit fester Stimme weiter, wenn der Beamer ausfällt oder ein Teilnehmer eine unverschämte Zwischenfrage stellt. Und nicht zuletzt können wir aus der Haltung des Erwachsenen-Ichs heraus das andere Geschlecht mit dem nötigen inneren Abstand betrachten, um seine so andere Art zu kommunizieren zu verstehen.

Im Erwachsenen-Ich-Verhalten ist die Sprache selbstbewusst und klar, sachlich und verbindlich. Die Stimme klingt klar und deutlich, Mimik und Körpersprache sind offen, zugewandt und konzentriert.

„Gender Positionierung"

Betrachten wir zunächst das eigene innere Bild, das jemand von sich hat, aus der Gender-Perspektive, so schwanken (vor allem psychisch instabile) Frauen mit ihrer Befindlichkeit schnell zwischen angepasstem (ängstlichem) Kind-Ich und kritischem Eltern-Ich. Sie sind mit sich unzufrieden, haben schnell das Gefühl, nicht gut genug zu sein, zweifeln ihren Selbstwert an und stellen in Frage, ob sie überhaupt liebenswert sind (= innere Struktur). Im Auftreten (= Funktion) wechseln sie zwar bisweilen in kritisches oder fürsorgliches Eltern-Ich, bleiben aber mit der Ängstlichkeit, der Vorsicht und Selbstkritik stark verbunden. Frauen tun sich oft lange schwer, bis sie sich Selbstfürsorge gestatten. Männer, vor allem wenn sie psychisch labil sind, schwanken eher zwischen Rebellion und kritischem Eltern-Ich (Struktur), ihr Handeln (Funktion) ist aber häufiger als bei Frauen von freiem Kind-Ich und guter Selbstfürsorge geprägt. Männern gelingt es z.B. viel leichter als Frauen, sich auch als Familienvater Auszeiten zu gönnen und Hobbys nachzugehen, in dem klaren Selbstverständnis, dass ihnen das auch zusteht, da sie ohnehin die meiste Zeit für den Beruf und/oder die Familie hingeben. Und auch deren Ehefrauen akzeptieren dies oft selbstredend, weil sie wissen, dass ihre Männer dann deutlich ausgeglichener sind. Gefangen zwischen Schuldgefühl und Bedürfnis, zwischen Anpassungsneigung und Selbstkritik werden Frauen beim Thema Selbstfürsorge und „Zeit für sich" leider schnell mit sich und der Welt unzufrieden, erwarten eher, dass man ihnen diese gibt, weil sie sich diese „gefühlt" ja nicht selbst nehmen dürfen. Das Verständnis der Männer für diese Stimmungsschwankungen ist eher mau und endet nicht selten in augenrollendem Seufzen: „Da soll einer die Frauen verstehen."

Gender Communication durch die Brille der Transaktionsanalyse

Dort, wo eines der kindlichen oder verinnerlichten elterlichen Anteile in uns dominiert, rutschen wir auch in den Beziehungen mit anderen Menschen in ein Verhalten ab, das nicht nur für uns selbst nicht fruchtbar ist, sondern sich direkt und hinderlich auf die Kommunikation auswirkt. Weil sich die innere Position sowohl verbal als auch nonverbal vermittelt, reagiert das Gegenüber darauf – meist mit einer entsprechenden Gegenposition.

Im angepassten Kind-Ich verharrend, wird die Stimme eher leise und zurückhaltend („sei nicht so laut"). Nicht selten hört man bei Frauen, die Meisterin der Anpassung sind, kindliche Stimmen, die höher sind, als es ihre Möglichkeiten hergeben. Im Extremfall klingt diese Stimme sogar weinerlich und vermittelt Schutzlosigkeit und Hilfsbedürftigkeit. Ein Umstand, der es Frauen schier unmöglich macht, ernst genommen zu werden. Der so „geköderte" Gesprächspartner wird seinerseits in eine Eltern-Ich-Haltung gehen und entweder (über-)fürsorglich oder (über-)kritisch väterlich bzw. mütterlich reagieren, was seinerseits das Kind-Ich auf der anderen Seite wieder verstärkt.

Erinnern Sie sich an Caroline aus dem Kapitel „Tue Gutes und rede darüber"? Ihr größter Stolperstein war ihre mädchenhafte Stimme. Selbst der Betriebsarzt behandelte sie trotz des Ambientes ihres Zimmers, das eindeutig auf eine Führungsposition hinwies, unbeirrt wie eine Angestellte im Tarifvertrag. Wie Caroline, deren Mädchenstimme definitiv nicht mehr zu ihrem aktuellen Status passte, tun sich vor allem viele Frauen schwer, den inneren (unbewussten) Drang aufzugeben, Anpassungsbereitschaft zu zeigen, um „geliebt" zu werden.

Die Position des rebellischen Kindes ist dabei nur bedingt einfacher, eine trotzig klingende Stimme ist selten einladend und wird auch oft nicht ernst genommen. Auch die aus der Rebellion sich nährende Rechtfertigung verschafft selten Respekt, sondern stachelt das Gegenüber an, eher in eine (über-)kritische Elternhaltung zu gehen.

Wenn wir aus der inneren Haltung eines kritischen oder überfürsorglichen Eltern-Ichs mit unserem Gesprächspartner kommunizieren, ernten wir entweder eine sehr unselbstständige oder rebellische Reaktion oder provozieren, dass unser Gesprächspartner ebenfalls in eine (meist kritische) Eltern-Ich-Haltung geht:

Sie: „Wo *hast du nur wieder die Unterlagen hingelegt, ich kann sie nicht finden!"*

Er: „*Wenn du deinen Schreibtisch so zumüllst, habe ich ja auch gar keinen Platz, sie dir sichtbar hinzulegen!"*

Sie: „*Meinst du nicht, du solltest die Ergebnisse rechtzeitig deinem Chef geben, nicht dass du wieder Ärger kriegst?"*

Er: „*Danke, das weiß ich selber, ich glaub nicht, dass du dich da einmischen musst."*

Die Dominanz eines jeden dieser inneren Anteile erzeugt „typische" Verhaltens- und Kommunikationsformen.

Bei der Betrachtung der genderspezifisch bevorzugt eingenommenen Positionen zeigt sich vor allem in der Kommunikation Folgendes: Die Haltung des „angepassten" Kindes nehmen Frauen viel häufiger ein als Männer. Das freie Kind-Ich steht Männern oft leichter zur Verfügung als Frauen. Sind sie massiven Erwartungen von außen ausgesetzt, gehen sie eher in die rebellische Anpassung.

Das fürsorgliche Eltern-Ich wird gern von Frauen belegt, die im Sinne der „prosozialen Dominanz" (siehe im Kapitel 8 zum Thema „Beziehungsaggression") anderen ihre Vormachtstellung deutlich machen, indem sie sie „fürsorglich bevormunden". Nicht selten ernten sie dabei Unselbstständigkeit oder Rebellion. Auch „wohlwollende" Männer nehmen diese gern ein, um dadurch dem jüngeren oder untergebenen Mitarbeiter ihre (väterliche) Dominanz zeigen zu können. Frauen gegenüber legen sie das allerdings häufiger an den Tag als Männern. Es darf durchaus auch von einer „passiven Aggressionsform" gesprochen werden, nach dem Motto: *„Ich weiß gar nicht, was die Kollegin hat, ich meine es doch nur gut mit ihr!"*

Ein kritisches Eltern-Ich nehmen Frauen Männern gegenüber eher im häuslichen als im beruflichen Umfeld ein. Frauen gegenüber tun sie sich deutlich leichter und bekommen dann einen sehr zurechtweisenden, „erzieherischen" Unterton. Männer haben bei Frauen da weniger Hemmungen als umgekehrt. Sie können im Geschäftsumfeld Frauen gegenüber schon mal ruppig auftreten, ohne sich viel dabei zu denken. Eine kritische Eltern-Ich-Haltung gegenüber dem Geschlechtsgenossen kann kumpelhaft beziehungsfördernd gemeint sein (assertive Aggression, siehe im Kapitel 7) oder auch ernsthaft kritisch. Kritisch gemeint läuft sie Gefahr, in eine heftige Auseinandersetzung zu münden.

Eine Erwachsenen-Ich-Position entsteht dort, wo Menschen, Männer wie Frauen, reflektiert und umsichtig handeln und sich gegenseitig respektieren. Sie schafft auf jeden Fall eine gute Voraussetzung für eine gelingende Kommunikation. Aus diesem Verständnis heraus ist es nachvollziehbar, welch schwerwiegende Folgen die gegenseitige Abwertung von Frauen und Männern den Dialog der

Geschlechter hat. Vice versa bekommt man eine Vorstellung davon, wie Bewusstheit, Akzeptanz und Offenheit gegenüber der Gender Communication dazu beitragen können, dass das Miteinander gelingt!

O.K.-Positionen

Ein weiteres sehr hilfreiches Modell zum Verständnis von Kommunikation ist das „O.K.-Corall", (deutsch: O.K.-Geviert), in welchem man die innere Haltung eines Sprechers zu seinem Gegenüber blitzschnell innerlich visualisieren kann:

Nicht-O.K. wird hier als Minus dargestellt; O.K. als Plus:

–/+	Ich bin nicht O.K. Du bist O.K.	+/+	Ich bin O.K. Du bist O.K.
–/–	Ich bin nicht O.K. Du bist nicht O.K.	+/–	Ich bin O.K. Du bist nicht O.K.

- ◼ +/–: Ist die Haltung, in der jemand mit sich selbst im Reinen ist, von seinem Gegenüber aber nicht viel hält bzw. ihn ablehnt.
- ◼ –/+: Beschreibt jemanden, der sich seiner selbst nicht sicher ist, sich nicht viel zutraut, aber eine hohe Meinung von und Respekt vor seinem Gegenüber hat.
- ◼ –/–: In dieser Haltung ist jemand, der von sich keine große Meinung hat, aber sein Gegenüber ebenso unmöglich findet.
- ◼ +/+: Ist die Haltung, in der jemand sich seiner selbst sicher ist und seinem Gegenüber ebenso Respekt und Achtung entgegenbringt.

Es ist jeweils das innere Bild des Sprechers gemeint, welches er zu sich selbst und zu seinem Gesprächspartner hat. Bei näherer Betrachtung ist leicht erkennbar, dass ein +/+ zu fruchtbarer Konversation führen kann. Immer dort, wo Abwertungen im Spiel sind, sei es sich selbst oder anderen gegenüber, verläuft der Dialog destruktiv.

Auch bei den O.K.-Positionen ist eine Zuordnung zur geschlechtsspezifischen „Beliebtheitsskala" schnell gemacht: Sofern sie nicht in einer gesunden Plus-Plus-Haltung stehen, erleben Frauen sich sehr häufig in der Minus-Plus oder gar Minus-Minus-Position. Die Plus-Minus-Position nehmen sie eher selten ein, wenn dann in Form verschärfter Beziehungsaggression. Männer nehmen, sofern ihrerseits nicht in der einzig fruchtbaren Plus-Plus-Haltung befindlich, bevorzugt die Plus-Minus-Position oder schlimmstenfalls die Minus-Minus-Position ein. Eine Minus-Plus-Haltung kann bei Männern depressive Züge tragen oder Teil der „insecure overachiever-Attitüde" sein, die hochbegabte Männer bei sich gut kennen.

Die Antreiberdynamik

Die in der Arbeit mit der Transaktionsanalyse zentrale „Antreiberdynamik" beschreibt fünf unbewusst verinnerlichte „Sätze", die je nach Typus den davon „Infizierten" wie ein Basso Continuo alles und jedes Handeln begleiten:

- Sei stark: Heißt so viel wie: Du darfst keine Schwäche zeigen. Beiß die Zähne zusammen, und halte durch bis zum Letzten, davon hängt alles ab. Zeig ja keine Gefühle.
- Mach's recht: Du bist nur liebenswert, wenn du alles so machst, dass es den anderen gefällt. Nimm dich selbst nicht so wichtig.

- Sei perfekt: Mach bloß keinen einzigen Fehler! Lass nicht nach, bevor nicht alles bis aufs i-Tüpfelchen perfekt ist und sitzt.
- Beeil dich: Mach schnell, trödele nicht so rum. Sonst schaffst du's nicht! Bleib auf Trab und schau immer nach vorn! Los, mach schon!
- Streng dich an: Müh dich bis zum letzten ab. Was keine Kraft kostet, ist nichts wert. Nur wer sich anstrengt, verdient Anerkennung.

Je nach Dringlichkeit und Dominanz der einzelnen Sätze von Individuum zu Individuum tragen diese Antreiber dazu bei, ein persönliches „Skript" zu erstellen. Darunter versteht die Transaktionsanalyse verinnerlichte Botschaften und Leitsätze, die wesentlich, aber unterbewusst Verhalten, Entscheidungen und Sprachstil prägen.

Nicht wenige meiner Leserinnen und Leser werden den einen oder anderen Satz als „den ihren" erkennen, und ich kann tatsächlich sehr empfehlen, sich zur Verbesserung der Selbstkenntnis mit diesen Dynamiken zu befassen. Im Internet können Sie sich dazu entsprechende Tests herunterladen. Den eigentlichen Gewinn erzielen Sie daraus natürlich erst dann, wenn Sie sich weiter in die Thematik vertiefen, Hintergründe analysieren und die dazugehörigen „psychologischen Spiele" verstehen, die sich nur allzu gern, aber wenig hilfreich in entsprechender Kommunikation niederschlagen. Dazu ist das Selbststudium über entsprechende Literatur zwar behilflich, in der Tiefe lohnt es sich gleichwohl, dazu professionelle Gesprächspartner aufzusuchen. Denn „Knoten", die in Beziehung (z.B. in der Kindheit) entstanden sind, lassen sich auch im Erwachsenenalter nur in Beziehung wieder lösen. Und zwar besser mit jemandem, der Verständnis hat, als mit einem womöglich nach wie vor uneinsichtigen Elternteil.

An dieser Stelle begnüge ich mich aber, Sie mit diesem Modell erst einmal nur bekannt zu machen und den für die Gender Communication relevanten Blickwinkel einzunehmen: Der bei Frauen am häufigsten auftretende „Antreiber" ist der „Mach's recht"-Antreiber, dicht gefolgt von „Sei perfekt". Männer identifizieren sich am ehesten mit einem „Sei stark"-Antreiber, dicht gefolgt von „Sei perfekt" und/oder „Streng dich an". Die weitere Mischung aus Antreiberdynamiken ist aus meiner Sicht recht individuell, je nach Kindheitsgeschichte und persönlicher veranlagter Empfänglichkeit. In Summe kommen aber alle fünf Antreiber bei beiden Geschlechtern vor – nur eben in unterschiedlicher Verteilung.

In der Kommunikation spiegeln sich die Antreiber erkennbar wieder. Nach der bisher intensiven Lektüre dieses Buchs gelingt es Ihnen, liebe Leserinnen und Leser, womöglich schon selbst leicht, diese Zuordnung vorzunehmen. Daher werde ich nur die wesentlichsten und hervorstechendsten Merkmale beispielhaft an fünf Freunden benennen:

1. *Mach's recht:* Andrea, die einen starken „Mach's Recht"-Antreiber hat, vergewissert sich oft mehrfach, ob das, was sie gemacht hat oder machen will, recht ist: *„Passt es dir? Ja? Meinst du wirklich? Aber sag mir bitte gleich Bescheid, wenn's doch nicht passt."* Manchmal sogar so lange, bis die anderen davon so genervt sind, dass sie ungeduldig werden. Dann fühlt Andrea sich erst recht schlecht und entschuldigt sich ausgiebig. In ihren Formulierungen legt sie sich oft nicht so fest, baut Schleifen ein und lässt gern etwas offen, um ja niemandem „auf den Fuß zu treten". Gern bedient sie sich des Konjunktivs. Sie fügt öfters Füllwörter ein wie *„ja?"*, *„weißt du?"* oder auch *„genau!"* und vergewissert sich dadurch der Beziehung. Ihre Stimme ist eher leise und hoch, bisweilen sogar weinerlich oder auch verführerisch. Ihre Gestik hat etwas Bittendes, ist ausgestreckt und geht auch gern in Berührung mit dem an-

deren. Ihre Mimik wirkt ebenfalls gern leicht fragend oder unterwürfig, der Blick geht nach oben.

2. *Beeil dich*: Christiane, ausgestattet mit einem kräftigen „Beeil dich"-Antreiber, fängt gern den zweiten Satz an, ohne den ersten beendet zu haben. Sie fällt sich sozusagen selbst, aber auch anderen gern ins Wort. Sie spricht manchmal ohne Punkt und Komma, treibt sich und andere dabei aber an, zum Punkt zu kommen, was ihr nicht besonders gut gelingt, außer man stoppt sie. Obwohl sie eine interessante Erzählerin sein kann, wissen andere oft am Ende nicht mehr, was ihre eigentliche Aussage war. Auch sie selbst weiß manchmal nicht mehr genau, wie sie eigentlich dahin gekommen ist. Sie spricht extrem schnell, verhaspelt sich leicht, nuschelt oder verdreht Worte. Sie ist interessiert und zugewandt, aber keine besonders gute, zumindest keine genaue Zuhörerin. Ihre Stimme klingt aufgrund der Hochatmung gehetzt, ist kräftig, aber nicht besonders klangvoll, oft sogar gepresst. Ihre Gestik ist hektisch, sie gibt kaum Ruhe, zappelt, wippt oft mit den Beinen und knetet die Finger, springt mitten im Gespräch auf, ist fahrig. Ihr Blick ist unruhig, die Augen ruhen kaum, sind manchmal zusammengekniffen.

2. *Sei stark*: Matthias, der „klassische" „Sei stark"-Typ, ist hart zu sich selbst und zu anderen. Er redet wenig, wenn dann eher in kurzen Sätzen und knappen Formulierungen. Diese sind jedoch eindeutig und klar verständlich, geben sachlich meist gute Orientierung. Andere finden nur schwer Zugang zu ihm, denn über Gefühle redet er so gut wie gar nicht. Dafür aber äußert er gern Motivationssätze wie: *„Da müssen wir durch"*, *„Damit werde ich schon fertig"*, *„Nimm dich nicht so wichtig"*, *„Ist egal"*, *„Das macht mir nichts"*. Die Stimme klingt klar, aber eng und hart, manchmal scharf, nicht selten gepresst. Die Melodie ist monoton. Seine Haltung ist stramm und steif, die Arme sind oft verschränkt. Der Blick ist kühl und bewegungsarm, die Mimik wirkt oft wie versteinert.

4. Sei perfekt: Samuel, ein gnadenloser Perfektionist, strukturiert sein Sprechen gern mit Aufzählungen, was hilfreich ist, weil er sich beim Sprechen in unendlich vielen Details ergießt. Wer ihn etwas fragt, bekommt in der Regel eine deutlich ausführlichere Antwort, als er wollte. Nichts lässt er aus, baut gern „Weichmacher" wie „vielleicht", „ein wenig", „möglicherweise" ein und vermeidet dadurch, für Falsches oder Fehlendes „belangt" werden zu können. Er hütet sich, Halbwahrheiten zu sagen. Mit Kritik kann er nur sehr schlecht umgehen. Seine Aussprache ist klar, seine Stimme fest, aber selten besonders laut, melodischer als die von Matthias. Ebenso ist seine Gestik eindeutig, unterstützt das Gesagte in klaren Linien, nicht selten setzt er gezielt den Zeigefinger ein. Seine Mimik, vor allem Stirn und Mundwinkel zeigen Anspannung, die Lippen sind schmal, sein Blick ist ernst und eher herabschauend.

5. Streng dich an: Tanja ist die meiste Zeit im Anstrengungsmodus. Sie wirkt überlastet, fragt oft nach, manchmal aber auch zwei Fragen nacheinander, ohne die Antwort abzuwarten. Sie wiederholt an ihren Satzanfängen manchmal das, was der andere zuletzt gesagt hat, oder führt dessen Sätze zu Ende. Sie ist ungeduldig und schnell vorwurfsvoll. Die Kiefergelenke sind fest, weswegen sie beim Sprechen den Mund nicht sehr weit aufmacht. Sie ist beim Sprechen leicht vorgebeugt, ihre Schultern sind hochgezogen und oft schmerzhaft verspannt, nicht selten in Verbindung mit Kopfschmerzen. Ansonsten sind ihre Gesten ausladend und drängend, wirken manchmal sehr fordernd oder sehr betonend. Auch die Mimik ist sehr sprechend, manchmal zu viel des Guten, ständig in Bewegung; der Blick manchmal wirr. Sie ist eine glänzende Pantomimin, weswegen ihr Sprechen sehr lebendig ist.

In dieser speziell „angetriebenen" Art und Weise zu sprechen, wirken wir auf unser Gegenüber in bestimmter Art und Weise und lösen bei ihm entsprechend komplementäre Gefühle aus. Wer sich die fünf Freunde beim Lesen vor das innere Auge geführt hat, kann dies nachvollziehen. Je extremer wir in unseren Antreibern verhaftet sind, desto stärker.

Wer bei sich diese oder ähnliche Verhaltensweisen wieder erkannt hat, hat einen ersten Hinweis auf seine eigene Antreiberdynamik bekommen. Diese zu kennen, hilft, das eigene Verhalten zu verstehen. Aus diesem Verständnis heraus können Sie Ansätze für die eigene Weiterentwicklung aufbauen. Das geht nicht einfach mit einem Umlegen des Schalters. Aber es ist der Grundstein für einen persönlichen Prozess, der es einem ermöglicht, konfliktfreier und zugleich mehr im Einklang mit den eigenen Bedürfnissen zu leben. Es unterstützt Sie darin, eine gesunde Balance zu finden zwischen Eigenständigkeit und Zugehörigkeit, zwischen dem Sein, wie man ist, und den Erfordernissen im Außen, zwischen den eigenen Vorstellungen und den äußeren Gegebenheiten.

Auch und gerade in Bezug auf die eigene spezifische Genderthematik kann dies hilfreich sein. Denn je klarer uns unsere unbewussten Grundüberzeugungen sind, desto leichter wird es uns gelingen herauszufinden, was wir brauchen, um „es" anders zu machen. Je mehr wir uns dessen bewusst sind, warum wir wie spontan handeln, desto eher können wir lernen, mit diesem „spontanen Drang" gesund und selbstfürsorglich umzugehen.

Wenn wir Frauen z.B. erkennen, warum wir dazu neigen, uns so schnell zu entschuldigen und uns so oft mehr anpassen, als es uns guttut, können wir beginnen, die „Struktur" zu hinterfragen: *„Macht es wirklich Sinn, hier und in diesem Fall in die Anpassung zu gehen?"* Das ermöglicht uns wiederum, diesen Wunsch nach Akzeptanz in den neuen Kontext zu setzen. *„Mit Anpassung erreiche ich bei meinem Chef weniger Akzeptanz, als ich dachte. Genauer betrachtet tue ich mehr Anerkennenswertes, wenn ich man-*

ches kritisch hinterfrage." Gleiches gilt für die Männer: Erkennt ein Mann bei sich die Struktur, *„Wehe, wenn du nicht zeigst, dass du der Held bist, dann verlierst du die Achtung von den anderen"*, kann er hinterfragen, ob das im aktuellen Kontext noch Sinn macht, indem es beispielsweise von großer Bedeutung ist, Fehlern oder möglichem Scheitern rechtzeitig die gebührende Beachtung zu schenken. Im Lichte des aktuellen Kontexts kann er erkennen, dass er nicht an Achtung verliert, sondern sogar mehr Anerkennung bekommt, wenn er souverän mit Fehlern umgeht.

Je weniger wir uns unbewusst von unseren Antreibern leiten lassen, je reflektierter wir werden, desto konfliktfreier können wir eine Unterhaltung beginnen oder aus entstehenden Konflikten aussteigen. Sobald wir die Antreiber in unserem Gegenüber wiedererkennen, können wir die Dynamik dahinter leichter verstehen. Das hilft uns, auch wenn wir nicht einverstanden sind, damit zumindest verständnisvoller umzugehen und so manche Situation zu entschärfen.

Wer die Transaktionsanalyse kennt, wird ahnen, dass weitere Bausteine aus ihr gute Erklärungsmodelle für die Gender Communication sind. Auch wenn wir an dieser Stelle nicht weiter einsteigen: Die Entdeckungsreise kann weitergehen!

9. Der zweite Schritt: die Akzeptanz

Auch wenn Sie es schon mehrfach in diesem Buch gelesen haben, möchte ich es an dieser Stelle wiederholen: Nicht die Unterschiede zwischen Männern und Frauen sind das Problem, sondern die Bewertung. Die Einteilung in Falsch und Richtig. Der Glaube, dass es ein „Besser" und ein „Schlechter" gibt, hat unseliges Leid geschaffen.

Gleichberechtigung kann nur aus der Akzeptanz und dem respektvollen Umgang mit den Unterschieden geschehen. Frauen machen „es" nicht besser als Männer. Männer können „es" nicht besser als Frauen. Nur anders – und das ist gut so. Die Natur hat klug für diese verschiedenen Verhaltensweisen gesorgt und unseren unterschiedlichen Gefühlswelten Sinn verliehen.

Da wir biologisch gar nicht und neurologisch nur begrenzt umprogrammierbar sind, müssen wir mit Gegebenheiten dieser Unterschiede leben, ob wir es wollen oder nicht. Es ist nicht wählbar, sondern Fakt, dass jeweils die Hälfte der Gesellschaft männlich und die andere Hälfte weiblich ausgerichtet ist, mit all den beschriebenen Konsequenzen. Ausnahmen davon sind zwar nicht Thema dieses Buchs, verdienen aber ebenso Akzeptanz. Dagegen anzukämpfen ist nicht nur widersinnig, sondern schafft noch größere Gräben, da wir Frauen und Männer uns jeweils ganz gern mit unseresgleichen solidarisieren. Ich finde es wie die meisten meiner Geschlechtsgenossinnen wunderbar, Frau zu sein, und kenne vorwiegend Männer, die auch keinesfalls tauschen wollten.

Damit einhergehend ist es für die Akzeptanz des jeweils anderen zunächst wichtig, die eigenen geschlechtstypischen Verhaltensweisen und Denkmuster zu akzeptieren. Es ist nicht gut und nicht schlecht, dass wir „weiblich" oder „männlich" denken und handeln – es ist erst mal einfach so. Doch sind die Umstände unseres aktuellen Alltags eine Herausforderung für diese naturgemäßen Gegebenheiten. Wo früher die Sicherung des Überlebens für beide Geschlechter eine zeitlich wie emotional ausgesprochen erfüllende Aufgabe war, bieten und fordern die Entwicklungen der Moderne Zeit und Gelegenheit zum Rollentausch. Technische Erleichterungen im Haushalt, entsprechende Gesetze zu Kinderbetreuung und Teilzeitarbeit sowie langsam wachsende Akzeptanz von Erziehungszeiten für Männer ermöglichen es, dass zunehmend beide Partner sich beiden Aufgabenfeldern widmen und vor allem auch teilen.

Solches Miteinander erfordert sowohl in der Familienarbeit als auch im Beruf eine Veränderung, da wir an diesen Orten nicht mehr vorwiegend mit „unseresgleichen" kommunizieren, wie es unsere Vorfahren gemacht haben, sondern mit „dem anderen". Dabei kann es aufgrund unserer naturgegebenen Veranlagung nicht Ziel sein, dass sich die Frauen den Männern beziehungsweise die Männer den Frauen anpassen. Ziel kann nur sein, dass wir uns in gegenseitiger Akzeptanz aufeinander zu bewegen und aufeinander einstellen. Wir sollen und können uns nicht gegen unsere Natur verändern, aber wir können dazulernen. Auch für das Lernen haben wir die biologischen Grundlagen mitbekommen.

Die Aufgabe der heutigen Generationen ist herauszufinden, wie wir das uns Mitgegebene unter den nunmehr veränderten Rahmenbedingungen einsetzen und wie wir uns mit unseren Unterschiedlichkeiten respektvoll koordinieren, ohne den jeweils „anders Agierenden" zu benachteiligen oder abzuwerten. Dann und nur dann werden die modernen Entwicklungen wirklich eine Bereicherung sein.

Moderne Beziehungen

Der große Unterschied moderner Beziehungen gegenüber jenen unserer Vorfahren ist, dass wir in Kleinfamilien statt in großen Familienverbünden leben. Die Reduzierung auf eine einzelne Frau-Mann-Beziehung bringt es mit sich, dass wir wesentlich mehr mit „dem anderen Geschlecht" kommunizieren als mit unseresgleichen. Unser Austausch und auch unsere gegenseitigen Erwartungen und Hoffnungen konzentrieren sich auf den Partner bzw. die Partnerin an unserer Seite – was diese Beziehung ganz schön fordert und nicht selten überfordert. Ein absolutes K.O.-Kriterium ist jedoch, wenn jeder der beiden die eigene Denk-, Verhaltens- und Kommunikationsweise als die einzig richtige sieht und für „das andere" nur Abwertungen übrig hat.

Seien wir mal ehrlich, gäbe es um uns herum nur Leute, die der gleichen Meinung sind wie wir selbst, das Leben wäre nicht nur gähnend langweilig, sondern würde vermutlich gar nicht funktionieren! Nur durch die Unterschiedlichkeit kann Zusammenleben überhaupt gelingen, – aber eben auch nur, wenn wir die Unterschiedlichkeit entsprechend wertschätzen.

Du und ich

Nicht ohne Grund ziehen sich Gegensätze oft an. Ein Mann, eine Frau ist manchmal gerade deswegen so attraktiv, weil er bzw. sie so anders ist als man selbst. Nach einer ersten Verliebtheitsphase, in der die gegenseitige Akzeptanz tatsächlich oft auch hormonell bedingt ist, ein Kinderspiel. Danach erst entscheidet es sich, ob das Paar auch alltagstauglich ist, also ob die Partner sich trotz der stärker zu Tage tretenden Eigenarten noch anziehend genug finden, den Alltag miteinander zu teilen.

In dieser Phase gilt es bereits, nicht über die Unterschiedlichkeiten großzügig hinweg zu schauen, sondern vielmehr sie zu erkennen und sich offen und ehrlich dazu zu bekennen, dass man auch mit den bisweilen so ganz anderen Seiten leben kann – oder eben nicht. Denn Verständnis ist noch lange nicht Einverständnis. Gelingt dies, so erlebt das Paar in der Regel eine Bereicherung gerade da, wo der Partner etwas anderes in die Beziehung miteinbringt als man selbst. Bisweilen kommt man gerade durch die Notwendigkeit, sich auseinandersetzen zu müssen, zu neuen Möglichkeiten, die man sonst so nicht gewählt hätte.

Ich bekenne mich selbst an dieser Stelle voller Überzeugung zur Rollenteilung, da ich extrem froh bin, dass mein Mann Dinge erledigt, für die ich mich wahrlich nicht begeistern kann: Das Programmieren der Telefonanlage war für ihn als technikaffinen Menschen bei aller nervigen Kniffligkeit eine Aufgabe, die er mit ähnlicher Selbstverständlichkeit erledigte, wie ich die Termine rund um die Renovierung unseres Hauses organisiert habe. Und während er die Raffinessen der neuesten Heizungsanlagen austüftelte, habe ich deutlich lieber die Wände neu gestrichen. Beim Aussuchen der Fliesen waren wir skeptisch, ob wir bei unseren derart unterschiedlichen Geschmäckern uns überhaupt würden einigen können. Das Ergebnis war „der dritte Weg": Wir einigten uns begeistert auf einen Stil, der weder mir noch ihm zuvor in den Sinn gekommen wäre, und ich kann sagen: Es schaut richtig gut aus, sehr besonders und sehr stilvoll!

Diese Rollenteilung muss auch gar nicht zwangsläufig traditionell sein, sondern vor allem den Neigungen der Partner entsprechen. Wichtig ist nur, dass die Tätigkeiten keine Bewertung und nicht gegeneinander aufgewogen werden.

„Ach, du mit deinem bisserl Putzen, die paar Quadratmeter hast du doch eh schnell gemacht. Ich habe dir dafür die Reifen gewechselt." – „Ja, aber diese Drecksarbeit mache ich ständig und du bist mit dem Reifenwechsel zweimal im Jahr fein raus!" – „Das ist aber auch Drecksarbeit, die ich für dich erledigt hab!" – „Aber es ist auch nicht MEIN Putzen, das mach ich schon für uns beide!" und so weiter und so fort.

Wenn wir wollen, dass der andere seinen Teil weiter mit Freude oder zumindest ohne großes Grollen erledigt, ist es wichtig, das Tun des anderen wertzuschätzen. Dann kann Unterschiedlichkeit das Zusammensein sehr erleichtern. Wer je in der Lage war, dass eine bestimmte Aufgabe keiner von beiden so recht machen mag, weiß, wie nachteilig die Gleichheit sein kann! Sind die Gegensätze jedoch zu groß, und es findet sich kein Weg, die Unterschiede zu überbrücken, bleibt noch herauszufinden, inwieweit der andere das abgelehnte Verhalten ablegen kann oder möchte, oder ob dies eine zu große Einschränkung seiner Persönlichkeit und des von ihm angestrebten Lebensstils wäre. Im letzteren Fall ist eine rechtzeitige Trennung sicherlich das kleinere Übel, vor allem bevor ein Paar gemeinsame Verpflichtungen eingeht. Das mag schade sein, bewahrt aber vor späterem Leid. Und es ermöglicht ein respektvolles Auseinandergehen. Denn auch wenn es keine einvernehmliche Lösung gibt, kann im Verständnis füreinander und für das so andere die Freundschaft bestehen bleiben. Selbst wenn einer der beiden zur Akzeptanz bereit ist, der andere aber nicht, kann eine Beziehung nicht dauerhaft erfüllend sein. Frauen neigen ja nicht selten dazu, sich dem anderen zuliebe bereitwillig mit eigenen Wünschen und Vorstellungen zurückzuhalten. Das bedeutet aber letztlich eine Respektlosigkeit den eigenen Bedürfnissen gegenüber, vor allem wenn es unausgesprochen läuft. Gegenseitige Akzeptanz heißt vor allem auch, sich mit seinen eigenen Eigenarten und Wünschen zu respektieren und zu akzeptieren – sich selbst in seinem So-Sein zu achten und zu beachten.

Die Gefahr, dass man doch irgendwann vom Partner erwartet, dass er sich auch mal nach einem selbst richten möge oder gar die Beachtung schenkt, die man sich selbst nicht gibt, ist spätestens dann gegeben, wenn äußere Verpflichtungen und vor allem Kinder ins Spiel kommen. Dann wird es schwierig, wenn Erwartungen dazu kommen, die nicht Sache des gemeinsamen Ausgangspunktes waren. Derjenige, der den Verzicht womöglich so gar nicht mitbekommen hat, fühlt sich betrogen und zieht sich seinerseits frustriert zurück. Schon reden die beiden nicht mehr miteinander (passive Aggression) oder verhaken sich in endlosen Vorwürfen und kommen zu dem Schluss, dass man „Männer" bzw. „Frauen" einfach nicht verstehen kann bzw. dass der andere einen einfach nicht verstehen will. Für den Partner ist das recht angenehm, wenn der andere zurücksteckt. Doch droht Gefahr, dass er es mit der Zeit selbstverständlich nimmt. Auch ein „Wieso, sie (er) weiß doch, dass ich sie (ihn) liebe" ist alles andere als eine stabilisierende Bestätigung der Liebe. Sehr problematisch wird es, wenn die beiden nicht mehr darüber reden, auch nicht über die Gefühle, die unter dem Mäntelchen des Konsenses schwelen. Die Überraschung ist dann oft groß, wenn das Ganze aufbricht, nicht selten wird es dann schwierig mit dem Respekt füreinander.

Ohne sich gegenseitig mit allen Unterschiedlichkeiten und vor allem auch in der Kommunikationsweise als gleichberechtigt zu akzeptieren, ist das Projekt „gemeinsame Lebensplanung" von vorne herein zum Scheitern verurteilt. Auf Dauer kommt ein Paar nicht ohne regelmäßige Kommunikation über die Beziehung und die Befindlichkeit in der Beziehung aus. Es geht darum, auch und gerade über die Schwierigkeiten zu sprechen, zu akzeptieren, dass es immer und in jeder Beziehung Schwierigkeiten gibt, allein deswegen weil die Partner unterschiedlich sind. Der Gedanke, dass ein Konflikt Zeichen für Disharmonie und deshalb zu vermeiden sei, ist fatal. Eine Beziehung kann nur dann langfristig stabil und harmonisch bestehen, wenn beide sich in gegenseitigem Respekt regelmäßig mit und über die Probleme austauschen.

Schweigen, Harmonie vorspielen und auch Gleichgültigkeit sehen von außen leicht wie Großzügigkeit oder Gelassenheit aus, sind es aber nicht. In Wirklichkeit sind sie pures Gift für eine langfristige Beziehung, weil sie mit Akzeptanz gar nichts gemein haben.

Organisationen der Zukunft

Die Teams der Zukunft brauchen Männer *und* Frauen. Sie brauchen nicht nur die Vorantreibenden, sondern auch die Hinterfragenden, nicht nur die Fokussierten, sondern auch die Umsichtigen. Wie in persönlichen Beziehungen ist Einseitigkeit zwar kurzfristig bequemer, langfristig aber uneffektiver und verlustreicher.

Viele Unternehmen haben „Diversität" längst in das Aushängeschild ihres Wertekanons mit aufgenommen. Wie das mit den ausgehängten Werten aber manchmal so ist, dort hängen sie gut. Schaut man hinter die Kulissen, möchte man meinen, diese Werte sind wie in der Garderobe abgehängt und werden nur beim Rausgehen sichtbar getragen. Sie drinnen, im Unternehmen anzubehalten, bringt die Beteiligten schnell ins Schwitzen, das lässt man dann doch lieber.

Ebenso brüsten sich einige Unternehmen mit jeder Menge Förderprogrammen für Frauen, glänzen aber in der Tat eher durch die Menge als durch die Qualität der Umsetzungsmaßnahmen. Befragt man die Frauen, so berichten diese oft Haarsträubendes, wenn es um die Akzeptanz ihrer Vorgehensweise geht. Da macht man sich lustig darüber, wenn die Kollegin lieber vorsichtig sein will, stöhnt, wenn sie nochmal hinterfragt, was erfreulich schnell durchgewunken wurde. Genauso schütteln Frauen den Kopf über die Männer, die sich schon wieder „für wer weiß wie toll halten", wenn sie ihrem Chef über ihren letzten Coup berichten.

Mit dem Ohr bei den Coachees höre ich die Frauen, die frustriert sind, wenn die Frauenprogramme vom Unternehmensgeschehen abgekoppelt sind, und höre die Männer, die ihrerseits zunehmend befürchten, abgehängt zu werden, wenn „immer nur die Frauen gefördert werden". Gleichberechtigung ist noch nie durch Separierung gelungen, die eher an eine Ghettoisierung erinnert. Je länger und konstanter man bei diesem Change-Prozess die Frauen fördert, ohne die Männer mitzunehmen, desto größer werden die negativen Fantasien und mit ihnen die Distanz. Sind auf diesem Kampffeld die Figuren erst mal auf diese Art und Weise in „Schwarz und Weiß" getrennt, beginnt die Schlacht ums Gewinnen oder Verlieren. Erinnern wir uns an das, was ich über die Aggression geschrieben habe, so können wir schnell verstehen, warum Medien zunehmend darüber berichten, dass sich Frauen aus den Führungspositionen wieder frustriert zurückziehen: Im Kampf gehen Männer eher in den Angriff, maximal in die Flucht, Frauen jedoch in die Flucht oder den Totstellreflex.

Wenn wir lesen, dass manche Politiker dann schon wieder zurückrudern und Quotenbeschlüsse so pauschal in Frage stellen, wie sie sie getroffen haben, sehen wir, wie wenig die Thematik noch verstanden wurde und wie viel Arbeit noch zu geschehen hat. Ja, es wird schwierig, und es kann nicht harmonisch und einfach gehen. Das Zusammenwachsen von Frauen und Männern in Firmen wird und kann ebenso wenig wie in persönlichen Beziehungen konfliktfrei sein.

Ohne diese Konflikte zu beachten, zu achten, kann es keine Entwicklung geben. Ohne zu akzeptieren, dass es ein Hinschauen, ein Respektieren und ein Aufeinanderzugehen geben muss, werden die Organisationen nicht erleben können, wie die Unterschiedlichkeit das Miteinander stärkt.

Um die Akzeptanz-Arbeit innerhalb von Organisationen zu unterstützen, gibt es einige geeignete Modelle. Der Team

Diamond nach Kantor passt dabei gut in den Zusammenhang der Gender Communication.

Team Diamond

In diesem Modell beschreibt der Familientherapeut und Organisationsberater David Kantor, dass ein Team für ein effektives und effizientes Arbeiten vier Typen haben muss:

Den Leader – das „Alphatierchen", das die Prozesse anschiebt, Führungsaufgaben übernimmt, neue Ideen vorstellt und immer vorne mit dabei ist.

Den Follower – den Unterstützer, der sich begeistern lässt und mitmacht. Er unterstützt den Leader und den Prozess, wo er nur kann, sorgt für die Umsetzung der Ideen und fürs Dranbleiben.

Den Opposer – den Kritiker, der alles erst einmal hinterfragt. Er lässt die Dinge nicht einfach so stehen, sondern will genau wissen, was Sache ist, prüft bzw. hakt nach, ob wirklich alles bedacht wurde, legt den Finger auf die Wunden und gibt keine Ruhe, ehe nicht alles genau geklärt ist. Er macht den „sanity check" – die Gesundheitsprüfung für die Projekte.

Den By-Stander – den kritischen Beobachter, der eher abwartet, was passiert, bevor er sich auf eine Seite schlägt. Er sorgt für die Rahmenbedingungen, das Zeitmanagement und dafür, dass die Logistik passt. Er hinterfragt ebenfalls, vor allem aber auch das Verhalten der Kollegen und findet sich schon mal in der Rolle des Vermittlers zwischen den Polen wieder.

An der Beschreibung dieser vier Positionen sehen wir schnell, dass darin jede Menge Konfliktpotenzial wie auch Sicherheit steckt: Der Antreibende allein kann nichts bewirken, wenn er keine Unterstützer hat. Der Unterstützer ist verloren, wenn er niemanden hat, der in Führung geht. Bleiben die beiden unter sich, können sie zwar viel bewirken, aber die Gefahr ist, dass sie Fehler übersehen und Wichtiges außen vor lassen. Der Opposer sorgt für Klarheit und Gesundheit im Prozess und dafür, dass nichts vergessen oder missachtet wird. Der By-Stander sorgt dafür, dass alle miteinander arbeiten können und niemand abgehängt wird – und auch dafür, dass der Opposer nicht ausgebremst wird und nicht nur ausbremst.

Prinzipiell kann jeder jede Rolle belegen oder auch die Rolle wechseln. Doch rutscht man unbewusst gern immer wieder in die eigene „typische" Rolle hinein, was Sinn macht, solange man sich dessen bewusst ist und das andere Verhalten respektiert. Eine Zuordnung zu Geschlechterrollen erscheint mir hier zu gewagt, vor allem auch deswegen, weil dies stark in der Abhängigkeit der Geschlechterverteilung im jeweiligen Team steht. Nicht selten aber stehen Männer als Leader und Opposer im Machtkampf, während Frauen viel Qualität durch die Besetzung der Positionen von Follower und kritischem By-Stander in die Arbeit bringen. (Sie erinnern sich? „Die PowerPoint-Männer und die fleißigen Excel-Frauen".) Und doch kenne ich auch viele gute Frauen und Männer jeweils auf den anderen Positionen.

So oder so zeigt dieses Modell ganz grundsätzlich, wie sehr die Unterschiedlichkeit das Miteinander stärken kann, solange es eine gegenseitige Akzeptanz dafür gibt.

10. Dritter Schritt: Offenheit für Veränderung

Bewusstheit und Akzeptanz ebnen den Weg für den nun für die reale Veränderung wichtigsten Schritt: die Offenheit. Gemeint ist die individuelle Bereitschaft, sich auf die Unterschiede einzustellen und mit ihnen umzugehen. Das erfordert, dass wir in bestimmten Situationen das eigene Verhalten, die eigene typische Kommunikationsweise hinterfragen und variieren, und ist somit für uns in erster Linie eine Erweiterung unseres Verhaltens- und Kommunikationsrepertoires.

Wo Frauen und Männer aufeinander und auf das einander Verstehen angewiesen sind, wo Frauen und Männer zunehmend miteinander arbeiten, brauchen wir eine Veränderung bzw. größere Vielfalt in unserem Verhalten und die Offenheit dafür, dies zu lernen.

Veränderungswirksame Strukturen schaffen

Wie aber können wir unser Verhalten und unsere Kommunikationsweise ändern, wenn, wie wir wissen, das Unbewusste, Archaische, das immer erst den eigenen bekannten Weg sucht, schneller und damit mächtiger bleibt?

Klar ist – diese Änderung geht, wie schon erwähnt, nicht mit einem Hauruck. Auch nicht mithilfe von einfachen Techniken. Es ist ein vielfältiger Prozess, der jeden von uns als Individuum fordert und auch nur gelingt, wenn wir es wollen.

Jedes Team, jede Firma, jeder, der mit Kunden arbeitet, hat automatisch mit diesen geschlechtsspezifischen Kommunikationsstrategien zu tun. Wir können sie ignorieren und mit den Folgen leben. Wir können diese aber auch nutzen und in einem Geschäftsleben, in dem sich die Teams zunehmend mischen, erfolgreich werden.

Wer im eigenen Team oder im Unternehmen die Bereitschaft für den „Gender Dialogue", den gelingenden Dialog zwischen den Geschlechtern, schaffen will, muss dafür sorgen, dass die Teammitglieder dazu motiviert werden. Sie müssen verstehen, warum es für sie Sinn macht, und brauchen Rahmenbedingungen, die das Lernen erleichtern.

An dieser Stelle kommt oft der Einwand: „Ja, dafür gibt es doch die ‚Quote‘! Was will man denn mehr?" Arbeite ich mit Frauen daran, dass sie sich trauen, ihre Kompetenzen schneller zu zeigen und sich auch mehr zuzutrauen, noch bevor sie alles bis ins Detail überprüft haben, winken viele ab. Wie Iris, die für ihre Kollegin bei einer Präsentation einspringen sollte und ermuntert wurde, die Lücken *„großzügig wie Männer zu handhaben"*: *„Ja, ja, ich weiß schon, aber ich brauche die Sicherheit, Dinge perfekt zu können, dann erst habe ich die innere Ruhe, um souverän zu agieren. Solange ich mir unsicher bin, bin ich schlichtweg nicht gut."* Es genügt bei Weitem nicht, Frauen einfach eine Quote zu geben und diese den Firmen zu verordnen. Ob Gegner oder Befürworter der Frauenquote – es dient letztlich keinem, diesen Prozess ohne eine entsprechende Unterstützung aufoktroyiert zu bekommen: Nur dort, wo Teams nachhaltig unterstützt werden, bekommt der „Migrations"-Prozess in den Firmen den nötigen Schwung!

Gemäß der aktuellen Erkenntnisse aus der Hirnforschung braucht das Lernen

- angenehme Atmosphäre,
- unterstützende Strukturen,
- regelmäßiges Wiederholen (Üben) über einen längeren Zeitraum hinweg.

Das bedeutet also, dass Unternehmen eine Umgebung schaffen müssen, in der

- es gegenseitige Anerkennung und Wertschätzung für die Unterschiedlichkeit gibt und keiner Angst haben muss, vom anderen übervorteilt zu werden.
- Frauen und Männer in günstiger Verteilung miteinander arbeiten. Ab einem Mindestverhältnis von

30 Prozent, z.B. drei Frauen in einer Gruppe von zehn Männern (oder umgekehrt), wird die Minderheit als relevante Gruppe in der Gruppe respektiert und bekommt Einfluss.

■ eine organisatorische Struktur geschaffen wird, in der der „Gender Dialogue" so lange bewusst geübt, geprobt und beachtet wird, bis er ein natürlicher, unbewusster Prozess geworden ist.

Günstigerweise schafft die Organisation somit die Möglichkeiten und Voraussetzungen, in denen der „Gender Dialogue" Möglichkeiten bekommt, Fuß zu fassen. Doch unabhängig davon kann jede und jeder Einzelne an und für sich arbeiten und lernen. Wo es uns ein Anliegen ist, in der eigenen Beziehung die Kommunikationskompetenzen im Miteinander zu lernen, bleibt es die persönliche Arbeit jedes Einzelnen sich hierbei individuell weiterzuentwickeln.

Neben Selbstkenntnis und Akzeptanz, über die Sie, liebe Leserinnen und Leser, nun einiges erfahren haben, gibt es auch ganz konkrete Ansätze in der Kommunikationstechnik, an denen Sie arbeiten können. Das sind allerdings keine „garantiert wirksamen Tricks", sondern ein Teil der Offenheit, die eigenen Möglichkeiten zu erweitern.

Stimme Macht Stimmung

Da die Stimme eines unserer wesentlichen Mittel der non-verbalen Kommunikation ist, lohnt es sich, ihr gebührend Aufmerksamkeit zu widmen. Dabei geht es zunächst darum, sich bewusst zu werden, welche Wirkung die eigene Stimme auf das Gegenüber hat. Klafft die Wirkung und das auseinander, was ich bewirken möchte, geht es darum herauszufinden, was meine Stimme natürlicherweise alles kann, wie ich das bewusst und authentisch nutzen und einsetzen kann. Wer die Möglichkeiten seiner Stimme nutzt, wird erleben, wie machtvoll diese ist, denn eine gute Stimme macht gute Stimmung, egal ob Frau oder Mann.

Stimme lässt sich trainieren

Es macht sicherlich gar keinen Sinn, als Frau (oder Mann mit hoher Stimmanlage) die Stimme einfach nur nach „unten zu drücken". Das macht die Stimme nur kaputt und klingt außerdem nicht gut. Man schränkt dabei auch die hilfreiche Melodie und Dynamik ein, gewonnen ist nicht viel, verloren hingegen schon. Was also dann tun?

In gezielter Stimmarbeit kann man der Stimme mehr Resonanz, also Klangfülle/Raumklang geben, sodass man/frau, ohne sich groß anzustrengen, deutlich hörbarer wird. Ebenso verbessert die Arbeit an Stimmdynamik und Stimmmelodie die stimmliche Wirkung.

Geeignet für die Stimmverbesserung sind Stimmbildung, Stimmtrainings, in denen Sie gute Übungsanleitungen bekommen. Wer bereits Probleme mit der Stimme hat, sollte dafür bei Logopäden oder Sprachtherapeuten eine Stimmtherapie machen. Liegt eine ärztliche Verordnung vor, übernehmen die Kosten die Krankenkassen.

Stimmig sprechen

Ein „stimmiges Sprechen", ein be-„stimmtes" Auftreten, eine stimmungsvolle Rede hat mehr Macht als jede noch so gelungene PowerPoint-Präsentation, da der Inhalt durch den Sprecher, durch die Person lebendig wird. Wenn ich als Sprechender darauf keinen Wert lege, kann ich die Aussage auch als zu lesenden Text vorlegen! Es macht einen Unterschied, ob ich das Waschpulver in einer ansprechenden Verpackung anbiete oder einfach nur einen großen Sack zum Selbstabfüllen hinstelle. Es mag Situationen geben, in denen dies angemessen ist, – der deutlich höhere Gewinn ist aber durch die höhere Attraktivität einer akzeptablen Präsentation der Ware zu erzielen!

Der Weg zur überzeugenden, gewinnenden Stimme ist ein spannender Weg, der neben Atem- und Körperarbeit viel damit zu tun hat, „sich den Raum zu nehmen", den man ausfüllen will. Wie jede nonverbale Kommunikation ist eine willentliche Veränderung der Stimme, die nicht fundiert mit einer inneren Haltungsänderung einhergeht, jedoch selten krisenfest. Eine rein auf Veränderung des Verhaltens basierende Stimmtechnik, in der der Sprecher gelernt hat, wie er z.B. mit warmer und voller Stimme sprechen kann, geht verloren, sobald intensive Gefühle ins Spiel kommen. Wird der Sprechende etwa durch Aufregung hektisch, atmet er rasch und schon fehlt ihm ein „technischer" Grundbaustein für die warme, volle Stimme. Die Technik wird erst stabil, wenn sie im Zusammenhang mit einer Haltungsänderung einhergeht, die es dem Sprechenden erlaubt, auch in aufregenden Momenten Zugang zu seiner Gelassenheit und tieferen Atmung zu bekommen.

Ein Stimmcoaching eignet sich, um sich als Frau und als Mann dahin zu entwickeln, nachhaltig mit einer authentischen Stimme gewinnend sprechen zu können.

Sprechen ist mehr, als Wörter aneinanderzureihen

Auch die weiteren Parameter der nonverbalen Kommunikation lassen sich gut trainieren. Für die Gender Communication gilt dabei ebenso, sich erst mal der eigenen spontanen und natürlichen Wirkung bewusst zu werden, um dann das Spektrum der Möglichkeiten im Rahmen der individuellen Persönlichkeit angemessen zu erweitern. Ein gutes Kommunikationstraining kann generell unterstützend sein – im Falle der Annäherung an die Gender Communication macht es aber Sinn, sich gezielt Trainings dazu zu suchen, da sich „normale" Kommunikationstrainings mit diesem umfangreichen Thema nicht befassen. Ein gutes Gender-Communication-Training geht neben persönlicher Fallarbeit und Diskussion zu Alltagsthemen umfassend auf die nonverbale Kommunikation ein, also auf Stimme, Körpersprache, Gestik und Mimik wie auch auf Sprechweise (z.B. Sprechtempo) und Gesprächsführung. Ausgangspunkt ist die Selbstreflexion, also die Schärfung der Eigenwahrnehmung („Wie wirke ich und warum") zu den jeweiligen Themen.

Wie bei der Stimme ist es neben dem Erlernen der Techniken wichtig, ein Auge darauf zu haben, wie ich die mir naturgegebenen Möglichkeiten nutze. Warum ich z.B. in manchen Situationen völlig flüssig spreche, mir aber in anderen Situationen die Worte fehlen, der Atem stockt und ich nicht weiß, wohin mit meinen Händen. Wenn der Grund dafür in der Aufregung liegt, so hilft mir das beste Techniktraining nicht. Was ich erlernt habe, kann ich nur abrufen, wenn der Kopf dafür frei ist. Auch hier ist ein Kommunikationscoaching angebrachter als ein Training.

Körpersprache, Gestik, Mimik

Körpersprache, Gestik und Mimik sind, wie im Kapitel „Sprechen oder nicht sprechen" unter nonverbaler Kommunikation beschrieben, unsere schnellsten und unmittelbarsten Kommunikationssignale, die vom Zuhörenden immer unbewusst mit-„verstanden" werden. Der Zuhörer reagiert im Zweifelsfall stärker auf die Art und Weise, wie jemand etwas sagt, bzw. auf die Botschaft, die er daraus interpretiert, als auf das, was der andere gesagt hat. Die Authentizität eines Sprechers ergibt sich aus der Kongruenz der nonverbalen Botschaften und den ausgesprochenen Worten. Daher ist die Persönlichkeitsarbeit die wichtigste Grundlage für die Körpersprache. In der Gender Communication zeigt es sich, ob die Akzeptanzarbeit wirklich stattgefunden hat. Eine offene, einladende und Gleichwertigkeit ausstrahlende Körpersprache wird sich nicht einstellen, wenn ich die Art, wie „Männer" bzw. „Frauen" sprechen, einfach nur schrecklich finde. Da kommt der Blick schon mal von oben herab, der Körper ist abgewandt und die Mimik verschlossen. Arbeit an der nonverbalen Kommunikation ist immer auch Arbeit an sich selbst.

Wortwahl und Grammatik

In der Wahrnehmung von Seniorität gilt die Faustregel des „weniger ist mehr" in jedem Fall auch für die Sprechweise. Je weniger jemand „drum herum spricht" und je mehr jemand mit knappen, klaren Aussagen etwas auf den Punkt bringt, desto sicherer und überzeugter wirkt er. Die Folge ist wiederum meist, dass er auch besser überzeugt. Das hat zunächst nicht zwangsläufig mehr Charme, welcher jedoch ein wichtiges Element in einer gelingenden Kommunikation ist. Aber klaren Statements in Charme verpackt kann sich kaum jemand entziehen! Wer Missverständnisse minimieren will, legt ein besonderes Augenmerk auf die Höflichkeitssprache von Frauen, die vielfältig Konjunktive und „Weichmacher" wie „vielleicht", „wahrscheinlich", „womöglich" nutzt bzw. für das Bedürfnis der Männer Dinge klar und unumwunden ausdrückt.

Sprechtempo und Pausen

Auf Sprechtempo und Sprechdauer zu achten, ist vor allem Frauen zu empfehlen, die nicht erleben wollen, dass die männlichen Gesprächspartner genervt abschalten. Verbale Trommelfeuer erreichen in Konflikten selten ein aktives und interessiertes Zuhören. Kürzere Phrasen und mehr Wiederholungen machen es wahrscheinlicher, dass die Botschaft ankommt. Sie wissen ja nun, die geringere Höraufmerksamkeit ist nicht Absicht oder Gleichgültigkeit, sondern den meisten Männern von Natur aus gegeben.

Diesen Männern steht es durchaus an, statt stumpf abzuschalten, die Gesprächspartnerin respektvoll darum zu bitten, dass sie zusammenfasst, worum es genau geht. Sie, liebe männliche Leser, wissen, dass ihre Gesprächspartnerinnen sich mit kurzen knappen Ansagen nicht unbedingt wertgeschätzt und eingeladen fühlen. Wer seine Partnerin, seine Kollegin, Mitarbeiterin oder Chefin für sich gewinnen will, darf ruhig etwas tiefer in die Wortkiste greifen.

Gespräche führen oder im Gespräch verführen?

Wie wir wissen, steht und fällt eine erfolgreiche Kommunikation mit einer gelungenen Gesprächsführung. Gerade bei wichtigen Themen, etwa im beruflichen Kontext, wird derjenige, der sich darüber Gedanken macht, wie er seine Botschaft rüberbringen will, mit großer Wahrscheinlichkeit viel mehr erreichen, als wenn er einfach nur drauflos plaudert.

Sprachverständnis und Zuhören

Sie ahnen es vermutlich schon: Kommunikation zwischen Männern und Frauen braucht aufgrund der vielfach beschriebenen Unterschiede noch Achtsamkeit, dass man nicht falsch verstanden wird und nicht falsch versteht. Ein empathischer, aktiver Zuhörer bekommt selbst mehr Gehör. Nachzufragen und vor allem den eigenen Bezugsrahmen von dem seines Gegenübers zu trennen, hilft zu verstehen, was wirklich gemeint ist. Wie schnell verstehen wir etwas völlig falsch, weil wir es in den Kontext der eigenen Vorstellungswelt setzen!

Nora, Produktmanagerin in einem Industriebetrieb, steht bei der Vorbereitung für das Kick-off-Meeting am nächsten Tag sehr unter Zeitdruck. Sie arbeitet hochkonzentriert an der Präsentation. Währenddessen kommt Timo, ein Mitarbeiter aus der Kreativabteilung, zu ihr und fragt sie: „Hi, Nora, hast du mir schon die Teilnehmerliste für unser Kreativmeeting nächste Woche zusammengestellt? Du wolltest sie mir eigentlich gestern schon gegeben haben." Nora fühlt sich einerseits ertappt, andererseits total genervt und blafft Timo an: „Meine Güte, das kann doch noch warten!" Timo fühlt sich von dem scharfen Ton ange-

griffen und poltert zurück: „Ihr Produktionsleute seid derart eingebildet, ihr meint wohl, ihr könntet ohne uns?!"

Was war passiert, dass beide gleich so sehr aufbrausend waren? Ohne zu hinterfragen, war sie davon ausgegangen, dass Timo ungeduldig sei, weil sie ihr Versprechen nicht eingehalten hatte. Ihr schlechtes Gewissen gegenüber Timo ließ keine andere Deutung zu. Gleichzeitig war sie der Meinung, er könne sich doch denken, wie sehr die Zeit vor so einem Kick-off-Meeting üblicherweise drängt, da hätte er Verständnis haben können. Dass Timo gar keinen Vorwurf machen wollte, sondern einfach nur interessehalber nachgefragt hatte, kam ihr gar nicht in den Sinn. Ebenso wenig, dass er einfach nur Orientierung für seine Weiterarbeit suchte. Sie reagierte, ohne nachzufragen, was der genaue Grund für sein Nachhaken war, mit einem Vorwurf. Das schmeckte Timo überhaupt nicht, der seinerseits grundlegend daran zu knabbern hatte, wie oft die Kreativabteilung innerhalb der Firma abgehängt, weil nicht richtig wertgeschätzt wird. Er sah in Noras Reaktion eine weitere Bestätigung seiner Kränkung, nicht wichtig genug zu sein. Dass ihre Reaktion vor allem ein Zeichen für das schlechte Gewissen ihm gegenüber war, war für ihn trotz des Zeitdrucks, von dem er ja wusste, nicht erkennbar. Er hinterfragte die Heftigkeit Noras Reaktion nicht und reagierte nur auf die vermeintliche Abwertung als „Kreativling".

Es wird wohl nicht immer gelingen, unmittelbar einen differenzierten Zugang zu der Möglichkeit zu haben, dass der andere etwas ganz anderes auf dem Herzen hat, als man zu hören meint. Aber bevor ein solcher Konflikt Fahrt aufnimmt, lohnt es sich, in einem etwas ruhigeren Moment nochmal genau nachzuhaken, was der Grund für die jeweils heftige Reaktion war. Dafür ist eine gute Portion Selbstkenntnis von großer Bedeutung, um die eigene Denkweise nicht unbewusst dem anderen zu unterstellen.

Umgang mit Fehlern und Unwissenheit

Im Kapitel 6 haben Sie über die unterschiedliche Fehlerkultur von Männern und Frauen gelesen und einige mögliche Hintergründe dazu erfahren, warum Frauen sich so schwer tun, mit Unsicherheit, Verunsicherung und Fehlern so nonchalant umzugehen wie die meisten Männer. Männer nehmen nicht nur Fehler erst einmal nicht so schwer, sie setzen auch alles daran, dass sie nicht durch den Nachweis oder das Zugeben von Verfehlungen ins Hintertreffen geraten oder abgehängt werden.

Frauen sind zwar leichter zu verunsichern und zweifeln schneller an sich selbst, kommen langfristig damit aber besser zurecht als Männer, die offensichtlich gescheitert sind. Eine Frau, die scheitert, leidet meist unter dem Fehler an sich und an dessen Konsequenzen. Ein Scheitern ist für einen Mann oft ein Rütteln an den Grundfesten seiner Identität, er stellt seine Existenzberechtigung in Frage.

Solange unsere Gesellschaft so tut, als ob das Fehler-Machen per se vermeidbar sei und es für alles einen „perfekten", einen „einzig richtigen" Weg gäbe, wird es uns nicht gelingen, eine gesunde Fehlerkultur zu installieren. Gerade für eine gesunde Kommunikation zwischen Frauen und Männern brauchen wir jedoch die Einsicht, dass Fehler ganz natürlicher Teil jeglichen Lernens sind. „Aus Fehlern lernen wir." Stimmt, aber nur, wenn diese sein dürfen. Solange wir für Fehler mit persönlicher Abwertung bestraft werden und uns für sie schämen, lernen wir allenfalls, sie zu vermeiden oder zu vertuschen. Nicht aber das, was in ihnen an Lernpotenzial, an Stoff zur Wissens- und Kompetenzerweiterung steckt. Auch Üben geht nicht ohne Fehler, wer keine Fehler machen darf, übt besser nicht. Erst wenn wir uns unsere Fehler selbst und gegenseitig nicht mehr verbieten, sondern neugierig werden, was wir daraus lernen können, werden wir von dem allseits eingeforderten Feedback profitieren können.

Wenn wir Frauen den Männern und die Männer uns das „Anderssein" nicht mehr als Fehler vorwerfen, es aber möglich ist, darüber zu diskutieren, wo welches „typische" Verhalten Probleme macht und wo durch welche Art zu reden die Botschaft besser ankommt, kann Gender Communication das Miteinander stärken!

Umgang mit Aggression

Aggression ist, wie im Kapitel 8 beschrieben, zunächst ein ganz natürlicher Teil unseres Seins und unserer Kommunikation. Allerdings gehen viele Männer anders mit Aggression um als Frauen.

Da trotz eindeutiger Unterscheidbarkeit zwischen aggressiver und impulsiver Aggression die Grenzen fließend sind, tun sich erst recht Frauen, bei denen die assertive Aggression wenig bis gar nicht ausgeprägt ist, schwer, diese Aggressionsformen auseinanderzuhalten. Jede Form von Aggression wird als Angriff mit dem Ziel zur Vernichtung empfunden, weswegen Frauen zum großen Erstaunen von Männern die lediglich „kumpelhaft" geäußerten, flapsigen Sprüche schnell persönlich nehmen und sich beleidigt fühlen. Der bekannte „Klaps auf den Hintern" ist eines der klassischen Beispiele, bei dem der Impuls des Mannes lediglich eine Art anerkennende „Reviermarkierung" ist und nicht viel anderes heißt als „Du gefällst mir, dich werde ich gern nehmen". Dass er dabei womöglich in grenzenloser Selbstüberschätzung übersieht, dass er keineswegs so attraktiv ist, dass er auch nur annähernd in das Beuteschema der Betroffenen passt, ist Teil seines unreflektierten, archaischen Systems. Die auf diese Art und Weise recht ungehobelt adressierte Frau lehnt solch unerbetenes Benehmen zu recht ab, was vom Mann, der sich nach wie vor selbst überschätzt und nicht wirklich hinterfragt, mit allenfalls verständnislosem Kopfschütteln abgelegt wird. Als eines der vielen Male, in denen er scheitert, was ihn, wie wir inzwischen wissen, noch lange nicht daran hindert, es in gleicher Weise ein anderes Mal wieder zu versuchen.

Vor einigen Jahren hatte ich einen Klienten, der meinte, wie es psychodynamisch gelegentlich passiert, sich in mich verliebt zu haben. Er begann, entsprechende Bemerkungen fallen zu lassen, woraufhin ich, ohne ihn brüskieren zu wollen, beiläufig, aber aus meiner Sicht dennoch recht unmissverständlich, von „meinem Mann" erzählte. Sein Verhalten änderte sich nicht, er „baggerte" ungestört weiter. Ich erhöhte die Frequenz und Eindeutigkeit meiner Erzählungen über meine glückliche Beziehung – die Reaktion war unverändert. Als ich meinem Mann etwas irritiert davon berichtete, meinte dieser recht lapidar: „Na ja, so sanft, wie du ihm das vermittelst, da würde ich meine Werbeversuche auch nicht einstellen, im Gegenteil, ich würde denken, na warte, die Festung kriegst du auch noch sturmreif geschossen." Mir verschlug es daraufhin die Sprache. Dennoch fasste ich den Mut, das Thema bei meinem Klienten unverblümt anzusprechen. Als ich nicht mehr nur signalisierte, sondern mit ihm klar darüber gesprochen hatte, dass und warum er keinen Erfolg haben würde, hörte er auf zu flirten und wir konnten gut weiterarbeiten.

Frauen, die den Hintergrund dieser assertiven Aggression kennen, tun sich leichter, dieser zu begegnen und ihr konstruktiv etwas entgegenzusetzen, was für das Miteinander von Hilfe ist. Dennoch ist für ebendieses konstruktive Miteinander der Appell an die Männer mehr als berechtigt, erst einmal davon auszugehen, dass Frauen von solchen Sprüchen viel eher brüskiert als amüsiert sind.

Frauen, die voneinander die Bereitschaft und Fürsorge zur Integration erwarten, sind ihrerseits sehr darum bemüht, dass sich die anderen zugehörig fühlen. So kommen sie unter ihresgleichen zu einer relativ stabilen gegenseitigen Akzeptanz. Intensive Fürsorge wird von Männern – vielleicht in Erinnerung an die mütterliche Instanz – jedoch als Dominanz erlebt (die Stärke des Helfenden). Somit riskiert die für Integration sorgende Frau damit aber erst recht, entweder abgelehnt zu werden oder gezielt erniedrigende dienende Tätigkeiten zugeschoben zu bekommen. Solche Frauen bekommen in ihrer Abteilung auch unter Gleichgestellten schnell die Rolle der „Kaffeekocherin". Was von Männern wieder assertiv für (Unter-)Ordnung sorgt, erleben Frauen unzweifelhaft als Angriff auf ihre Souveränität und den Wunsch nach gleichberechtigter Anerkennung.

Gerade für das Berufsleben sollte bedacht werden: Vor allem die Erstbegegnung von Männern und Frauen hat es in sich: Männer wollen durch die assertive Aggressionsform die Stellung zueinander und damit das System ihres Miteinanders regulieren. Frauen streben die Regulation des Miteinanders ihrerseits durch Integration und Akzeptanz an. Die „Männersprüche" erleben Frauen nicht als integrierend und akzeptierend, sondern als Ablehnung, Zurückweisung und Überheblichkeit, die stark verunsichert. Die konkurrenzscheuen Frauen reagieren daher ihrerseits darauf – wie auf jegliches Imponiergehabe – nicht wie ihre männlichen Konkurrenten mit Akzeptanz oder Spiel um die Macht, sondern allenfalls mit Überanpassung, Rückzug oder Ablehnung: Fright, Flight oder Fight – Sie erinnern sich?

Im Eifer des Gefechts

Die Konfliktkommunikation bei Männern und Frauen ist sehr unterschiedlich, wie Sie im Kapitel 4 über das

Streitgespräch gelesen haben. Frauen fragen bevorzugt nach dem Hintergrund für das Problem, Männer nach dem, was zu tun ist, um es zu überwinden.

Gemeinsam sind wir stark – Entwicklung und Fortschritt im Team

Gerade an dieser Thematik zeigt es sich, wie wichtig die Unterschiedlichkeit für das Lösen von Problemen ist. Damit „lonesome cowboys" lernen, dass es nicht nur darum geht, schneller zu rennen, wenn es irgendwo hakt („es lohnt sich nicht, das Tempo zu erhöhen, wenn du in die falsche Richtung rennst"), brauchen sie die Nachdenklichen, die versuchen herauszufinden, warum der Schuh drückt. Die Bedenkenträger(innen) und fürsorglichen Kümmerer brauchen umgekehrt den Schubs der Motivierenden, um in die Gänge zu kommen und zu tun, was es braucht.

Haben sowohl Analyse des Problems und der Lösungsenergie Platz, entsteht eine effiziente Lösungskompetenz: Relevante Informationen zu dem, was war und ist, bereichern die Wahl eines passenden Handlungsimpulses für das, was sein soll und werden kann. Der Erfolg ist ungleich höher, als wenn nur einer der beiden Strategien zum Zuge kommt!

Gewaltfreie Kommunikation

Der amerikanische Psychologe Marshall Rosenberg hat mit seiner „Non Violent Communication" (zu Deutsch: „gewaltfreie Kommunikation", wobei ich lieber die Übersetzung „nicht-verletzende Kommunikation" wählen würde) ein sehr hilfreiches und praktikables Instrument zur Konfliktkommunikation entwickelt. Gegenseitige Empathie, Akzeptanz für unterschiedliche Bedürfnisse und die Bereitschaft, aktiv zuzuhören, sind die Grundbausteine dafür, auch bei schwersten Konflikten Wege zur Einigung zu finden.

Rosenberg sieht jede Form von Gewalt als Ausdruck eines unerfüllten Bedürfnisses. Um die „Anwendung von Gewalt" abzuwenden bzw. zu vermeiden, dass sich die Gesprächspartner gegenseitig (verbal) verletzen, gilt es, auf dem Boden gegenseitiger Wertschätzung die Bedürfnisse wahrzunehmen und ins Gespräch zu bringen.

Die modellhaft geführte gewaltfreie Kommunikation verläuft in vier Schritten:

- *Beobachtung:* Derjenige, der einen Konflikt hat, beschreibt demjenigen, mit dem er in Konflikt steht, eine konkrete Handlung (oder Unterlassung) wertfrei, also ohne sie mit einer Bewertung oder Interpretation zu vermischen. Er muss die Bewertung unbedingt sauber von der Beobachtung trennen, damit das Gegenüber erkennen kann, worauf der andere sich genau bezieht.
- *Gefühl:* Mit Beobachtung ist meist ein bestimmtes, im Körper wahrnehmbares Gefühl verbunden, das es aus der Ich-Perspektive zu benennen gilt. Nicht: „Du hast mich geärgert", sondern: „Ich ärgere mich." Nicht: „Du ängstigst mich", sondern: „Ich habe Angst." Nicht: „Du hast mich verletzt", sondern: „Ich fühle mich verletzt." Denn Gefühle sind immer etwas, was wir selbst empfinden, weil wir auf das Verhalten eines anderen reagieren. Niemand kann uns Gefühle „machen".
- *Bedürfnis:* Dieses Gefühl beruht meist auf einem Bedürfnis. Dabei handelt es sich häufig um eines der Grundbedürfnisse des Menschen wie z. B. Sicherheit, Verständnis, Nähe oder Bedeutung. Dadurch wird im

Körper ein Gefühl spürbar. Dieses Gefühl spiegelt, ob das betreffende Bedürfnis gerade erfüllt ist oder nicht. Es ist somit eine Art Indikator für das Miteinander. Diese Gefühle ermöglichen in Beziehungen die Orientierung für eine für beide Seiten passende Lösung.

- *Bitte:* Ist das Bedürfnis offen, kann der Betreffende daraus eine Bitte um eine konkrete Handlung im Hier und Jetzt formulieren. Damit diese erfüllt werden kann, müssen Bitten von Wünschen unterschieden werden. Wünsche beziehen sich eher auf generelle Verhaltensweisen („Ich wünsche mir, dass du mit mir respektvoller umgehst.") und können sich auch auf Ereignisse in der Zukunft beziehen („Ich wünsche mir, dass Sie künftig nachfragen, bevor Sie Ihre Entscheidungen treffen."). Eine Bitte ist dagegen deutlich konkreter und bezieht sich auf das Hier und Jetzt: „Ich bitte dich, mich zu respektieren, wenn ich heute lieber länger bleiben möchte." (Beziehungsbitte) oder „Ich bitte Sie, mir Ihre Entscheidung mitzuteilen, bevor Sie die Unterlage morgen rausgeben." (Handlungsbitte). Bitten sind meist deutlich einfacher zu erfüllen als Wünsche und haben daher mehr Chancen auf Erfolg. Rosenberg legt großen Wert darauf, die Bitte positiv zu formulieren, also nicht um etwas zu bitten, das man nicht möchte, sondern darum, was und wie man es konkret möchte. Sie ahnen gar nicht, wie schwer und arbeitsintensiv genau dieser Schritt ist!

Die gewaltfreie Kommunikation dient unabhängig von irgendwelchen Geschlechterfragen jeglichen Konfliktparteien zur erfolgreichen Kommunikation. Für mich ist sie gerade aufgrund ihrer Klarheit, pragmatischen Umsetzbarkeit und dem gegenseitigen Verständnis für Unterschiedlichkeit ein

Instrument, welches in der Zusammenarbeit für Männer und Frauen nicht fehlen darf.

Hören und gehört werden

Die bezaubernde schwangere Caroline, die von ihrem Betriebsarzt nicht als leitende Angestellte wahrgenommen wurde; Sonja, die kaum Chance hatte vor ihrem Chef, Herrn Simmich, im Wettbewerb mit Johannes „den Stich" machend; Thomas Albin, der die Karrierewilligkeit seiner Mitarbeiterinnen schlichtweg nicht wahrgenommen hat, Paulina, die befand, dass es Aufgabe des Chefs sei, die Leistungen seiner Mitarbeiter zu sehen, auch ohne, dass sie darüber groß reden, und einige mehr der Szenarien, über die Sie in diesem Buch gelesen haben, sind beispielgebend für die vielen, vielen Situationen, in denen Frauen nicht wirklich gehört werden, trotz ihrer größeren Sprachgewandtheit und ihres Engagements.

Sie alle tun im gemischtgeschlechtlichen Miteinander gut daran zu bedenken, dass die offenbar genetisch angelegte Neigung der Frauen, sich nicht „hervorzutun", ein Teil der „gläsernen Decke" ist, die es gilt, behutsam aufzubrechen. Frauen müssen und werden sich nicht von heute auf morgen ändern, allein deshalb, weil dieses Verhalten in vielen Zusammenhängen viel Sinn macht. Jedoch wird es Frauen, die „nach vorne kommen wollen", helfen zu bedenken, dass Männer ohne böse Absicht und aus gutem Grunde sehr viel weniger „umsichtig" sind, als Frauen es oft erwarten. Das bedeutet, dass sie lernen dürfen, mehr von sich reden zu machen, sichtbarer, präsenter zu werden, um gesehen und gehört zu werden. Männer, denen es wichtig ist, gute Frauen mit im Boot zu haben, werden gut daran tun, nicht zwangs-läufig davon auszugehen, dass diese ihr Interesse auf der Stirn herumtragen und jedem davon erzählen. Da braucht es schon etwas mehr Ohrenspitzen und gezieltes Nachfragen, um zu erfahren, wie es um das Interesse der betreffenden Damen steht. Und beide könnten ja auch Absprachen dar-über treffen, wie viel Hol- und Bringschuld es geben kann!

Von sich reden machen

Was Frauen nicht so schwerfallen dürfte, ist, ihr Beziehungs-netzwerk besser zu pflegen und zu erweitern. Auch wenn ei-nige der Frauen aus ihrem Wunsch nach „Korrektheit" her-aus möglicherweise alles tun, um nicht „korrupt" zu erschei-nen, und somit den „klassischen Seilschaften" skeptisch ge-genüberstehen. Ich wünsche diesen Frauen jedenfalls mehr Mut und größere Gelassenheit, denn es ist ganz natürlich, dass Gesellschaften über Beziehungen gut funktionieren. Ich gehe auch lieber zu einem Handwerker, der mir persön-lich empfohlen wurde, als mir einen aus den Gelben Seiten zu suchen. Wenn wir Frauen unseren „guten Ruf" vor allen Dingen dadurch verteidigen wollen, dass wir „alles richtig" machen wollen, werden wir damit leben müssen, dass wir von risikofreudigeren Männern überholt werden.

Bei einem international agierenden Technikunternehmen wurde ein großer Change-Prozess durchgeführt. Unter anderem war geplant, standortübergreifend gewaltfreie Kommunikation nach M. Rosenberg einzuführen. Dafür sollten aus den verschiedenen internationalen Standorten Mitarbeiter auf Englisch geschult werden, damit sie diese Methodik in ihrer Muttersprache innerhalb ihres Standorts einüben könnten. Als ich im Gespräch zur Auftragsklärung für dieses internationale Trainingsprogramm war, wurde sehr schnell klar, dass es innerhalb der Firma für Frauen eher schwer war, Fuß zu fassen. Ich als Frau würde dort sicherlich viel mit einbringen können, was den Boden dafür bereiten könnte, dass Frauen sich in diesem Konzern mehr entwickeln könnten. Andererseits sah ich, dass ein männlicher Kollege die Männer deutlich besser bei ihren Nöten abholen können würde. Diese entstanden dadurch, dass es einerseits kaum Frauen im Betrieb gab, aber diese Minderheit derart „hofiert werde, dass es einem schlecht werden könne" (O-Ton eines Mitarbeiters). Ich machte gar nicht erst den Versuch, den Beweis anzutreten, dass ich das schon schaukeln könne, da ich in diesem Fall überzeugt davon war, dass diese Firma zu diesem Projekt wesentlich mehr von einem gemischten Trainertandem profitieren würde. Ich schlug dem Abteilungsleiter der HR-Abteilung vor, meinen Kollegen Hannes mit dazuzunehmen, da ich mit ihm bereits gute Erfahrung in solch kniffligen und vorurteilsbehafteten Umfeldern gemacht habe. Dass er im internationalen Kontext also mit dem nicht unerheblichen Aspekt der Interkulturalität im Training nicht so viel Erfahrung hatte, befand ich als insofern nicht problematisch, da ich dort ja meine Expertise einbringen würde. Als Hannes, ein Kollege, den ich sehr schätze, sich dort vorstellte, trat er sehr jovial und überzeugend auf und nahm, wie nicht anders zu erwarten war, die Mannschaft schnell für sich ein. Kurz darauf bekam er einen Anruf: Man habe sich für ihn entschieden – es war nicht mehr die Rede davon, dass wir das zu zweit machen würden ...

Was war passiert? Mein Fokus in der Auftragsklärung war vollständig auf den Projekterfolg bezogen, ich zeigte voller Überzeugung meine Expertise dadurch, dass ich ihnen das bestmögliche Konzept anbot. Hannes war vor allem wichtig gewesen, als Person zu überzeugen, womit er unbeabsichtigt letztendlich den Stich machte. „Ein Mann würde das schon machen – und einer ist halt billiger als zwei." Der

Abteilungsleiter rief einige Tage später eher kleinlaut bei mir an, weil er wusste, dass ich durch mein ehrliches Auftreten mich selbst „aus dem Rennen gebracht hätte", obwohl sie von mir schon auch überzeugt gewesen seien, aber mein Konzept wäre halt zu teuer.

Ich musste insgeheim hinterher über mich lachen – da war es mir bei all meiner Expertise zum Thema doch glatt gelungen, mir durch typisch weibliches Verhalten selbst ein Bein zu stellen. Doch bei näherem Hinsehen bin ich nicht sicher, ob ich es nicht künftig ähnlich machen würde, da es mir nach wie vor wichtig ist, zu 100 Prozent zu dem zu stehen, was ich mache – und in diesem Fall wäre das das „Tandem" gewesen. Das ist mir mein guter Ruf schon wert.

Frau um Frau

Solange es unter Frauen nachhaltig verpönt bleibt, sich hervorzutun, bleibt es für sie schwer, auch ohne dass „die Männer" daran einen Anteil haben. Wo Frauen miteinander auf gleicher Ebene kooperieren, ist meist alles fein. Wenn Frauen sich aber miteinander „messen" müssen, was in Teams ja nicht selten vorkommt, wenn es z.B. um das Thema Beförderung geht, sind zwei Phänomene beobachtbar, die häufig „stufenweise" aufeinanderfolgen.

Wenn der „Sieg" noch in weiter Ferne ist, versuchen Frauen untereinander zumindest in der offenen Kommunikation ein größtmögliches Miteinander. Sie sorgen gar füreinander und fördern sich gegenseitig. Gibt es von vorneherein eine, die „das Rennen offensichtlich machen wird", gönnt „frau" ihr den Sieg und ist zugleich von sich selbst enttäuscht. Steht zu Beginn keine klare Favoritin fest, dauert dieses gegenseitige Fördern genau so lange, bis sich zumindest partiell die eine oder andere von der Gruppe abhebt. Dann wird es schwierig. Wie schon erwähnt: Aus der Sicht der Frauengruppe wird dieses Abheben nicht so gern gesehen und schnell geächtet. Es beginnt das „Lästern" über dies bzw. diejenigen, die sich „wohl für was Besseres" halten. Eine Frau, die Lust auf Weiterentwicklung, Lust auf Führung, aber nicht auf dieses Gerede hat, koppelt sich von den anderen ab, um sich davor zu schützen. Gerade dadurch, dass sie aber nicht darüber redet und den Kontakt minimiert, verstärkt sie das Bild der „arroganten Kollegin, die sich scheinbar zu gut ist, um Kontakt zu halten". So setzt sich langsam, aber sicher ein Teufelskreis in Gang. Wir kennen das: „Stutenbissigkeit", „Kampfhennen", „Zickenkrieg" sind nur einige der wenig schmeichelhaften „Labels", die dieses Verhalten hat.

Ich bewegte mich als Logopädin jahrelang beruflich vorwiegend unter Frauen, und es war eine gute Zeit. Lange Jahre führte ich selbst ein großes Frauenteam in einer Praxis, die nach meiner Gründung nach und nach gewachsen war. In meiner Führungsrolle, in die ich eher sanft hineingewachsen als hineingesetzt worden war, war ich bei meinen Kolleginnen absolut geachtet und respektiert. Schwieriger war es bei den anderen Logopädinnen in der Umgebung. Die Praxis genoss allseits große fachliche wie therapeutische Anerkennung und erlaubte mir, mehrere Standorte zu führen. Zugleich begann mein Weg in die Welt der Wirtschaft, die meinen beruflichen Erfolg noch sichtbarer machte. Nicht selten hörte ich – natürlich „hinten rum" – Bemerkungen wie *„Die kann den Hals wohl nicht voll kriegen", „Die bildet sich vielleicht was ein", „Meine Güte, ist die geldgeil"*. Ich kann nicht sagen, dass mir das nichts ausgemacht hat, aber ich habe irgendwann beschlossen, mich nicht mehr für meinen Erfolg rechtfertigen zu wollen. Wer sich wirklich für das interessierte, was ich tat, war herzlich willkommen, wer nur lästern wollte, tat es vielleicht seinetwegen. Heute, nach dieser Zeit der Beschäftigung mit der Gender Communication weiß ich, was der Hintergrund ist, und habe dafür Verständnis. Es war richtig, mich nicht mehr darum zu scheren und mich weiterhin dort einzubringen und auch bekannt zu machen, wo meine Arbeit geachtet und gebraucht wurde. In meinen „neuen Umfeldern" habe ich deutlich mehr Respekt für das, was ich tue, geerntet und genieße dies sehr.

Meine Töchter haben öfters von mir gehört: „Guckt beruflich dorthin, wo ihr hinwollt, nicht dorthin, von wo ihr weg geht." Das heißt noch lange nicht, mit dem Alten zu brechen. Es ist wunderbar, für die offen zu bleiben, an denen uns gelegen ist, und für die, die uns brauchen – sofern sie uns wohlwollen. Sich mit denen auseinanderzusetzen, die uns – aus welchen Gründen auch immer – das Leben schwermachen wollen, schürt nur ungutes Blut. Da ist es einfach besser, Abstand zu nehmen. Wir Frauen müssen uns vor allem von dem Glauben befreien, nur dann einen guten Ruf genießen zu können, wenn wir bei *allen* und *immer* beliebt sind.

Auf dem „Weg nach oben" ist es für uns Frauen eine der wichtigsten Herausforderung und Aufgabe, einen konstruktiveren Umgang mit diesem Phänomen zu lernen. Das ist allein unsere Aufgabe, zu der die Männer gar keinen Beitrag leisten können.

Erwartungen erfüllen oder zeigen, was „frau" will?

Kommen junge Frauen zu mir ins Bewerbertraining, gehen sie an Bewerbungen auf interessante Stellen viel häufiger als ihre männlichen Kollegen mit der Frage heran, ob sie wohl die dort gestellten Erwartungen erfüllen, also ob sie mit ihren Kompetenzen zu der Stelle passen. Wenn das gut passt, dann wird es sicherlich gut sein, dort zu arbeiten. Männliche Bewerber suchen sich ihre Stellen deutlich öfter nach der Frage heraus, ob *sie* diese interessant finden. Haben sie etwas entdeckt, stellt sich für sie gar nicht so sehr die Frage, ob sie das alles können, was laut Stellenanzeige erwartet wird, sondern warum sie genau diese Stelle haben wollen.

Nun begeben Sie sich mental auf die Seite der Firmen, stellen Sie sich vor, es kommen junge Bewerber zu ihnen. Der eine erzählt ihnen, warum er gut zu Ihnen passt, was er alles schon gemacht hat und kann. Klingt schon mal gut, nicht? Der andere schwärmt, dass er die Firma oder das Produkt schon lange spannend findet, dass er genau auf so etwas gewartet hat, welche Ideen er für die Sache hat und wie er etwas machen wird, sobald er die Stelle hat. *„Ob er dieses oder jenes auch könne?"* – *„Klar, ich habe sowas schon mal gemacht und kann mich ohnehin schnell in sowas reinarbeiten, no problem."* Und? Wie würden Sie entscheiden? In einer Vielzahl der Fälle ist derjenige überzeugender, der die Begeisterung vermittelt, als derjenige, der seine Expertise nachweist. Und meist sind es halt die Frauen, die meinen, hauptsächlich durch die Beschreibung von Kompetenzen überzeugen zu müssen. Ein engagiertes, Begeisterung zeigendes Auftreten wirkt aber kompetent und damit überzeugender.

Wer also überzeugen will, sollte vor allem auf die Begeisterung achten, die er bzw. sie für die Sache hat. Wohlgemerkt: zeigen. Nicht spielen. Nichts vormachen. Der Interviewer will mehr spüren als wissen, warum die Bewerberin bzw. der Bewerber gerne mitarbeiten möchte – und das muss sich authentisch anfühlen. Dass sie oder er es fachlich „kann", davon gehen Interviewende aus, da sie das schon den Zeugnissen entnommen haben. Das brauchen die Bewerber nicht mehr zu beweisen. Im persönlichen Interview interessiert und zählt das, was nicht in den Bewerbungsunterlagen steht: die Person des Bewerbers und die spürbare Begeisterung. Wer junge Frauen im Interview hat und nicht nur aufgrund der Quote einstellen will, für den lohnt es sich, gezielt nach dem „Warum" und der

Begeisterung zu fragen und nicht gleich frustriert davon ab-
zulassen, wenn „sie" erst einmal keine klare Antwort darauf
weiß, weil sie sich vermutlich viel gründlicher darauf vorbereitet hat zu berichten, warum sie auf die Stelle passt. Nicht,
warum die Stelle zu ihr passt.

Wieder und wieder: Natürlich sind nicht alle Frauen und
Männer so oder so. Aber es lohnt sich, sich dessen bewusst
zu sein, dass es dafür gewisse Wahrscheinlichkeiten gibt,
es lohnt sich, zu akzeptieren, dass „das andere Geschlecht"
von anderen Perspektiven ausgeht, und es lohnt sich, offen
zu sein für die Erweiterung der persönlichen Möglichkeiten.

11. Melanies Weg – Beispiel aus dem Gender Coaching: Coachingbeispiel I

Erfahrungsgemäß lernen wir im Erleben am meisten. Daher
werde ich Sie nun nach all der Theorie, die sie in diesem
Buch gelesen haben, quasi als Beobachter mit in meine
Praxis nehmen. Beginnen wir mit dem Coaching für Melanie
Gerber, einer aufstrebenden Projektleiterin in einer interna-
tionalen Unternehmensberatung. Mit ihr werfen wir einen
Blick auf die Hindernisse, denen Frauen auf kommunika-
tiver Ebene häufig begegnen, sowie auf mögliche Wege zur
Optimierung. Als Melanie zu mir ins Coaching kam, klagte
sie mir ihr Leid.

*„Meine Feedbacks sind in der Regel in den meisten
Punkten über den Erwartungen, daher habe ich bisher vergleichsweise schnell Karriere gemacht. Doch jetzt stolpere
ich regelmäßig über folgende Vorkommnisse: In Meetings
mit senioren Kunden oder Kollegen werde ich nicht so recht
wahrgenommen, vor allem in männerdominierten Runden!
Selbst wenn ich mich zu Wort melde, werde ich kaum gehört
oder schnell unterbrochen. Meine Argumente finden dann*

kaum Interesse. Gelegentlich passiert es sogar, dass ein anderer später genau dasselbe sagt – und schon wird es mit Begeisterung aufgenommen. Das ärgert mich sehr! Aber ich weiß nicht, was tun. Ich weiß, ich habe eine leise Stimme, das ist schon ein Problem, allein bei den Präsentationen. Ich kann doch nicht einfach brüllen? Das höre ich auch in den Feedbacks, dass ich daran unbedingt arbeiten muss, also irgendwie lauter sprechen oder so. Doch habe ich das Gefühl, dass da noch mehr dahinter steckt als nur die zarte Stimme?!"

Melanies Not spiegelte sich in diesen recht häufigen Phänomenen, die ich wiederholt von jungen Coachees höre, besonders aber von jungen Frauen. Hier kommen viele verschiedene hinderliche Eigenschaften zusammen.

Auf Nachfrage beschreibt Melanie, dass sie in diesen Meetings oft nicht genau wisse, wann sie zu Wort kommen könne, ohne irgendwen zu unterbrechen. Gerade in Runden, in denen ihr Vorgesetzter anwesend sei, habe sie viel Respekt und traue sich nicht so recht, aus Angst, etwas Falsches zu sagen. Auch wolle sie bei Kunden keinen falschen Eindruck machen. Ohnehin habe sie gerade bei den älteren Herren das Gefühl, dass diese sie nicht recht ernst nehmen, eher als „Mädchen" sehen. So verunsichert, merkt sie selbst, wie ihre ohnehin zarte Stimme noch höher und dünner klingt. Damit wird sie nicht nur wenig überzeugend, es verschlägt ihr zudem regelrecht die Sprache. Wie kann sie dem entkommen?

Wir einigten uns darauf, uns auf folgende ihrer Themen zu fokussieren:

- zu Wort kommen/das Wort ergreifen in Meetings,
- Angst, Fehler zu machen,
- die (Frauen-)Stimme,
- den Umgang mit den Reaktionen von „reiferen Herren" ihr als junger Frau gegenüber.

Die ersten beiden Punkte kommen einem zunächst nicht speziell „genderspezifisch" vor. Das sind ganz normale Schwierigkeiten, mit denen beide Geschlechter, Frauen und Männer, kämpfen. Aber, wie bereits erwähnt, eben auf andere Art und Weise. Daher lohnt es sich, diese Themen auch unter diesem Aspekt zu betrachten.

In meinen Coachings stehen natürlich das persönliche und ganz individuelle Verstehen der Person sowie die Bedürfnisse meiner Coachees im Vordergrund. Auch Melanie stand für mich als Individuum im Mittelpunkt. Während der Arbeit an ihren Anliegen habe ich das Thema der Gender Communication zusätzlich im Blick gehabt, was ihr den Zugang zur Verbesserung und Entwicklung erleichterte und zum Erfolg des Coachings wesentlich beigetragen hat.

Zu Wort kommen, das Wort ergreifen

Vorrangig war Melanies Anliegen, besser zu Wort zu kommen. Ich ließ mir die Situationen schildern, in denen das besonders wichtig oder schwierig war. Meist handelte es sich dabei um Meetings, in denen die verschiedensten am Projekt beteiligten Mitarbeiter aufeinandertrafen. Einige davon waren schon länger in das Projekt involviert und plauderten munter drauf los, andere hatten qua ihrer Stellung von vornherein eine bestimmte Position und Aufmerksamkeit. Melanie, die von ihrem direkten Vorgesetzten den Auftrag hatte, auch ihren Beitrag einzubringen, fühlte sich nicht nur als Junior, sie war auch die Jüngste – eine Position, aus der heraus sie schon aus Höflichkeit den Älteren auch beim Sprechen lieber den Vortritt ließ. Obwohl sie wusste, dass es von ihr erwartet würde, wusste sie nie so recht, wann und ob sie reden dürfe. Auch im Nachhinein war es ihr nicht ganz klar, ob ihre wenigen Versuche, etwas beizutragen, gescheitert waren, weil sie wirklich unpassend oder schon so zaghaft waren, dass die anderen sie erst recht gern überhörten oder unterbrachen.

Die Rollenfindung

Wohl kaum einer, der nicht sicher ist, ob er willkommen ist, wird souverän auftreten. Wir überlegten daher, was Melanie selbst tun konnte, um sich willkommen zu fühlen. Der Auftrag ihres Vorgesetzten allein hatte ja nicht genügt. Melanie wurde klar, dass es ihr helfen würde, genauer zu wissen, welche Rolle – außer der des „Kükens" – sie in dem Meeting hätte. Wir spielten durch, welche möglichen Rollen sie einnehmen könnte. Das motivierte Melanie dazu, sich künftig mit ihrem Chef dazu genauer abzusprechen und sich von ihm einen konkreten „Auftrag" zu holen. Allein das vermittelte ihr deutlich mehr von der Sicherheit, die sie innerlich brauchte, um überhaupt zu sprechen. Es half ihr zudem, eine klare Orientierung zu bekommen, wann und wozu was von ihr erwartet wurde. Sie erlebte umgehend, dass das ihrer Präsenz in diesen Meetings schon wesentlich mehr Nachdruck verlieh.

In Gesprächsrunden, die spontan zusammenkamen, war ihr das natürlich nicht immer möglich, wohl aber zu versuchen, während des Gesprächsverlaufs erst einmal herauszufinden, was die anderen von ihr wollten.

Das Wort ergreifen

Melanies Alltag bestand vornehmlich aus spontan entstehenden Gesprächsrunden, in denen der bekannte Rangordnungskampf um Wichtigkeit und Anerkennung blitzschnell ablief. Mit ihrer umsichtigen und rücksichtsvollen Art geriet sie automatisch erst einmal ins Hintertreffen, ohne es recht gemerkt zu haben. Auch das war nicht gerade hilfreich dafür, dass sie zu Wort kam: Der männlich geprägte Schlagabtausch war kämpferischer, als sie es gewohnt war, das machte sie unsicher. Mit ihrem Versuch höflich zu bleiben, kam sie gar nicht gegen die Männer an bzw. wurde nicht recht ernst genommen. Gleichwohl zündeten manche ihrer vorsichtig angebrachten Ideen bei einem ihrer aufmerksamen Kollegen, der, von der Idee sehr angetan, jeweils gleich eine Vorgabe daraus machte. Das wirkte dann so, als ob die Idee von ihm gewesen sei, und Melanie kam kaum zum Zuge. Dass sie für diese „Hahnenkämpfe" überhaupt kein Verständnis hatte und als „asoziales Gehabe" verachtete, machte die Sache nicht gerade leichter. Für Melanie war es daher ausgesprochen hilfreich, das Prinzip der „assertiven Aggression" kennenzulernen (siehe im Kapitel 6), um zu verstehen, dass diese Umgangsform unter Männern sehr wohl ein Zeichen von sozialem Interesse ist, nämlich, schnellstmöglich eine funktionierende soziale Ordnung zu schaffen. Sie verstand, dass die darin erhaltenen Abwertungen keinesfalls verletzend gemeint waren und schon gar nicht persönlich zu nehmen sind! Zu spüren, dass es sogar ein Zeichen von Anerkennung ist, selbst mit solchen Ausdrücken und Ironie belegt zu werden, fiel ihr zwar schwer, aber sie konnte es wenigstens vom Kopf her nachvollziehen und zog sich künftig nicht mehr in ihr Schneckenhaus zurück.

Gleichzeitig gewöhnte sie es sich an, in Fällen, in denen ihr die eine oder andere anzügliche Bemerkung zu weit ging, höflich und humorvoll, aber bestimmt klarzustellen, dass die Männer das bei ihr besser nicht machten. Mit flotten

Sprüchen, die sie sich zurechtgelegt hatte, oder Bemerkungen wie „Ich habe Sie nicht verstanden, würden Sie das bitte nochmal wiederholen?" wies sie die betreffenden Herren deutlich in die Schranken, ohne dass diese ihr Gesicht verloren. Ein Verhalten, dass ihr zunehmend Respekt unter den Herren verschaffte. Auf diese Weise fiel es ihr leichter, das Wort zu ergreifen, da sie sich durch den Respekt, den die Männer ihr nun erwiesen, deutlich sicherer fühlte.

Angst, Fehler zu machen

Wer nicht redet, macht auch keine Fehler? Ein anderer Grund, warum Melanie lieber nichts sagte, war der, dass sie Angst hatte, Schwächen zu zeigen. „Solange ich nichts sage, sage ich auch nichts Falsches. Dann können die anderen doch immer noch denken, ich sei kompetent?" Durch „Nicht-Tun" etwas erreichen zu wollen, ist allerdings selten eine erfolgreiche Methode. „Archaisch" gesehen ist das eine Art Totstellreflex: *„Ich mach mich möglichst unsichtbar, dann kann man mich auch nicht angreifen."* Könnte gelingen, meinen Sie? Weit gefehlt.

Nichts gesagt ist auch geredet
Stellen Sie sich eine Runde vor, in der alle Beteiligten munter sprechen, eine Person jedoch schweigt durchgehend. Eine ganze Weile werden Sie das nicht bemerken, dann hinnehmen und je länger die Situation dauert, desto ungemütlicher wird es. Der stets nach Sicherheit strebende Mensch wird

273

alsbald versuchen, dieses Schweigen einzuordnen – meist gepaart mit Wertungen. In den seltensten Fällen werden diese Gedanken durchwegs wohlwollende sein, zumindest kaum voller Achtung und Wertschätzung der vermuteten Kompetenz. Da müsste die Körpersprache schon sehr eindeutig Souveränität vermitteln, ohne arrogant zu wirken, ein anspruchsvolles Unterfangen!

Watzlawick meinte mit seinem Spruch vom „nicht nicht kommunizieren können" genau solche Situationen, in welchen der „vermeintliche Nicht-Sprecher" mindestens über die Körpersprache einer von ihm aus relativ unkontrollierbaren Kommunikation den anderen Futter gibt.

Statt Kontrolle über mögliche Fehler erreichte Melanie also genau das Gegenteil – im vergleichsweise gnädigen Großteil der Fälle bewerteten die anderen sie einfach als „junior", unwissend, unsicher. Nicht gerade das, was sie beabsichtigte. Mit ihrem Nicht-Reden gab sie jedenfalls ganz sicher nicht ihre Kompetenzen zu erkennen.

Anhand von Rollenspielen und Videoaufnahmen konnten wir sehen, wie sich auch bei Melanie dieses Nicht-Tun, diese Vermeidung nonverbal ausdrückte. Körperhaltung, Gestik und Mimik waren sichtbar verschlossen und minimiert. Sobald Melanie zu sprechen begann, tat sie dies mit leiser Stimme. (Auch hierin war der Totstellreflex erkennbar: Ihre Atmung stockte und stand der Stimme kaum zur Verfügung, die Muskulatur war angespannt, machte die Stimme hoch, dünn und ermöglichte ihr kaum Resonanz.) Die Kurzatmigkeit unterstützte den Eindruck der „Verängstigung" und machte die Sätze und den Satzbau eher unrhythmisch.

Fehler sind unvermeidbar

Erstmal fiel Melanie die Vorstellung schwer, Fehler nicht vermeiden zu können. Ein Szenario, das vielleicht manch einer von Ihnen gut kennt? Keine Sorge, Sie sind in bester Gesellschaft! Schon der allgemein anerkannt weise Seneca beschrieb mit seinem „scio nescio" („Ich weiß, dass ich nichts weiß") die Erkenntnis, dass man, je mehr man weiß, sich desto mehr seines Unwissens und seiner Fehlerhaftigkeit bewusst ist. Ich gehe davon aus, dass es Seneca, bevor er diesen Satz mit Stolz sagen konnte, auch schwerfiel, mit seiner Unwissenheit so offen umzugehen. Denn letzten Endes geht es genau darum: Sicherheit im Umgang mit Fehlern und Unwissenheit zu erlangen.

In einer Fehlerkultur, in der Fehler als Zeichen von Schwäche und Perfektion als Ziel gesehen werden, ist es freilich schwer, mit seiner Unsicherheit gelassen umzugehen. Trotzdem bleibt uns nichts anderes übrig als anzuerkennen, dass Fehler zwar unvermeidbar, aber dafür gut geeignet sind, um zu lernen. Das gilt jedoch nur für Fehler, die uns bewusst sind und benannt werden, nicht für jene, die verdrängt oder überspielt werden.

Melanie lernte also, mit ihrem Unwissen offen umzugehen: Sie bereitete sich ohnehin schon so gut wie möglich vor, war dabei aber auch realistisch, was sie nicht wissen konnte und auch nicht wissen musste. Sie überlegte sich, wie mit dem Unwissen umzugehen sei: Wo sie es offen ansprechen sollte, bei wem sie gezielt nach weiteren Informationen fragen konnte oder bei wem die Verantwortung dafür lag. Sie fühlte sich ihrem Unwissen nicht mehr so ausgesetzt, sondern ging deutlich souveräner damit um. Traf es sich, dass sie unvorbereitet auf einen Fehler stieß, versank sie nicht mehr in Scham, sondern hielt erst einmal inne, um herauszufinden, welche Bedeutung dieser Fehler tatsächlich hatte und besprach mit Sachverstand mit den Betroffenen das weitere Vorgehen. Entgegen ihren früheren Befürchtungen erlebte sie es dann nicht zwangsläufig, „in der Luft zerrissen zu werden“. Als ein Kunde dennoch einmal ausrastete, konnte sie besser einordnen, dass ihr Fehler vermutlich der Auslöser, aber niemals der Grund für das ungebührliche Verhalten des Tobenden gewesen war.

Die (Frauen-)Stimme macht alles noch schwerer

Melanie klagte darüber, dass ihr die Stimme wegbrach oder ganz dünn klang, oft sogar in entscheidenden Momenten. Wer lässt sich schon von dünnen, piepsigen Stimmen in Bann ziehen oder gar überzeugen? Das Erleben, dass die eigene Stimme zittert, verstärkte das Problem obendrein.

Zierliche Frau, zierliche Stimme?
In Melanies Männerrunde brauchte es nicht nur das „Stimmchen“ nicht, sondern es schränkte sie definitiv ein. Denn: Egal was sie sagte und noch unabhängig davon, wie sie es sagte: Mit ihrer hohen, piepsigen Stimme wurde sie unbewusst erst mal eher als „Mädchen“ denn als gestandene Frau wahrgenommen, statt als gleichwertige Geschäftspartnerin. Melanie hatte auch ohne Aufregung eine ihrer zierlichen Figur und ihren jungen Jahren entsprechende Stimme – das „Mädchenhafte“ klang noch durch. Für Melanie hieß das, ihrer Stimme mehr Fülle zu geben, Ressourcen wie ausdrucksvolles Sprechen auszubauen und sich vor allem die Zusammenhänge zwischen Stimme und Stimmung bewusst und sie nutzbar zu machen.

Sollte Melanie also die Stimme verstellen? „Tiefer" sprechen? Nun – wenn Melanie versuchte, die Stimme einfach „nach unten zu drücken", klang das nicht authentisch und unnatürlich. Stimmmelodie und -dynamik litten darunter, über kurz oder lang hätte sie ihre Stimme kaputt gemacht. Das war also auch keine Lösung. Was dann?

Wechselwirkung Stimmung – Spannung – Stimme

Schnell fand ich mit Melanie heraus, was bei fast allen Sprechenden beobachtbar ist: Ohne dass sie bewusst daran dachte, gab es auch bei ihr Situationen, in denen die Stimme tiefer klang. Oder anders ausgedrückt: Je aufgeregter und angestrengter Melanie war, desto höher rutschte ihre Stimme und desto dünner bzw. brüchiger klang sie. Je entspannter und gelassener sie war, desto voller und tiefer war ihre Stimme. Das bedeutete also, dass sie durchaus in der Lage war, mit einer „bestmöglich" voll klingenden Stimme zu sprechen; einer Stimme, die ihr in Verbindung mit ein paar verbesserten Stimm- und Atemtechniken weitgehend Unterstützung im Auftritt nach außen gab. Voll und warm klingende Frauenstimmen vermitteln schon viel mehr Seniorität als „Mädchenstimmen".

Somit ging es in der Arbeit mit ihr auch darum herauszufinden, was sie innerlich zittern oder „sich klein fühlen" ließ und wie sich das automatisch in der Stimme niederschlug. Im zweiten Schritt erarbeiteten wir, wie sie innere Sicherheit finden konnte. Hierzu waren vor allem Modelle aus der Transaktionsanalyse und das Verstehen psychodynamischer Zusammenhänge und vor allem auch die Erkenntnisse aus der Gender Communcation hilfreich. Im Sinne einer Wechselwirkung vermittelten ihr die Stimm- und Atemübungen und die Übungen zur Spannungsregulation

Sicherheit, da sie „etwas tun konnte". So konnte sie sich gezielt auf ein Gespräch, einen Vortrag stimmlich vorbereiten, um nicht von Anfang an mit zitternder oder piepsiger Stimme zu sprechen. Spürte sie, dass ihr mitten im Gespräch oder Vortrag die Stimme zitterte, wusste sie mithilfe von Atmung, Entspannung und mentaler Einstellung die Stimme wieder etwas vollklingender zu bekommen. Zum Beispiel durch die Vorstellung, mit der Stimme den Raum auszufüllen, hörte sich die Stimme gleich um einiges voller an. Solch bildhafte Vorstellung nutzt viel, weil sie sich unmittelbar auf die Muskelspannung auswirkt! Dadurch, dass sie ihre Stimme als voller erlebte, bekam Melanie wiederum Auftrieb. In dem Moment, in dem sie hörte, wie ihre Stimme trug, fühlte sie sich auch von der Stimme getragen. Es war beeindruckend zu sehen, wie viel sich in dem Moment veränderte, in dem sie begann, auf ihre eigene Stimme zu hören und diese zu genießen!

Der Eindruck junger Frauen auf reifere Herren

Last but not least widmeten wir uns im Coaching noch dem alltäglichen Thema der subtil mitlaufenden Erotik in der Zusammenarbeit von Männern und Frauen. Denn es lag im Bereich des Möglichen, dass Melanies zarte Weiblichkeit einen Teil ihrer Schwierigkeiten begründete, in der Männerrunde ernst genommen zu werden.

Die Sexualität im beruflichen Alltag

Rein sachlich-fachlich benötigen wir die Erotik beim Arbeiten wohl nicht. Real tut sie es aber. Glücklicherweise ist sie in den meisten Fällen spielerisch anregend und ohne Grenzüberschreitungen. Ich gebe offen zu, dass ich gern in Gesellschaft für mich attraktiver Männer arbeite, ohne dass dies für mich irgendeine weitere Bedeutung hätte oder einen Handlungsimpuls nach sich ziehen würde. Diese Erotik spielt sich natürlich auch in der Kommunikation verbal wie nonverbal ab.

In irgendeiner Form knistert es wohl immer, wo mehrere Frauen und Männer zusammenarbeiten. Das kann – auf dieser spielerischen Ebene – motivierend sein, solange die gesellschaftlich akzeptierten Spielregeln eingehalten werden, auch wenn es schon mal bei dem einen oder der anderen etwas lauter knistert. Da die Grenzen zwischen dem, was gefällig, und dem, was unerwünscht ist, nicht nur individuell unterschiedlich, sondern oft auch fließend sind, kommt es nicht selten zu problematischen Situationen. Oft findet „Mann" sein Verhalten noch völlig im Rahmen, während „Frau" sich schon sexuell belästigt fühlt.

Es ist widersinnig zu fordern, dass es Erotik am Arbeitsplatz nicht geben dürfe, da sie ein natürlicher Teil des Mensch-Seins ist. Real findet sie aber statt. Die Auswirkungen von ausgelebter Erotik herunterzuspielen und dann nicht hinzusehen, wenn Grenzen des Anstands überschritten wurden, ist fatal. Ein Zusammenleben oder -arbeiten, in dem die Sexualität genauso selbstverständlich vorkommt wie Ärger, Humor, gemeinsame Freude und gemeinsames Leid, kann nur funktionieren, wenn wir mit allem, was die Zusammenarbeit stört, offen umgehen.

Ich will hier für die Männer keine allzu große Lanze brechen, denn in dieser Thematik können sie sich meist recht gut selbst verteidigen. Doch wir erleichtern uns das Zusammenleben und -wirken, wenn wir, Frauen und

Männer, gegenseitig respektieren, dass „es", die sexuelle Anspielung, sich beim anderen Geschlecht sehr häufig anders anfühlt. Hier braucht es definitiv Bewusstheit und Klärungskompetenz, um die „gläserne Decke" nicht weiter zu manifestieren.

Dass dies für uns Frauen relevanter ist als umgekehrt, mag für uns Frauen sehr ärgerlich sein – doch tun wir uns leichter darin, es als gegeben zu akzeptieren und uns in unserem Umgang damit darauf einzustellen. Sich selbstbewusst dem „Kampf" zu entziehen, statt mit Entsetzen zu reagieren, kann dem männlichen Gegenüber viel Wind aus den Segeln nehmen.

Sexualtrieb, Kampfgeist und deren „elegante" Ausprägungen

In einigen von Melanie beschriebenen Fällen hatte es mit dem speziellen Fall von „reifer Mann trifft auf junge, attraktive Frau" zu tun. Die Verhaltensweisen ihr gegenüber variierten von „väterlicher Fürsorge" bis hin zu einem „sich beweisen wollen, dass man trotz und mit seinem reiferen Alter noch anziehend ist". Melanie störte sich verständlicherweise daran, dass sie so oder so eher als „hübsches Mädchen" denn als kompetente Frau behandelt wurde. Bei genauerer Betrachtung konnte sie jedoch erkennen, dass beide Formen erotischer Begegnung – sofern „im Rahmen" ausgelebt – weder aggressiv noch brüskierend, sondern vermutlich durchaus wohlwollend gemeint und Zeichen einer „männlichen Akzeptanz" waren. Es ist denkbar, dass die Herren sich nicht bewusst waren, dass Melanie ihr Verhalten als abwertend erlebte. Sie spielten ganz natürlich-männlich eine Form „assertiver" Aggression aus und fühlten sich mit der sichergestellten Rangordnung gut.

Um die subtil-sexuellen Dynamiken noch etwas besser zu verstehen, befassten wir uns mit den möglichen Blickwinkeln des Szenarios: Da ist auf der einen Seite Melanie, die junge, aufstrebende Beraterin, die nichts anderes möchte, als durch ihre Kompetenz zu glänzen und anerkannt zu werden. Einem reiferen und erfahrenen Geschäftsmann kann es gegen die männliche Ehre gehen, sich von ihr zeigen lassen zu müssen, dass sie etwas besser kann, irgendwo schneller, stärker, geschickter, umsichtiger ist. Melanie wird gut daran tun, damit zu rechnen, dass dies dessen Kampfgeist stärkt und er seine „stärkste Waffe zieht": die Erfahrung. Und je mehr sie versuchen wird zu beweisen, dass sie recht hat, umso stärker wird er geneigt sein, „sie zappeln zu lassen". Im besten Falle wird er sich „väterlich-gütig" zeigen und damit seine Überlegenheit manifestieren.

Wer erst einmal versteht, was zwischen diesen Zeilen abläuft, kann besser vorbeugen und agieren. Wer vermutet denn schon, dass dieses Werbeverhalten der Männer mit eigenen – nachvollziehbaren – Ängsten zu tun hat? Melanie, die diese Erniedrigungen unbewusst wahrnahm, neigte ihrerseits dazu, sich daraufhin in der „Kind-Rolle" gefangen zu fühlen (Kapitel 8, Transaktionsanalyse). Das hatte zur Folge, dass sie in ihrer Reaktion kindlich wurde – sie wurde unsicher, die Stimme rutschte hoch, wurde dünn. Die Sätze wurden wirsch, sie versuchte sich anzupassen, zu rechtfertigen oder reagierte gar trotzig. All das war sicherlich kein Anlass für den reifen Kollegen, sie vielleicht doch noch „ernst zu nehmen".

In einer der nächsten Sitzungen erzählte Melanie schmunzelnd, wie sie Ähnliches bei einer Kundin beobachtet hatte: Sie berichtete, dass diese immer peinlich darauf achtete, dass sie stets als AbteilungsleiterIN tituliert wurde. Sie ritt darauf herum, dass das notwendig war, „um die Position der Frau zu stärken". Bei einer Sitzung vor dem Bereichsleiter kam sie mit tief ausgeschnittenem Kleid an, drehte während der Besprechung wie ein kleines Mädchen die Haare mit dem Finger zu Locken und blickte mit einem vielsagendem Augenaufschlag zu ihrem älteren Kollegen. Mit Singsang-Stimmchen und Schmollmund ließ sie Sätze vom Stapel wie: „Ooch, das kannst du doch viel besser als ich …" Melanie selbst war baff, wie inkompetent die sonst so toughe Kundin durch dieses Verhalten auf einmal wirkte, ahnte aber nun, was die Hintergründe dafür sein könnten. Sie zog den Schluss: „Da haben wir Frauen wohl auch noch viel zu lernen!"

Aus meiner Arbeit mit männlichen – auch senioren – Coachees kann ich ihr ebenso berichten, dass sich die Herren der Schöpfung keineswegs so sicher fühlen, wie es scheint. Die vielen Frauenförderprogramme, von denen sie „nicht wissen, was da läuft", machen sie stutzig. Ich hörte den einen oder anderen schon auftrumpfend sagen: „Die werden so geschult, da muss ich ja auch kein Blatt vor den Mund nehmen, die lernen ja sich zu wehren!" Doch sind sie in der Regel froh, wenn sie über ihre Ängste reden können und damit ernst genommen werden, und sind bereit, ihr Verhalten und ihre Herangehensweisen konstruktiv zu hinterfragen.

Dem, der sich, ob Frau oder Mann, seiner Ängste bewusst wird, gelingt es deutlich einfacher, dem anderen auf Augenhöhe zu begegnen und erhöht damit die Wahrscheinlichkeit für ein respektvolles und effektives Miteinander.

Verstehen und Verändern

Während des Coachings verstand Melanie viel – von sich selbst und über die Mechanismen der Gender Communication. Die Erkenntnisse über ihr Auftreten, das es ihr bisweilen schwer gemacht hatte, erfolgreich voranzukommen, und ihre ganz persönlichen Gründe dazu waren dabei ebenso hilfreich wie die Einsichten dazu, wo und wie sie aus ihrer Charakterstruktur authentisch handeln und auch „ganz als Frau" in männerdominierter Umgebung gewinnbringend kommunizieren kann.

Bewusstheit, Akzeptanz und Offenheit
Gerade die Differenzierung zwischen persönlichen Themen und den Genderaspekten als Grundlagen für ihre Kommunikationsweise ermöglichten es ihr, aus einer anderen Perspektive auf ihr Erleben innerhalb der Firma zu blicken. Nicht wenig davon konnte sie zudem auf die Beziehung zu ihrem Freund übertragen, mit dem sie daheim einiges davon durchgekaut hatte: Es gelang beiden, so manche Konflikte leichter zu lösen oder gar zu vermeiden.

Diese Verständnisarbeit gepaart mit physischer Arbeit an Stimme und Sprechen ließ sie zunehmend Leichtigkeit im selbstbewussten Sprechen gewinnen. Nach Beendigung des Coachings trat sie auch in kritischen Momenten wesentlich sicherer und bestimmter auf, was sich in Stimme, Körpersprache und Wortwahl niederschlug, ohne dass sie ihre „Weiblichkeit" in irgendeiner Form eingebüßt hätte. Im Gegenteil: In manchen Bereichen konnte sie das „Mädchenhafte" hinter sich lassen und als ernst zu nehmende, „reife Frau" aktiv die Gespräche mitgestalten und führen.

Wirkung, Rückwirkung und Auswirkung

Die Tatsache, dass ihre männlichen Kollegen sie ernster nahmen, gab ihr zusätzliche Sicherheit: Das Eis war gebrochen – die „gläserne Decke" längst nicht mehr als solche spürbar. Anstelle, wie zuvor ihre Bedenken hinunterzuschlucken, wenn ihre Kollegen „Dampf im Kessel" hatten, brachte sie sich an entscheidender Stelle bewusst mit ihrer „weiblich-umsichtigen" Art ein. Sie nahm den allzu forschen Wind aus manchen Gesprächen und setzte der schnellen Entscheidungskraft mancher männlichen Kollegen respektvoll ein wohlwollendes und klares Überdenken entgegen.

Intuitiv reagierte sie zunehmend nicht nur auf die Unterschiedlichkeiten ihrer männlichen und weiblichen Kolleginnen, sondern generell auf Diversität innerhalb ihres Unternehmens – ohne ihren eigenen Standpunkt dabei zu verlieren. Der Alltag in der Unternehmensberatung unter Männern machte ihr deutlich mehr Spaß als zuvor und sie blickte zuversichtlich der nächsten Beförderung entgegen. Die Arbeit mit der Gender Communication war letzten Endes für sie zur umfassenden Bereicherung und zum Karriereschub geworden.

Ein Jahr später meldete sie sich bei mir wieder als Führungskraft, mittlerweile hatte sie zu einem Global Player aus der Industrie gewechselt. Ihre Erfahrungen aus dem Coaching hatten sie motiviert das Wissen, um die Gender Communication an ihr Team weiterzugeben, in dem es zwischen den Frauen und Männern immer wieder zu Missverständnissen kam, die ihr bekannt vorkamen. Gemeinsam mit einem männlichen Kollegen hielten wir einen Workshop ab, in dem es gemeinsame und getrennte Runden mit Frauen und Männern gab. Zusammen mit Melanies Verständnis „für die Sache" wurde ihr Team sehr kompetent im Umgang miteinander und arbeitete danach deutlich effektiver als zuvor. Der langfristige Erfolg gab ihrer Maßnahme recht!

12. Marc im Gender Coaching – Coachingbeispiel II

Inwiefern brauchen Männer Gender-Coaching? Die kommen doch durch und holen sich, was sie brauchen, wieso benötigen die Unterstützung? Die meisten wollen gar nichts ändern, denen gehts doch prächtig so! Außerdem: Männer lassen sich eh nichts sagen. Und wenn man auf die globale Unterdrückung der Frauen in der Welt sieht, muss man doch besser alle Energie in die Frauen investieren, nicht in die, die eh schon stärker sind! Alles Argumente, die ich nicht nur einmal gehört habe.

Das kann man so sehen, muss man aber nicht. Dieser Blickwinkel, der zurzeit von nicht wenigen vor allem auch von politischen Gremien eingenommen wird, hat zur Folge, dass sämtliche Gleichstellungsstellen und Genderprofessuren ausschließlich von Frauen besetzt sind. Gegenüber Fragen, wo denn da die Gleichberechtigung bleibe, stellt man sich taub. Es wird einfach und ohne reflektierende Umwege zur political incorrectness erhoben, etwas dagegen zu sagen, dass es zu einseitig ist, nur den weiblichen Standpunkt zum Standard der aktuellen Sichtweise in der Gender Thematik zu machen.

Da ich zu denen gehöre, die diese Einseitigkeit anprangern und auf den „Gender Dialogue" setzen, bewege ich mich auf dünnem Eis von denjenigen, die an dieser Stelle abschalten und nicht weiter zuhören, in die Ecke der ewig unverbesserlichen Traditionalistinnen geschoben zu werden, die es nicht lassen können, den Männern die Macht und das Feld zu überlassen. Wer allerdings aufmerksam zugehört bzw. gelesen hat, hat erkannt, dass das nicht der Fall ist. Aus meiner Sicht ist es nach wie vor dringend notwendig, nachhaltig dafür zu sorgen, die Stellung der Frau in der Gesellschaft zu stärken. Und zwar nicht nur in unseren privilegierten Breitengraden – unserem funktionierenden Miteinander und damit auch den Männern zuliebe. Genauso überzeugt bin ich davon, dass die Stärkung der Frau durch einen echten Dialog der Geschlechter nachhaltiger geschehen kann als durch reine Frauenförderung.

Aus dieser Haltung heraus sehe ich viele gute Gründe, warum auch Männer von einem Gender Training bzw. Gender Coaching profitieren. Solange es sich wie bei den Frauen auf dem Boden sowohl der Selbst- als auch gegenseitigen Akzeptanz bewegt. Solange das Ziel nicht ist, „einförmig" und „mainstreamend" gleich zu werden, sondern gerade im Sinne der Gleichwertigkeit eine für beide Seiten passende Form des Miteinanders zu finden.

Der Wunsch nach Gender Coaching und Gender Training besteht sicherlich deutlich mehr auf Seiten der Frauen. Dennoch häuft sich die Nachfrage auch bei Männern, nicht nur aus dem logischerweise entstandenen Ungleichgewicht an Maßnahmen für Frauen heraus.

Marc war einer meiner Coachees, der sich nach eigenen Angaben durch die Coachingarbeit, in der wir, ähnlich wie bei Melanie, die Gender Communication mit im Blick hatten, deutlich konstruktiver in dem Gemengelage zwischen männlichen und weiblichen Kommunikationsformen bewegen konnte.

Marc war seit einiger Zeit Projektleiter in der Medienbranche geworden, die bekanntermaßen einen hohen Frauenanteil hat. Trotz des Frauenüberschusses waren in den Führungspositionen deutlich mehr Männer repräsentiert, was in den aktuellen Zeiten keinen unwesentlichen Druck auf junge Männer wie Marc ausübte, der durchaus Lust hatte, auch Karriere zu machen. Aber wie, wenn Frauen sowieso bevorzugt werden?

Als er kam, schwankte Marc zwischen Resignation, Frustration und Wut auf die ganze „Frauenriege", was er sich allerdings kaum auszusprechen wagte. Er war erstaunt und erleichtert, im Coaching damit auf Verständnis zu treffen, da er es sich selbst kaum erlaubte, diese Wut zu fühlen. Im Grunde war er überzeugter Vertreter einer Generation, die schon zu großen Teilen damit aufgewachsen ist, Frauen als gleichwertig zu respektieren, und lehnte von sich aus die selbstherrliche Vormachtstellung mancher Männer eindeutig ab. Marc war gefangen im Widerstreit seiner eigenen Gefühle: Die, die er tief in sich spürte und die, die er haben wollte. So sehr es ihn manchmal befreite, sich *„unter Männern über diesen Frauenquatsch auszukotzen"*, so sehr schämte er sich dafür, da er in der Tiefe seines Herzens wusste, dass dies irgendwie nicht stimmig war und seinen eigenen Werten gar nicht entsprach.

In diesem Dilemma wandte er sich an mich, weil er wiederholt Seiten an sich erlebte, mit denen er nicht zurechtkam. Bei allem Wunsch, Frauen in seiner Firma stets respektvoll zu begegnen, passierte es ihm besonders dann, wenn er unter Zeitdruck kam, dass er ungehalten und abwertend mit ihnen umging. Oft genug war er schon froh gewesen, dass seine Kolleginnen Manuela und Gesa kritische Entscheidungen mit Rücksicht auf die einzelnen Befindlichkeiten geduldig hinterfragt hatten. Er wusste, dass sie ihre Einwände ihm gegenüber stets vorsichtig ansprachen, um ihn nicht zu brüskieren. Doch in solchen Momenten, in denen die Zeit drängte, empfand er ihre „endlosen Diskussionen als Wichtigtuerei und ihr wachsweiches Gerede um den Brei herum als sinnlose Endlosschleifen". *„Dieses ewige Gequatsche, statt konzentriert zu arbeiten, dieses Rumgeeiere, statt mir gerade heraus zu sagen, was Sache ist, das macht es echt nur kompliziert! Immer wieder muss ich einen derartigen Eiertanz um deren Empfindlichkeit machen, dass es mich nur noch nervt. Ich krieg dann schon mal so einen Hals, dass ich mich nicht wiedererkenne! Da sag ich dann leider Sachen, die ich mir hinterher wünschte, nicht gesagt zu haben."* Er wusste, dass er, wenn er das nicht „in Griff" kriegen würde, erst recht schlechte Karten haben würde, in der Firma aufzusteigen.

Die schwelende Sorge, dass es auch bei „bestem Benehmen", also ohne diese Ausraster *„nichts mit der Karriere werden würde"*, machte die Sache nicht gerade leichter. Angesichts dieser Ungewissheit respektive fast schon Gewissheit fühlte er sich gerade den Vorgesetzten gegenüber unfrei; er reagierte dann nicht selten mit bockigem Rückzug in Form von stiller Verweigerung und lustloser Nachlässigkeit. Oder er war unsicher und aufgeregt, wenn er sich den Autoritäten gegenüber zu präsentieren hatte und sich vor ihnen beweisen wollte.

Die Themen, die wir im Coaching bearbeiteten, waren:

- Selbstkenntnis und Selbstakzeptanz,
- Umgang mit Frustration und Aggression,
- Verständnis von Ambivalenzen und Ambiguitäten,
- Umgang mit eigener Unsicherheit.

Selbstkenntnis und Selbstakzeptanz

Bevor wir uns mit den Handlungsalternativen befassten, nahmen wir uns erst einmal Zeit für eine gründliche und vor allem wertfreie Bestandsaufnahme seiner selbst. Wir stellten die Seiten, auf die er selbst stolz war oder mit denen er zumindest zufrieden war, den Aspekten seiner Persönlichkeit gegenüber, mit denen er erst einmal nicht so viel anfangen konnte. Wir befassten uns mit den womöglich angeborenen oder erworbenen Hintergründen für diese Kompetenzen und Verhaltensweisen und versuchten zu erfassen, wie sie entstanden waren. Was war immer schon da? Was hatte sich allmählich entwickelt? Und vor allem warum? Wofür machte diese oder jene Verhaltensweise Sinn?

Das Bild, das entstand, war das eines immer schon sehr dynamischen und wissbegierigen jungen Burschen, der mit seiner forschen Art nicht selten auf Widerstand stieß. Die Leistungen, die er aufgrund seiner Pfiffigkeit erbrachte, waren daheim zwar durchaus erwünscht, sein letztlich dazugehöriger Forscherdrang, der ihn so manche erzieherisch gesetzte Grenze überschreiten ließ, hatte jedoch regelmäßig drastische Folgen, wenn er entdeckt wurde.

Mit Widersprüchlichkeiten leben lernen

Zu seinem aufgrund beruflicher Umstände häufig abwesenden Vater hatte er ein sehr zwiespältiges Verhältnis. Einerseits bewunderte er ihn und bemühte sich, seine Anerkennung zu erlangen. Dessen „hehre Werte" von „Erfolg durch Disziplin und eisernen Willen" lösten bei ihm andererseits gemischte Gefühle aus. Er sah, dass der Vater genau dadurch sehr weit gekommen war, aber er sah auch den Preis, den dieser dafür gezahlt hatte. Marc hatte es an eigener Haut miterlebt, wie sehr Perfektionismus und Erfolgsstreben die Lebensqualität des Vaters ebenso einschränkte wie seine Partnerschaft und die Beziehung zu seiner Familie. Die Mutter bewunderte ihren einzigen Sohn sehr und war liebevoll für ihn da. Jedoch versuchte sie einerseits bewusst der Strenge des Vaters entgegenzuwirken, reagierte andererseits aber selbst oft mit Enttäuschung und emotionalem Rückzug, wenn Marc nicht tat, was sie sich wünschte. Ihm wurde klar, dass er oft das Gefühl hatte, für das Wohlbefinden seiner Mutter, die er sehr liebte, übermäßig verantwortlich zu sein, ihr *„der liebevolle Mann zu sein, den sie nicht hatte".* Damit zurechtzukommen war ihm als Kind gut gelungen, indem er lernte, sehr gut auf ihre Stimmungen zu achten und seine eigenen Bedürfnisse hintanzustellen. Nicht selten war er sogar sehr stolz darauf, ihr näher sein zu können und mehr mit ihr zu kommunizieren als der distanzierte Vater. Er lernte, das Ungehaltene in sich außerhalb des Wirkungsbereichs der Mutter und eher heimlich zu leben, wenn es gar nicht anders ging: *„Bin ich froh, dass sie nie mitbekommen hat, was ich da alles getrieben habe. Gut, dass das vorbei ist."*

Gleichzeitig war genau das für ihn eine Gratwanderung im Umgang mit dem Vater und seinem Wunsch, auch von ihm respektiert zu werden. Er litt unter dessen Strenge, der er in dem gleichen Maße versuchte zu genügen, wie er gegen sie ankämpfte, immer in der Gefahr, damit Wutausbrüche des Vaters zu riskieren. Im Zwiespalt zwischen erhoffter Anerkennung durch den Vater und Selbstakzeptanz für seine eigene, ganz andere Art.

Er wusste, dass seine hohe Leistungsfähigkeit und sein eigenes Durchhaltevermögen, worauf er selbst sehr stolz war, nicht nur auf seine Begabungen, sondern auch aus dem Verhältnis zum Vater erwachsen waren. Ein schmerzhaft erworbenes, nun aber sehr dienliches Produkt aus seiner Kindheit – allerdings zu keinem geringen Preis. In seinem ganz speziellen Kontext hatte er gelernt, sowohl Leistung zu bringen und Autoritäten (meist) zu genügen als auch respektvoll-fürsorglich mit Menschen um sich herum und vor allem Frauen umzugehen. Damit war er für seine jungen Jahre schon weit gekommen!

Verdrängung und Ausschluss machen Dampf
Den Einsatz, den er dafür zahlte, war massives Zurückhalten des eigenen und ursprünglichen Bedürfnisses nach kreativer Freiheit. Die Auswege, die er sich als Jugendlicher gesucht

hatte, wenn er es nicht mehr ausgehalten hatte, standen ihm als Erwachsenen auch kraft seines Verantwortungsgefühls der Gesellschaft gegenüber nicht mehr zur Verfügung. Entlastende Ausbrüche gab es aber nach wie vor, eben in Form von Verbalinjurien gegen seine Kolleginnen, für die er sich am liebsten jedes Mal hinterher auf die Zunge gebissen hätte und auch definitiv kein Verständnis und erst recht keinen Beifall erntete. Es hatte ihn zunehmend unzufrieden gemacht, ohne dass er es sich eingestanden hätte, immer nur auf die anderen achten zu müssen und sich so zu kontrollieren. Sein Wirken in der Firma empfand er mehr und mehr als einseitig, da seine Kreativität kaum Platz hatte. Die Angst, dass das mangels Karrieremöglichkeiten so bleiben könnte, machte es nicht leichter. Marc sah, dass seine Ausbrüche nicht nur eine schlechte Kopie des Verhaltens seines Vaters waren, sondern auch gute Gründe in angestauten Gefühlen hatten, die er sich nicht zu benennen getraut hatte.

Die wesentlichste Erkenntnis daraus war für Marc, dass sein nach wie vor vorhandener kraftvoller Forscher- und Entdeckergeist nicht länger im Abseits stehen durfte. Es konnte keine Lösung sein, seinem Kampfgeist keinen Platz mehr einräumen zu wollen. Seine Lust auf „die vorderen Ränge" war ein natürlicher, männlicher und nachvollziehbarer Teil seiner selbst, die gelebt werden wollten und einen angemessenen Raum brauchten, ebenso wie der phasenweise Wunsch nach selbstzufriedenem Rückzug und Einzelgängertum, um „Eigenes zu entwickeln".

Was daraus geworden war, erinnerte mich an das Experiment mit den „Kinderläden", in denen die Ablehnung und das Aussperren von Aggressionen Jungen hervorbrachte, die ihre umso stärker gewordenen Aggressionen nicht recht unter Kontrolle hatten, und noch ängstlichere Mädchen.

Wo Marc sich mit seinen Bedürfnissen nicht ernst nahm, erlag er der Unkontrollierbarkeit seiner aufgestauten Gefühle. Aufgabe war es nunmehr, einen auch für seine

Umwelt akzeptablen Rahmen zu finden, in dem er seine „mannhaften" Seiten ausleben konnte, ohne dabei andere ungehobelt zu konfrontieren.

Akzeptanz und Anpassung an den Kontext

Als Marc begann, seine Gefühle und seine Männlichkeit ernst zu nehmen, anstatt sich ihrer zu schämen, fühlte er sich sehr erleichtert. Er fing an, sich für seine Kreativität und seinen Forschergeist Betätigungsfelder zu suchen, was seine Zufriedenheit enorm stärkte. Allein dadurch wurde er bereits um einiges gelassener und geduldiger in seinem Umfeld in der Firma und auch daheim. Das Wissen über die Gender Communication gab ihm zusätzlich Hilfestellung, „seine Frauen" im Team besser zu verstehen – und, wen wunderts, auch manchen Streit mit seiner Freundin früher zu beenden.

Sein enormes Verantwortungsgefühl, seine Leistungsfähigkeit und Selbstdisziplin waren für ihn weiterhin hohe Güter. Doch begann Marc zu differenzieren, wo sie wirklich gefragt und notwendig waren und wo nicht. Es inspirierte ihn zu erleben, dass er mit anderen seiner Kompetenzen in manchen Zusammenhängen mehr erreichen konnte, wenn er nicht den hohen Preis der Selbstkasteiung zahlte. Er merkte und bekam zunehmend das Feedback, dass er durch die größere innere Ruhe deutlich souveräner wirkte. Auch seine neu erwachende Neugierde und sein persönliches Engagement wirkte auf seine Kollegen sehr ansteckend.

Am erstaunlichsten war es für ihn, dass er, der von sich immer erwartet hatte, die Frauen um ihn herum respektvoll zu behandeln, jetzt die Rückmeldung bekam, dass die Kolleginnen sich in der Zusammenarbeit mit ihm deutlich wohler fühlten: *„Jetzt macht es echt Freude mit dir, vorher waren wir in deiner Gegenwart oft angespannt!"* Er sah nun den „Eiertanz", der ihn zuvor so erzürnt hatte, in einem ganz anderen Licht!

Umgang mit Frustration

Marc hatte gelernt, wie wichtig es war, auch die „schwierigen" Gefühle wie die Frustration, die der Motor für seine Ausbrüche war, ernst zu nehmen, und zwar frühzeitig. *„Wenn ich erst mal in Fahrt bin, ist es schwierig, mich zu bremsen."* Dafür war es wichtig herauszufinden, was genau seinen Ärger auslöste, wo genau er sensibel war.

Die Mischung machts

Marc gestand sich zudem zwar ungern, aber doch offen ein, dass er „schnell entzündlich" sei. „Manchmal braucht es nicht viel, dass ich hochgehe." Es war auch nicht jedes Mal gleich heftig, aber was er dann sagte, war verletzend. Seine männlichen Kollegen nahmen das mit einiger Gelassenheit hin, „schossen" dann einfach zurück und gut war's. Mit seinen Kolleginnen Manuela und Gesa hingegen konnte es sich durchaus hochschaukeln beziehungsweise dahingehend eskalieren, dass eine von ihnen in Tränen ausbrach. Das tat ihm dann wirklich sehr leid, und er war froh, dass ihr Verhältnis zueinander sonst gut genug war, sodass sie auch immer wieder zusammenkamen. Bisher hatte er nur im Blick gehabt, dass die beiden halt besonders empfindlich seien, schließlich würden Daniela und Verena damit viel lockerer umgehen, das eher wegstecken.

Im gleichzeitigen Blick seiner individuellen Persönlichkeit und dem der Gender Communication konnte Marc einsehen, dass es durchaus nicht nur an der Empfindlichkeit der beiden lag, sondern dass die Konstellation und das, was er dort hineinbrachte, prädestiniert war, ihn eskalieren zu lassen. Im Arbeitsansatz mit ihm konnte natürlich auch nur seine Seite im Fokus stehen, da wir die Kolleginnen ja nicht „fernsteuern" konnten und wollten.

Die Kehrseite der Explosivität

Seine hohe Dynamik war zugleich eine hohe Qualität, weil er diese ja auch in der konstruktiven Zusammenarbeit ausstrahlte. Seine Kollegen arbeiteten einerseits im Grunde gern mit ihm, weil er „so viel frischen Wind" mit hineinbrachte. Andererseits hängte er dabei auch manche Kollegen ab, die weniger „schnell unterwegs" waren. Das machte ihn nachgerade fuchsig und versetzte ihn in die für seine Ausbrüche typische Stimmung. Dieses „Gebremstwerden" erinnerte ihn gefühlsmäßig stark an das „Sich-zurückhalten-Müssen" in der Kindheit, in der er immer auf dem Radar hatte, die Eltern nicht zu enttäuschen. Gerade seine Kolleginnen Manuela und Gesa, die jeden Gedanken noch dreimal herumdrehten und immer wieder ein „Wenn" und ein „Aber" einfügten, fand er in solchen Momenten „einfach nur grauenvoll zäh", hatte das Gefühl, dass sie sich „extra dumm stellten" und ihn damit völlig ausbremsten.

Seine Antreibermischung von „Sei perfekt" und „Beeil dich" war eine potenziell explosive Vorlage für solche Situationen. Als ihm die Ursache für die Akribie seiner Kolleginnen bewusst war, die so viel Wert darauf legten, dass wirklich „jeder mit im Boot war", konnte er dafür eine größere Akzeptanz entgegenbringen. Er wusste ja um den fehlervermeidenden Effekt ihrer Vorsicht und Rücksicht.

Die daraus erwachsende Aufgabe war es nun, sich auch selbst mit seiner eigenen Dynamik nicht abzulehnen, sondern sie sich einzugestehen und damit offen ins Gespräch zu gehen. Auch und gerade dann, wenn der „Segen" schief hing. So konnte er besser dafür sorgen, dass auch er verstanden wurde, wenn es mal wieder „eng" wurde. In der Zusammenarbeit begann er sorgsam auf seine Impulse zu achten und sie frühzeitig anzusprechen. Die Konflikte waren damit nicht unbedingt ausgestorben, aber deutlich weniger heftig, drifteten nicht mehr in verletzende Ausbrüche ab und waren vor allem viel konstruktiver.

Ambivalenzen und Ambiguitäten

Während Marc es übte, sich offener mit seinen Gefühlen und Gedanken zu zeigen, erlebte er logischerweise, dass es alles andere als trivial ist, sowohl die eigene als auch die Meinung der anderen in Übereinstimmung zu bringen. Manchmal stolperte er sogar über gefühlt widersprüchliche Werte in sich selbst.

Das Hemd ist näher als die Hose

So sehr er einsah, wie widersinnig es ist, dass gerade in seiner frauenstarken Branche immer noch mehr Männer „das Sagen hatten", hatte er ein Problem damit, dass er allein schon aus dem Grund, ein Mann zu sein, damit rechnen musste, nicht so schnell befördert zu werden. Die Vorstellung, dass ihm eine der Frauen bevorzugt würde, nur weil sie Frau war, schmeckte ihm so gar nicht. Er empfand es als wachsende Diskriminierung der Männer gegen die er innerlich Sturm lief – wenn man ihn erst mal ließ, durchaus auch verbal. Er erlebte an sich, was Männer eben tun, wenn sie sich bedroht fühlen: Er packte die (verbalen) Waffen aus. Wieder standen im Vordergrund, sein ganz natürliches Bedürfnis nach Karriere sowie seine ebenso verständliche Angst aus Gründen, die er nicht beeinflussen konnte, zu sehen und zu respektieren. Ich kann auch als Frau ehrlichen Herzens verstehen, wieso ihn das in emotionale Not bringt.

Zugleich rang er mit dem inneren Widerspruch, dass er wusste und auch bedauerte, dass es bisher vielen Frauen genau so ergangen ist. Er meinte diesen Widerspruch in sich auflösen zu müssen, was ihm nur mit mäßigem Erfolg gelang. Wird mir mein Butterbrot gestohlen, tröstet es nur bedingt, dass meinen Nachbarn zuvor dasselbe Schicksal ereilt hat. Der eigene Hunger ist nun mal schlechter zu ertragen als der des anderen. Es ist eine Sackgasse zu glauben, dass man für die Gefühle anderer nur dann Verständnis haben kann, wenn sie nicht die eigenen Bedürfnisse kreuzen, oder dass man kein Verständnis haben kann, wenn es dem eigenen Bedürfnis entgegensteht.

Sind Paradoxien aufzulösen?

Die Welt ist voller Widersprüche. Diese auflösen zu wollen, ist eine schlichtweg unlösbare Aufgabe. In jedem Menschen und erst recht überall dort, wo Menschen zusammenkommen, gibt es Ambiguitäten und Ambivalenzen, Paradoxien und Widersprüchlichkeiten.

Eine Führungskraft kennt das allzu gut: Für sie ist es von

großem Interesse, dass das Team zufrieden ist. Dafür muss sie ein Auge darauf haben, dass die Teammitglieder nicht zu viele Überstunden machen. Dafür muss die Führungskraft bereit sein, auch mal das eine oder andere Auge zuzudrücken. Zugleich hat sie ein ebenso großes Interesse, Erfolg zu haben und selbst weiter Karriere zu machen. Um dafür ihren Vorgesetzten ein bestmögliches Ergebnis vorzulegen, braucht sie ein engagiertes Team, das bereit ist, im Zweifelsfall Überstunden zu machen. Sie muss ihr Team im Griff haben und im Fall der Fälle Bestleistung einfordern.

Diese gegensätzlichen Interessen sind beide gleich wert. Obwohl sie zunächst diametral erscheinen, geht letztlich das eine nicht ohne das andere. Daher bringt ein Entweder-oder-Denken am Ende Verlierer auf beiden Seiten. Fühlen sich die Mitarbeiter übergangen, werden sie keine Leistung bringen. Wird der Chef nicht zufriedengestellt, fällt das letztlich wieder auf das Team zurück. Wer sich in diesen Spagat nicht begeben möchte, braucht erst gar nicht als Führungskraft anzutreten. Jede Führungskraft und nicht nur die, sondern jeder, der in solche scheinbaren Widersprüchlichkeiten gerät, wird allenfalls mit einem „Sowohl als auch" sein Ziel sicher erreichen können. Das sind die herausforderndsten und zugleich spannendsten Aufgaben: die verschiedenen Interessen geschickt unter einen Hut zu bringen.

Wer ein Ohr für die Gender Communication hat: Durch die wachsende Vermischung von Geschlechtern in Teams werden viele lernen müssen, mit den Ambivalenzen und Ambiguitäten zu leben, die sich ganz natürlich aus den unterschiedlichen Kommunikationsformen ergeben.

Nicht „aber", sondern „und zugleich"

In der Kommunikation hilft es dafür bereits, das ewig blockierende und um sich selbst kreisende Wörtchen „aber" durch ein „und zugleich" zu ersetzen. Versuchen Sie es mal! Schon sieht der Lösungshorizont um ein Vielfaches größer aus.

Marc fiel ein Stein vom Herzen, als er sagen konnte: „Ich möchte gerne Karriere machen und habe große Bedenken, dass mir mein Geschlecht zum Hindernis werden könnte. Und zugleich weiß ich, dass genau dies lange Jahre das Schicksal vieler Frauen war. Ich weiß, dass meine Kollegin Julia für den Posten der Abteilungsleitung prädestiniert ist, und ich werde mich freuen, wenn sie den Schritt schafft. Und zugleich werde ich bitter enttäuscht sein, wenn ich ihn nicht bekomme. Sollte ich den Posten kriegen, werde ich sehr stolz sein, und zugleich wird es mir für Julia sehr leid tun. Das ist nicht zynisch, sondern von Herzen wahr." Er fühlte sich erleichtert, in aller Wertschätzung den Kolleginnen gegenüber auf diese Art und Weise sein Ziel dennoch klar verfolgen zu können, ohne sich vor den anderen verstecken zu müssen.

Wohin mit der eigenen Unsicherheit?

Nun blieb noch der Druck, den Marc den Vorgesetzten gegenüber verspürte, wenn er daran dachte, dass es nicht leicht werden würde, unter den gegebenen Prämissen gegen die weibliche Konkurrenz anzutreten. Zwar verschaffte ihm der Umgang mit Ambivalenzen schon ein großes Stück an größerer Gelassenheit, aber aufgrund seiner persönlichen Geschichte kannte er es von sich, wie er „unter

Beobachtung" von Autoritäten bei Weitem nicht so prägnant und souverän wirkte wie sonst.

Verdeckte Vermeidung

Am problematischsten dabei war ein Phänomen, das mir auch schon des Öfteren in der Videoarbeit aufgefallen war. Sobald Marc sich beobachtet fühlte, war seine Angst, Fehler zu machen, dadurch spürbar, dass er ins Schwafeln kam. Er redete dann nicht nur ohne Punkt und Komma, sondern in sich selbst immer wieder neu erschaffenden Nebensätzen. Ein Gedanke, kaum angerissen, führte zum nächsten, ohne vorher zu Ende gebracht worden zu sein. Dieser Nebengedanke machte einen weiteren „Unterpunkt" auf und so weiter. Spätestens beim vierten Nebensatz hatte ich den Faden verloren. Da er jedoch aufgrund seiner hohen Eloquenz sehr packend erzählte, war ich verführt, ihm immer weiter zuzuhören, ohne mich hinterher wirklich auszukennen, was er genau sagen wollte. Diese verbale Verführung ist eine Art subtiles Machtspiel, solange der andere mitgeht.

Dieses Verhalten habe ich bereits bei einigen anderen Coachees seines Kalibers erlebt. Viele gerade junge, aufstrebende, sehr kluge Männer neigen in kritischen Situationen zu dieser Art Wort-Diarrhoe. So wie manche Frau, die aus dem Stadium der verbalen Vermeidung (siehe Kapitel 11 „Angst, Fehler zu machen") bereits herausgetreten ist, sich ihrer aber immer noch nicht sicher ist. Dieses „Schwafeln" ist neben der machtvollen Verführung im Grunde nichts anderes als eine weiterentwickelte Form der oben beschriebenen Vermeidung. Ich bezeichne es als die „verdeckte" oder „versteckte" Vermeidung. Sie zeichnet sich durch „Vielreden" aus, es werden Unmengen an Informationen und Details mitgegeben.

Beweggrund Nr. 1: Nur ja nichts auslassen oder den Verdacht aufkommen lassen, dass man etwas nicht bedacht haben könnte.

Beweggrund Nr. 2: Möglichst alle Möglichkeiten (der Interpretation) offen lassen.

Es soll vermieden werden, wegen „Fehlendem" oder „Falschaussagen" angreifbar zu werden: Dieser Vielredetechnik bedienen sich eher „Fortgeschrittene" (Männern wie Frauen – jedoch öfters Frauen), die längst nicht mehr so viele Hemmungen haben mitzureden. Sie haben meist eine ausgesprochen hohe Fachkompetenz, aber dennoch vergleichsweise geringe Erfahrung in ihrem Umfeld oder ein sehr geringes Selbstvertrauen. Diese Sprechweise wirkt etwa so wie das Werfen von „Nebelraketen": Wenn ich nur viel genug von mir gebe, kann ich mir fast sicher sein, dass ich meinen Gesprächspartner verwirrt und in die Irre geführt habe!

Am laufenden Band – abgespannt

Klassischerweise kann sich der aufmerksame Mensch mithilfe seines Kurzzeitgedächtnisses, also dem Gedächtnis für „aktuelles Geschehen", bis zu fünf Dinge leicht in der richtigen Reihenfolge merken. Ab spätestens sieben Items gerät die Reihenfolge durcheinander, darüber hinaus werden nicht mehr alle Begriffe gemerkt – wobei nicht einfach die zuerst genannten vergessen werden, sondern eher „durcheinander" (Gerhard, 2001). Das Merken geschieht eher anhand von individuellen Relevanzen, also je nachdem, wo das Gehirn eine Verknüpfung hergestellt hat, also quasi „hängenbleibt". Da diese Verknüpfungen im Unterbewusstsein geschehen, welches oft völlig andere (meist emotionale) Prioritäten hat als die, die im „realen

Außen" wichtig wären, wirkt das, was dann gemerkt wird, sehr willkürlich.

Die etwas „Reiferen" unter meinen Leserinnen und Lesern werden diese Informationsüberflutung als gezielt eingesetzten Trick gut kennen: Rudi Carrell hat sich bei seiner Show „am laufenden Band" genau dies zunutze gemacht: Vor den Augen des Tagesgewinners lief ein Band mit einer Menge attraktiver Preise, vom Fernseher über die Rolex zur Super-Kaffeemaschine, alles, was das Herz begehren konnte. Und immer war eine „Unbekannte" (ein Fragezeichen) dabei. Der Gewinner durfte sich anschließend alles mitnehmen, was er sich gemerkt hatte. Die Fülle und der Wert der potenziellen Gewinne waren hoch und attraktiv! Was hätte man als Zuschauer da nicht alles haben wollen! Wie neidisch waren wir Zuschauer auf den Gewinner! Und dann kam die Ernüchterung. Woran sich der Gewinner schlussendlich erinnerte, war oft erschreckend wenig, bisweilen nachgerade lächerlich. Wie konnte das nur sein? Aufregung? Sicherlich auch, aber definitiv nicht allein. Stellen Sie dies mal in einer geselligen Runde auf die Probe!

Informationsüberflutung ist also dort, wo ich überzeugen möchte, keine sehr wirksame Taktik. Der Zuhörer stuft diese Verwirrung gern als Inkompetenz des Redners ein: „Er weiß wohl nicht recht, wovon er redet." (Ich als Experte bin wohl kaum selbst schuld, wenn ich etwas nicht verstehe!) Die Inkompetenz zeigt sich aber eher darin, aus der Vielzahl der Informationen das Wichtigste herauszufiltern, Komplexität zu reduzieren und damit einen eigenen klaren Standpunkt einzunehmen. Problematisch ist dabei, dass der Zuhörer, sobald er erst einmal aussteigt und abschaltet, wieder das Macht-Zepter in der Hand hat. Der andere kann dann reden so viel er will, er wird nichts mehr erreichen. Diese Erfahrung stärkt nicht gerade das Selbstbewusstsein desjenigen, der eigentlich beweisen wollte, dass er seine Sache gut und sehr gründlich macht!

Weniger ist mehr

Der fokussierte, also priorisierende Sprecher -kalkuliert hingegen ein, dass das Zurückhalten von manchen Informationen Fragen aufwirft. Wenn nachgefragt wird, kann er seine Souveränität beweisen, weil er die entsprechenden Antworten mit hoher Fachkompetenz parat hat. Diese Sicherheit wirkt deutlich seniorer, als das auf einen Rutsch ausgeschüttete Detailwissen. Gewiefte Redner machen sich sogar die Mechanismen der unbewussten Verknüpfung mit individuellen Relevanzen zunutze: Sie flechten gezielt Stichworte ein, bei welchen sie davon ausgehen können, dass der „Empfänger" darauf (emotional) reagiert.

Marc begann sich zunächst mit seiner eigenen Fehlerkultur auseinanderzusetzen. Im „Realitätsabgleich" erkannte er, dass die Übertragung seines Vaterbildes auf andere Autoritäten gar nicht wirklich passte – zumindest nicht in jedem Fall. Auch mithilfe der Videoarbeit übte er das fokussierte Vermitteln von Informationen und setzte sich dabei im Coaching mit den gemischten Gefühlen auseinander, die er währenddessen hatte. Er stellte dabei fest, dass das priorisierte Reden durchaus zu seinen Kompetenzen zählte und dass es im Wesentlichen auf seine innere Verfassung in Bezug auf die Situation bzw. seine Zuhörer ankam, ob er darauf zugreifen konnte oder nicht. Tatsächlich fiel es ihm stellenweise sogar leichter vor weiblichen Autoritäten klar und sicher aufzutreten; was ihn bisher irritiert hatte, er nunmehr aber durchaus genießen konnte, ohne sich als „Verräter" zu fühlen. Gleichzeitig merkte er, dass er diesen „Vorteil" auch nicht mehr gegen die Frauen ausspielte und sie innerlich dafür abwertete, sondern er wurde gerade dadurch zum Freund der gemischten Team- und Führungsriegenbesetzung.

Je mehr er sich seine Gefühle bewusst machte und je mehr er verstand, womit diese jeweils in Verbindung standen, desto besser konnte er sie akzeptieren. Je mehr er sie kannte und annahm, desto besser konnte er seinen Umgang damit steuern, anstatt von ihnen (unbewusst und unkontrolliert) gesteuert zu werden. Diese Entwicklung ging mit einer größeren Kompetenz im Wahrnehmen und angemessenen Reagieren auf die Gefühle anderer einher, was ihm bald schon als „wachsende Führungsqualitäten" zurückgespiegelt wurde.

Marc erlebte gerade die Gender Communication als wesentliches und hilfreiches Mittel für diese seine individuelle Entwicklung, über die er sehr zufrieden war, auch wenn er nach wie vor damit leben musste, dass die anstehende gesellschaftliche Entwicklung für sein berufliches Fortkommen problematisch sein konnte. Dies spielerischer anstatt kämpferisch zu sehen, bezeichnete Marc als ein „ziemlich cooles Tool", auf das er einfach Lust hatte, es auszuprobieren.

Epilog

13. Frauenquote
Politische Verordnung, Selbstverpflichtung oder freie Entscheidung?

Mit meinem Bruder, der selbst als Führungskraft in einem bisher traditionell männlich besetzten Unternehmen erlebt, dass die „Frauen konsequent auf dem Vormarsch in die Führungsetage" sind, und dies auch sehr überzeugt unterstützt, diskutiere ich gern ebenso angeregt wie kontrovers. Auf meine Theorie, dass gemischte Teams effektiver arbeiten, stellte er mir dabei neulich die herausfordernde Frage: *„Willst du etwa behaupten, dass wir z.b. in unserer (wohlgemerkt am internationalen Markt sehr erfolgreichen) Firma bisher nicht effektiv gearbeitet hätten, weil wir ja fast nur Männer in den oberen Führungsetagen hatten? "*

In diesem Moment wurde mir wieder einmal sehr bewusst, wie leicht wir den langsam und vorsichtig anlaufenden Prozess wachsender Frauenanzahl in den Unternehmen gefährden, wenn wir mit groben Pauschalisierungen versuchen, unsere Argumentationen zu führen. Ganz ohne solche Pauschalisierungen bin auch nicht ausgekommen. Es wäre z. B., wie eingangs schon geschrieben, schlichtweg zu kompliziert geworden, jedes Mal darauf hinzuweisen, dass das oder jenes ganz bestimmt nicht für jedermann und jederfrau gilt. Ich hoffe, dass Sie, verehrte Leserinnen und Leser damit zurechtgekommen sind. Mein entscheidendes Anliegen ist, dass das, was ich hier zusammengetragen habe, als Denkanstoß und Diskussionsgrundlage dient, um eine Sensibilität für die unterschiedliche Kommunikationsweise zu entwickeln. Dies ist die Voraussetzung dafür, dass Frauen und Männer im Miteinander effektiv arbeiten können.

Mein Bruder und ich verständigten uns in der weiteren Diskussion darauf, dass es im Grunde auch gar nicht darum geht und gehen kann zu beweisen, dass „mit den

Frauen alles besser wird". Es ist vielmehr eine feststehende, aus vielen Gründen positive und nicht mehr zu stoppende Entwicklung, dass die Frauen unserer aktuellen Gesellschaft mehr und mehr berufstätig sind, unabhängig von ihrer Familiensituation. Es macht schlichtweg für Männer ebenso wie für Frauen Sinn, sich damit auseinanderzusetzen, was das für das tägliche Miteinander bedeutet und wie es gelingen kann. Dann und nur dann kann die Unterschiedlichkeit das Miteinander auch stärken.

Der Change-Prozess muss in der DNA von Wirtschaft und Gesellschaft ansetzen

Zahlreiche Entwicklungen in Politik und Gesellschaft haben inzwischen dazu beigetragen, dass mehr und mehr Frauen auch gehobene Führungspositionen einnehmen. Es ist, wie ich schon im Vorwort schrieb, nicht mehr eine Frage, ob es gelingt, dass Frauen einen größeren Anteil in der Wirtschaft haben werden, sondern vielmehr eine Frage des „Wie". Die Frage ist: Wie können wir das fördern, was können wir tun, damit der gesamte Prozess einen gesunden Verlauf nimmt? Und vor allem: Wie können die Männer darin eingebunden werden, damit dadurch nicht ein neuer Geschlechterkampf wird?

Im Zuge dessen wies ich auch darauf hin, dass wir dafür den Geist eines Change Managements brauchen. Zur Abrundung dieses Buches möchte ich noch ein paar Worte dazu verlieren: Dieser notwendige und nicht aufzuhaltende Wandel braucht eine qualitative Begleitung: ein „walk the talk". Er kann nicht an einige wenige Führungskräfte oder dafür abgestellte Personalentwickler „outgesourct" und auch nicht zur alleinigen „Frauensache" degradiert werden.

Für einen erfolgreichen Verlauf des Wandels müssen alle Kräfte zusammengebündelt werden, ein paar gut gemeinte, aber letztlich fleischlose Gesetze genügen beileibe nicht. Damit Frauen und Männer davon nachhaltig profitieren, muss dieser Change-Prozess Teil der DNA von Gesellschaft und Unternehmen werden. Ein sauber aufgesetztes und ernsthaft autorisiertes Change Management ist gefragt und hat hierfür gute Instrumente parat. Professionellerweise wird es sich dabei ebenfalls intensiv mit den Grundlagen der – geschlechtsspezifischen – Kommunikation befassen und entsprechende Trainings und Coachings für Frauen und Männer in allen Unternehmensebenen anbieten.

Die jungen Frauen und Männer sind gefordert
Doch auch wir alle, jeder Einzelne von uns, kann dazu beitragen, indem er bzw. sie sich ganz individuell damit befasst. Junge Familien stehen heutzutage vor der Herausforderung, dass erstens das Geld eines Verdieners häufig nicht genügt und zweitens die gut gebildeten Frauen es nicht nur selbst wünschen, ihre Fähigkeiten in einem Beruf einzubringen. Eine Gesellschaft wie die aktuell vorherrschende kann es sich schlichtweg nicht leisten, einen Gutteil der hoch ausgebildeten Frauen nicht zum Einsatz zu bringen.

Die Statistiken zeigen, dass selbst in den emanzipatorisch weit entwickelten Ländern es nach Ablauf aller staatlichen Vergünstigungen doch wieder meist die Frauen sind, die den Großteil an der innerfamiliären Kinderbetreuung übernehmen. Die Folge ist, dass die einzelne Führungskraft nach wie vor im Blick hat, dass die junge, kompetente Frau, die sich bei ihr bewirbt, im Fall der Fälle den Wunsch nach Teilzeit oder zumindest einer gewissen Auszeit hat. Realistisch betrachtet bleibt diese Herausforderung für Arbeitgeber und

Arbeitnehmerinnen noch eine ganze lange Weile bestehen. Für eine grundlegende Veränderung ist es mit ein paar
Finanzspritzen und politischen Beschlüssen noch lange nicht
getan. Gesellschaft, Politik und Wirtschaft haben hier noch
einiges zu investieren, um auch männliche Arbeitnehmer
und Arbeitgeber für diese Veränderung zu begeistern. Doch
sind wir auch als Individuen gefragt.

Ohne Zweifel sind viele Frauen da schon sehr aktiv,
schon aus eigenem Interesse. Und die Männer? Noch ist
die Mehrzahl der Männer eher zurückhaltend und über-
lässt das den „(scheinbar) stärker Betroffenen", den Frauen.
Sie hoffen, dass „der Kelch jedweder Einschränkung
schon irgendwie an ihnen vorübergehen wird", oder begeben sich in Verteidigungsbereitschaft. Womöglich geht die
Zurückhaltung einiger Männer dazu darauf zurück, dass sie
für sich noch keinen „guten Grund" sehen, sich mit etwas zu
befassen, was letztlich dazu dient, dass sie ihr Terrain aufgeben müssen.

Die Argumentation, dass es ihnen besser gehen wird,
wenn sie z.B. durch paritätische Aufteilung der Kinderbetreuung aus dem Leistungskarussell aussteigen und mehr
Qualitätszeit daheim verbringen können, schwächelt, wenn
„Mann" weiß, welchen „dreifachen Toeloop" junge berufstätige Mütter machen, um Kind und Karriere unter einen
Hut zu bringen. Auch wenn zunehmend junge Männer bereit sind, das Karrieregerangel gegen mehr und besseren
Kontakt zu ihren Kindern einzutauschen: Ganz ehrlich – der
für mehr Aufteilung zwangsläufig notwendige Spagat lässt
sich ihnen nicht so leicht verkaufen und auch nicht so leicht
schmackhaft machen.

Auch Männer brauchen gute Gründe, um sich für die
Sache zu engagieren. Wo sie befürchten müssen, dass es in
den Firmen von Nachteil ist, wenn sie nicht „mitlernen",
werden sie zumindest nolens volens mitmachen wollen.
Aber wenn sie erleben, dass es im Job auch für sie selbst

von Vorteil ist, mit einem stärkeren Frauenanteil zu arbeiten, werden sie deutlich eher bereit sein, sich dafür zu engagieren und zu lernen, wie das gelingen kann. Der Impuls dafür, dies miteinander zu entwickeln, muss von den Unternehmen ausgehen. Der Anreiz, diese Impulse zu setzen, steigt jedoch für die Unternehmen, wenn auch die männlichen Mitarbeiter es einfordern.

Eine Frage an die Gesellschaft: Wie viel Erfolg macht Sinn?

Eine Chance für diesen Wandel ist die kritische Auseinandersetzung mit dem Thema „Erfolg", sprich: dem vorherrschenden reinen Wachstums- und Erfolgsprinzip. Die Steigerung des Erfolgs um der Steigerung willen raubt Mensch und Natur viel Kraft. Eine wachsende Zuwendung zur Achtsamkeit im Umgang mit der Natur ist auch für das Überleben der Menschheit wichtiger denn je. Da dies traditionell weibliche Werte sind, brauchen wir die Frauen in der Wirtschaft, doch benötigen sie, wie schon beschrieben, einen Anteil von 30 Prozent, um mit ihrer Art wirksam zu sein. Unterhalb dieser Grenze passen sich Frauen eher an und werden dabei manchmal auch härter und tougher als manche Männer.

Im Miteinander von Frauen und Männern kann das Ziel nicht die Abkehr von Erfolg sein. Wir können aber das Gespür entwickeln, wo der Erfolg in welchem Maß notwendig und förderlich ist und wo die Grenzen des Gesunden sind. Genau hier kommt der „Gender Dialogue" wieder ins Spiel. Denn dort, wo weibliche und männliche Denkansätze in gutem kommunikativen Kontakt zueinander stehen, tut sich die Gesellschaft leichter herauszufinden, wie viel Erfolg gut tut.

Genderspezifische Erziehung

Der nächste wesentliche Grundbaustein für die Veränderung liegt in der Erziehung, die durch den wachsenden Anteil an weiblichen Pädagogen und alleinerziehenden Müttern aktuell „droht" zu verweiblichen: Die geschlechtsspezifische Erziehung muss die Unterschiede berücksichtigen, um die Kinder entsprechend fördern zu können: Beide Geschlechter brauchen Raum, das auszuleben, was ihnen liegt, und Unterstützung vor allem in den Bereichen, wo sie naturgemäß schwächer sind. Viel wichtiger als eine „gleiche" Erziehung ist es, die Stärken und Schwächen nicht mehr zu bewerten. Denn nicht immer ist eine Stärke gut oder eine Schwäche schlecht – ob sie jeweils hilfreich ist oder hinderlich, entscheidet sich immer vielmehr aus dem Kontext als an generellen Maßstäben.

Gerade die Berücksichtigung der geschlechtsspezifischen Unterschiede kann und muss aus der Haltung der Gleichwertigkeit von Mädchen und Jungen, von Frauen und Männern erwachsen. Ungerechtigkeiten und Minderwertigkeiten entstehen immer dort, wo eine Bewertung der diversen Eigenarten hinzukommt. Ursache für die immensen Geschlechtsdiskriminierungen war und ist immer die Abwertung, meist die der Frauen. Zum Leidwesen vieler Frauen beinhalten einige Kulturen, Traditionen und auch Religionen Bewertungsmaßstäbe, die von den rein physisch stärkeren Männern gesetzt und über Generationen weitervermittelt wurden. Es wird Zeit, dass damit Schluss ist.

Diese vielfältigen und kontinuierlichen Be- und Abwertungsstrategien haben mehr zur mangelhaften Gleichberechtigung und damit auch zur „gläsernen Decke" beigetragen als die Unterschiede von Männern und Frauen selbst. Dass Frauen und Männer sich in der Natur ergänzend entwickelt haben, war ein wesentlicher Erfolgsfaktor für das Überleben der Menschheit. Die Einteilung in „besser" und „schlechter" hat ausschließlich bei den Menschen stattgefunden, und zu ihrem Wohlbefinden im Miteinander nicht unbedingt beigetragen.

Meist geschieht solcherlei Bewertung ohnehin immer durch die „eigene Brille": Frauen bevorzugen soziale Kompetenzen, Männer haben Achtung vor denen, die sich durchsetzen. Daher haben es Mädchen bei Müttern, Erzieherinnen und Lehrerinnen häufig leichter, Männer hingegen im männerdominierten Berufsalltag. In unserem mittlerweile sehr auf weibliche Kompetenzen orientierten Schulsystem schneiden Mädchen zunehmend besser ab als Jungen. Im deutlich mehr auf Leistung und Durchsetzung orientierten Arbeitsleben finden sich Männer leichter zurecht.

Erziehung und Gesellschaft werden erst dann gleichberechtigender, wenn Frauen und Männer lernen, das jeweils „andere Geschlecht" nicht nur aus der eigenen Warte zu sehen, sondern dessen Verhaltensweisen und deren Sprache im Kontext der jeweiligen Geschlechtlichkeit zu betrachten. Grund genug, sich mit den Regeln des „Gender Dialogue" auseinanderzusetzen.

Eine große Aufgabe, die wir vor uns haben: Packen wir's an!

Danksagung

Ich danke

meinen wunderbaren Töchter Amélie, Pascale, Louisa und Johanna, die mir immer auch anregende Gesprächspartnerinnen waren und sind.

meinem Mann Joachim, der mich unermüdlich ebenso liebevoll wie fordernd unterstützt hat.

all den vielen Freundinnen und Freunde, Kolleginnen und Kollegen die mich immer wieder motiviert, inspiriert, informiert und kritisch hinterfragt haben.

Karin Horn-Heine und Klaus Eidenschink, von denen ich bei hephaistos so vieles lernen durfte.

Literaturverzeichnis

Ayaß, Ruth: Kommunikation und Geschlecht. Kohlhammer Verlag, Stuttgart (2008)

Bear, Paradiso/Connors: Neurscience Exploring the brain. Lippincot Williams and Wilkins, Baltimore (2007)

Bierach, Barbara: Oben Ohne. Econ, Berlin (2006)

Bischof-Köhler, Doris: Von Natur aus anders. Kohlhammer Verlag, Stuttgart (2011)

Dobelli, Rolf: Die Kunst des klaren Denkens. Hanser Verlag, München (2001)

Goldmann, Daniel: Emotionale Intelligenz. Deutscher Taschenbuchverlag, München (1997)

Kann-Delius, Gisela: Sprache und Geschlecht. J.B. Metzler Verlag, Berlin (2004)

Klinkhammer/Hütter/Stoess/Wüst: Change Happens – Veränderungen gehirngerecht gestalten. Haufe Verlag (2015)

Knaths, Marion: Spiele mit der Macht. Piper, München (2009)

Kneissl, Karin: Testosteron macht Politik. braumüller, Wien (2012)

Kumbier, Dagmar: Sie sagt, er sagt. Rowohlt Taschenbuch Verlag, Hamburg (2006)

Kumbier/Schulz v. Thun: Interkulturelle Kommunikation. Rowohlt Taschenbuch Verlag, Hamburg (2010)

Küstenmacher/Haberer/Küstenmacher: Gott, 9.0. Gütersloher Verlagshaus, Gütersloh (2010)

Lewis, Richard D.: When cultures collide. Nicholas Brealey, Boston, USA (1996)

Luders, Narr et al.: Gender effects in cortical complexity. Neuroscience (Aug 2004)

MCKinsey & Company: Women matter 2007–2014. (2007–2014)

Modler, Peter: Das Arroganz Prinzip. Krüger Verlag, FFM (2010)

Radisch, Iris: Die Schule der Frauen. Goldmann, München (2008)

Sandberg, Sheryl: Gewaltfreie Kommunikation. Junfermann, Paderborn (2007)

Sandberg, Sheryl: Lean In. (deutsche Ausgabe). Econ, Berlin (2013)

Sandberg, Sheryl: Women, Work and the will to lead (dt.: Lean In). WH Allen, UK (2013)

Schmidt, Götz: Der Mensch in der Organisation. Verlag Dr. Götz Schmidt (2000)

Schneider, Barbara: Fleißige Frauen arbeiten, schlaue steigen auf. Goldmann München (2011)

Spitzer, Manfred: Geist und Gehirn. Naturheilkunde online (Nov 2014)

Stewart, Joines: Die Transaktionsanalyse. Herder Spektrum Freiburg i. Breisgau (1990)

Tannen, Deborah: Du kannst mich einfach nicht verstehen. Goldmann München (2007)

Tannen, Deborah: That's not what I meant! Harper Paperback, NY (20011